U0958205

人力资源和社会保障部职业能力建设司推荐
冶金行业职业教育培训规划教材

冶金厂热处理技术

刘宗昌　李慧琴　冯佃臣　等编著

北　京
冶　金　工　业　出　版　社
2010

内 容 提 要

本书为冶金行业职业技能培训教材，是参照冶金行业职业技能标准和职业技能鉴定规范，根据冶金企业的生产实际和岗位群的技能要求编写的。

本书在论述热处理基本原理和工艺的基础上，叙述了冶金厂热处理新技术、新工艺，重点阐述了钢锭、钢坯、锻轧材的节能退火、去氢退火、软化退火以及钢材控轧控冷等新知识。

本书可作为冶金行业职业教育的培训教材，也可作为金属材料等相关专业的教材，还可供从事冶金、铸造、锻压、焊接、热处理、压力加工、粉末冶金以及材料开发研究等行业的科研人员、技术人员参考。

图书在版编目(CIP)数据

冶金厂热处理技术/刘宗昌等编著.—北京：冶金工业出版社，2010.7

冶金行业职业教育培训规划教材

ISBN 978-7-5024-5267-4

Ⅰ.①冶… Ⅱ.①刘… Ⅲ.①冶金工厂—热处理—技术培训—教材 Ⅳ.①TF087

中国版本图书馆 CIP 数据核字(2010)第 085025 号

出 版 人 曹胜利

地　　址 北京北河沿大街嵩祝院北巷 39 号，邮编 100009

电　　话 (010)64027926 电子信箱 yjcbs@cnmip.com.cn

责任编辑 尚海霞 美术编辑 张媛媛 版式设计 葛新霞

责任校对 栾雅谦 责任印制 牛晓波

ISBN 978-7-5024-5267-4

北京印刷一厂印刷；冶金工业出版社发行；各地新华书店经销

2010 年 7 月第 1 版；2010 年 7 月第 1 次印刷

787mm×1092mm 1/16；12.5 印张；335 千字；185 页

35.00 元

冶金工业出版社发行部 电话：(010)64044283 传真：(010)64027893

冶金书店 地址：北京东四西大街 46 号(100711) 电话：(010)65289081

（本书如有印装质量问题，本社发行部负责退换）

序

吴溪淳

改革开放以来，我国经济和社会发展取得了辉煌成就，冶金工业实现了持续、快速、健康发展，钢产量已连续数年位居世界首位。这其间凝结着冶金行业广大职工的智慧和心血，包含着千千万万产业工人的汗水和辛劳。实践证明，人才是兴国之本、富民之基和发展之源，是科技创新、经济发展和社会进步的探索者、实践者和推动者。冶金行业中的高技能人才是推动技术创新、实现科技成果转化不可缺少的重要力量，其数量能否迅速增长、素质能否不断提高，关系到冶金行业核心竞争力的强弱。同时，冶金行业作为国家基础产业，拥有数百万从业人员，其综合素质关系到我国产业工人队伍整体素质，关系到工人阶级自身先进性在新的历史条件下的巩固和发展，直接关系到我国综合国力能否不断增强。

强化职业技能培训工作，提高企业核心竞争力，是国民经济可持续发展的重要保障，党中央和国务院给予了高度重视。在2003年的全国人事工作会议上，中央再一次明确了人才立国的发展战略，同时国家已经着手进行终身学习法的制定调研工作。结合《职业教育法》的颁布实施，职业教育工作将出现长期稳定发展的新局面。

为了搞好冶金行业职工的技能培训工作，冶金工业出版社同河北工业职业技术学院、昆明冶金高等专科学校、吉林电子信息职业技术学院、山西工程职业技术学院和中国钢协职业培训中心等单位密切协作，联合有关的冶金企业和职业技术院校，编写了这套冶金行业职业教育培训规划教材，并经劳动和社会保障部职业培训教材工作委员会办公室组织专家评审通过，给予推荐。有关学校的各级领导和教师在时间紧、任务重的情况下，克服困难，辛勤工作，在有关单位的工程技术人员和教师的积极参与和大力支持下，出色地完成了前期工作，为冶金行业的职业技能培训工作的顺利进行，打下了坚实的基础。相信本套教材的出版，将为企业生产一线人员的理论水平、操作水平和管理水平的进一步提高，企业核心竞争力的不断增强，起到积极的推进作用。

随着近年来冶金行业的高速发展，职业技能培训工作也取得了巨大的成绩，大多数企业建立了完善的职工教育培训体系，职工素质不断提高，为我国冶金行业的发展提供了强大的人力资源支持。我个人认为，今后的培训工作重点，应注意继续加强职业技能培训工作者的队伍建设，继续丰富教材品种，加强对高技能人才的培养，进一步加强岗前培训，加强企业间、国际间的合作，开辟新的局面。

展望未来，任重而道远。希望各冶金企业与相关院校、出版部门进一步开拓思路，加强合作，全面提升从业人员的素质，要在冶金企业的职工队伍中培养一批刻苦学习、岗位成才的带头人，培养一批推动技术创新、实现科技成果转化的带头人，培养一批提高生产效率、提升产品质量的带头人；不断创新，不断发展，力争使我国冶金行业职业技能培训工作跨上一个新台阶，为冶金行业持续、稳定、健康发展，做出新的贡献！

前　言

本书是按照人力资源和社会保障部的规划，受中国钢铁工业协会和冶金工业出版社的委托，在编委会的组织安排下，参照冶金行业职业技能标准和职业技能鉴定规范，根据冶金行业的生产实际和岗位群的技能要求编写的。书稿经人力资源和社会保障部职业培训教材工作委员会办公室组织专家评审通过，由人力资源和社会保障部职业能力建设司推荐作为冶金行业职业技能培训教材。

本书在论述热处理基本原理和工艺的基础上，叙述了冶金厂热处理新技术、新工艺，重点阐述了钢锭、钢坯、锻轧材的节能退火、去氢退火、软化退火以及钢材控轧控冷等新知识。其中包括内蒙古科技大学近年来的科研成果，这些内容是我国材料科技工作者21世纪以来最新的技术创新，已经获得显著经济效益。

全书共14章，第1章、第2章为热处理基本知识；第3章～第8章重点叙述退火新工艺，如钢锭节能退火新工艺、大锻件去氢退火新工艺、锻轧材软化退火新工艺以及消除混晶、减轻带状组织、塑料模具钢的预硬化处理等新工艺和新技术等；从第9章开始，讲述热轧盘条的在线热处理、中厚钢板的热处理、钢轨热处理、钢管热处理、冷轧带钢热处理、硅钢的热处理等型材的控轧控冷、热处理新技术和新工艺。

该书涉及的新理论、新工艺是内蒙古科技大学在抚顺钢厂等冶金企业进行技术服务和科研合作的成果，创造了显著经济效益，曾获得省部级科技进步奖8项、地市级科技进步奖2项。

本书的主要特点是：

（1）较为全面地总结了我国冶金企业改革开放以来在钢材热处理生产中取得的新工艺和新成果。

（2）阐述了特殊钢钢锭、钢坯、锻轧材的去氢、节能减排、高效退火新工艺、控轧控冷新技术等,实现理论向技术的转化。

本书为冶金行业职业教育培训规划教材,也可作为金属材料专业选修课教材,还可供从事冶金、铸造、锻压、焊接、热处理、压力加工、粉末冶金以及材料开发研究等行业的科研人员、技术人员参考。

全书内容由刘宗昌策划并负责统稿。第1章、第3章~第8章由刘宗昌撰写,第2章、第11章、第14章由冯佃臣撰写,第9章、第10章、第12章由李慧琴撰写,第13章和各章复习思考题由邢淑清撰写。

本书内容几经修改和补充,但仍然难免有疏漏和不完善之处,敬请读者指正。在撰写时参考了一些书刊、论文资料的有关内容,谨此致谢。

刘宗昌

2010年3月

目　录

1 热处理基本原理

1.1 钢中的固态相变类型

钢中的固态相变的种类很多,如奥氏体的形成、珠光体转变、贝氏体相变、马氏体相变、淬火钢的回火转变;此外,还有先共析铁素体、渗碳体的析出与溶解,氮化物的脱溶,铜在钢中的脱溶等。钢中的固态相变类型按相变的平衡状态可以分为平衡相变和非平衡相变;按原子的迁移特征分类,可分为扩散型相变、无扩散型相变等。

1.1.1 按相变的平衡状态分类

1.1.1.1 平衡相变

在极为缓慢的加热或冷却的条件下形成符合状态图的平衡组织的相的转变,属于平衡相变。平衡相变有以下几种:

(1)纯铁的同素异构转变。纯铁在温度、压力改变时,由一种晶体结构转变为另一种晶体结构的过程,称为同素异构转变。铁在不同温度下,具有 $\alpha-Fe$、$\gamma-Fe$、$\delta-Fe$ 等晶体结构。

(2)多形性转变。固溶体的同素异构转变称为多形性转变。纯铁中溶入溶质元素形成固溶体时,也发生同素异构转变。如奥氏体是碳及合金元素溶入 $\gamma-Fe$ 的固溶体。奥氏体能转变为 $\alpha-$铁素体、$\delta-$铁素体。同素异构转变和多形性转变是固态相变的主要类型,是固态相变的根源之一。

(3)共析分解。冷却时,奥氏体同时分解为铁素体和碳化物两个不同成分和结构的相的固态相变称为共析分解。钢中的共析分解为:$A \rightarrow F + Fe_3C$。它是母相分解为两相,即共析、共生的过程,不存在领先相。

钢中的珠光体:过冷奥氏体分解为共析铁素体和共析渗碳体(或碳化物)的整合组织。钢中的珠光体组织如图 1-1 所示。图 1-1(a)所示为片状珠光体组织,铁素体和渗碳体两相均呈现片状;图 1-1(b)所示为粒状珠光体组织,基体为铁素体,渗碳体为粒状;图 1-1(c)所示为类珠光体组织,渗碳体形貌不规则,基体也是铁素体。

1.1.1.2 非平衡相变

钢中及有色合金中都能发生非平衡相变,如钢中的伪共析转变、马氏体相变、贝氏体相变等。

A 伪共析转变

某些非共析成分的钢,当奥氏体以较快的速度冷却时,奥氏体被过冷到 *ES* 线和 *GS* 线的两个延长线以下,即如图 1-2 所示的阴影线范围时,奥氏体同时满足析出铁素体和渗碳体的条件,将同时析出铁素体和渗碳体,两相共析共生,这一过程称为伪共析转变。

这种珠光体中的铁素体和渗碳体的比例与平衡共析转变得到的珠光体不同,若是亚共析钢冷却得到伪珠光体,其中的铁素体含量较多;若是过共析钢,则其伪珠光体中的渗碳体量较多。

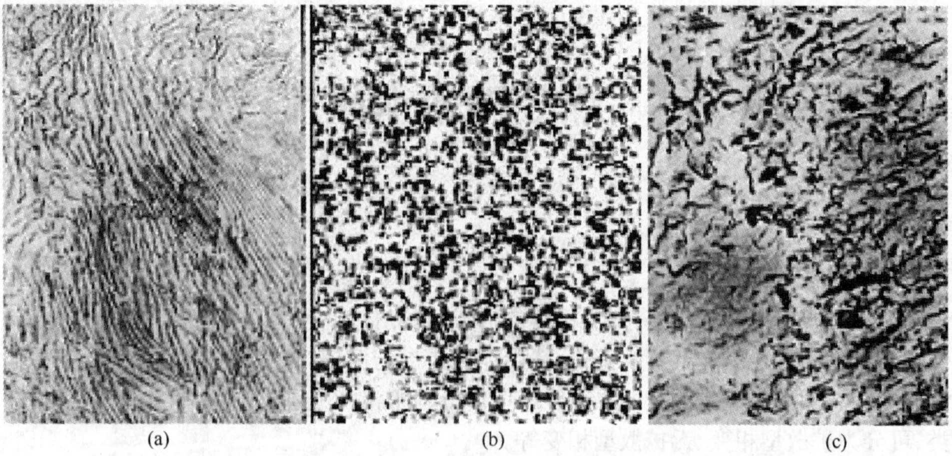

图 1-1　钢中的珠光体组织

(a)片状珠光体;(b)粒状珠光体;(c)类珠光体

图 1-3 所示为碳的质量分数为 0.82% 的碳素钢轧后穿水加风冷后的组织,它没有网状的渗碳体,是伪珠光体组织。

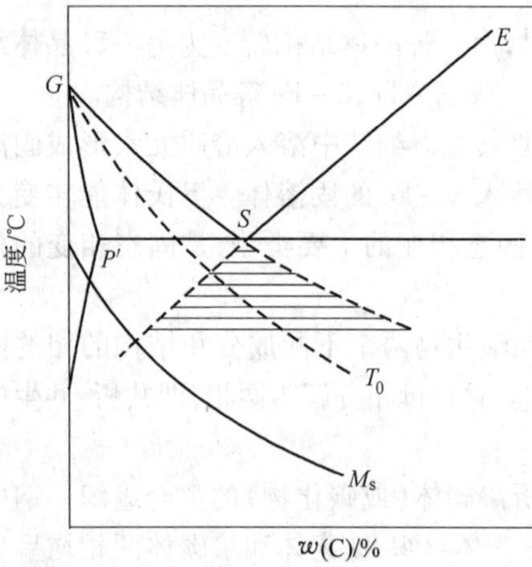

图 1-2　$Fe-Fe_3C$ 相图的左下角及伪共析示意图

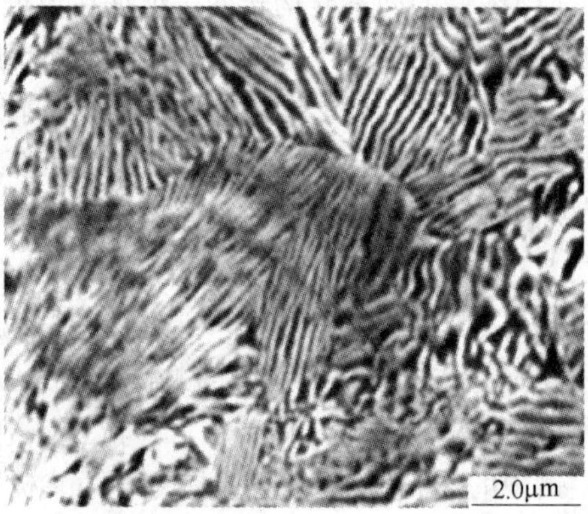

图 1-3　过共析碳素钢的伪珠光体组织(SEM)

B　马氏体相变

钢中,将奥氏体以较大的冷却速度过冷到低温区,奥氏体以无扩散方式发生转变,即在 M_s 点以下发生马氏体转变,得到马氏体组织,如板条状马氏体、片状马氏体、凸透镜状马氏体、蝶状马氏体等多种组织形态。图 1-4 所示为 20CrMo 钢低碳板条状马氏体的组织形貌,可见,组织由细小而不规则的条片状马氏体组成。

马氏体相变的定义为:在低温区,原子经集体协同的位移进行无扩散的晶格改组,得到马氏体整合组织的一级相变,称为马氏体相变。

马氏体相变获得单相的马氏体组织,钢中马氏体的定义为:原子经无需扩散的集体协同的位移完成晶格改组过程,得到的具有严格晶体学关系和惯习面的,形成相中伴生极高密度位错、或层错、或精细孪晶等晶体缺陷的整合组织,称为马氏体。

C 贝氏体相变

钢中的奥氏体过冷到中温区，在珠光体和马氏体转变温度之间发生具有过渡性性质的转变，形成以贝氏体铁素体为基体，其上分布着渗碳体等相的整合组织的一级相变，即为贝氏体相变。

钢中的贝氏体定义为：贝氏体是过冷奥氏体的中温转变产物，它以贝氏体铁素体为基体，同时可能存在θ－渗碳体或ε－碳化物、残留奥氏体等相构成的整合组织。贝氏体铁素体的形貌多呈条片状，内部有规则排列的亚单元及较高密度的位错等亚结构。

图1－4 20CrMo钢低碳板条状马氏体的组织形貌(TEM)

D 不平衡脱溶沉淀和淬火钢的回火转变

与平衡脱溶不同，合金固溶体在高温下溶入了较多的合金元素，之后快冷，固溶体中来不及析出新相，一直冷却到较低温度下，得到过饱和固溶体；然后，在室温或加热到其溶解度曲线以下的温度进行等温保持，从过饱和固溶体中析出一种新相，该新相的成分和结构与平衡沉淀相不同，此称为不平衡脱溶沉淀。

奥氏体转变为马氏体后，再加热到A_1以下某一温度等温保持，马氏体发生分解，析出碳化物的过程，也是不平衡脱溶沉淀，一般称为淬火钢的回火转变。

1.1.2 按原子的迁移特征分类

固态相变发生相的晶体结构的改造或化学成分的调整，需要原子迁移才能完成。若原子的迁移造成原有原子的邻居关系的破坏，则属扩散型相变，如钢中的共析分解；反之，若不破坏原有原子的邻居关系，原子位移不超过一个原子间距，则为无扩散型相变，如钢中的马氏体相变。

1.1.2.1 扩散型相变

在相变时，新旧相界面处，在化学位差的驱动下，旧相原子单个地、无序地、统计地越过界面进入新相，在新相中，原子重排，新旧相原子排列顺序不同。界面不断向旧相推移。此称为相界面热激活迁移，它被原子扩散控制。扩散型相变又分为界面控制的和体扩散控制的两种。

1.1.2.2 无扩散型相变——马氏体相变

马氏体相变属无扩散型相变，新旧相的结构不同，但化学成分相同。界面处奥氏体一侧的原子不是以热激活机制单个地、无序地、统计地跃过相界面进入新相，而是集体地协同位移，在推移过程中相界面保持着共格关系。马氏体相变理论尚不够成熟，存在许多模型或学说。

马氏体相变存在于钢中、有色金属中以及陶瓷等材料中。马氏体相变是钢的主要强化手段之一。

1.2 铁碳相图和C曲线

在钢及合金的研究与各项工程中经常应用两大图形，即铁碳相图和C曲线。它们具有重大的理论意义和工程价值，是极为重要的图形，必须熟练掌握。

1.2.1　铁碳相图

常用的 $Fe-Fe_3C$ 平衡相图如图 1－5 所示，它是 Fe 和 Fe_3C 两个组元组成的合金相图。它是钢铁材料科学研究和热加工、热处理技术中的极为重要的图形，是制定热处理工艺参数的重要依据。图 1－5 中，包括液相(L)、奥氏体(A)、铁素体(F)等单相区，还有一些双相区，如 F＋A、$F+Fe_3C$、$A+Fe_3C$ 等。铁碳相图中还有几个重要的临界点，如 A_1(727℃，738℃)、A_3(GS 线)、A_{cm}(ES 线)等。

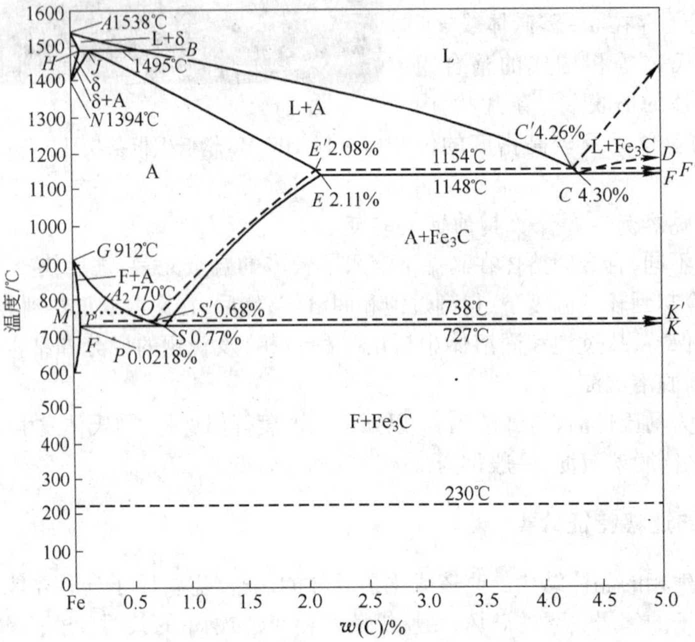

图 1－5　$Fe-Fe_3C$ 相图

铁碳相图中存在固溶体和渗碳体两种固态相，固溶体有铁素体、奥氏体；渗碳体是碳化物($\theta-Fe_3C$)。

碳原子溶入体心立方晶格的 $\alpha-Fe$ 中，形成的间隙固溶体称为铁素体。在合金钢中，铁素体中除了碳原子外，还溶入各种合金元素。

碳原子溶入面心立方晶格的 $\gamma-Fe$ 中，形成的间隙固溶体称为奥氏体。同样，在合金钢中，奥氏体中除了碳原子外，还溶入各种合金元素。

渗碳体是铁原子和碳原子化合形成的碳化物，具有复杂晶格的间隙化合物，它是钢中的主要强化相。

根据铁碳合金相图，可将铁碳合金分为工业纯铁、钢、白口铸铁三大类：

(1)工业纯铁：$w(C)<0.0218\%$ 的铁碳合金。组织由铁素体晶粒组成。

(2)钢：一般将 $w(C)$ 为 0.0218%～2.11% 的铁碳合金称为钢。目前钢中碳的质量分数的范围在扩大。根据室温组织不同，钢又可分为三类：亚共析钢($0.0218\%<w(C)<0.77\%$)组织由铁素体和珠光体组成；共析钢($w(C)=0.77\%$)组织是珠光体，由共析铁素体和渗碳体两相构成；过共析钢($0.77\%<w(C)<2.11\%$)组织由珠光体和二次渗碳体构成。

(3)白口铸铁：是 $w(C)$ 在 2.11%～6.69% 之间的铁碳合金。根据室温组织不同，白口铸铁又可分为三类：亚共晶白口铸铁($2.11\% < w(C) < 4.3\%$)组织是珠光体、二次渗碳体和低温莱氏体组成的，如图1-6所示，黑色团状物是珠光体，细小鱼骨状组织为莱氏体；共晶白口铸铁($w(C) = 4.3\%$)组织是低温莱氏体；过共晶白口铸铁($4.3\% < w(C) < 6.69\%$)组织由低温莱氏体与一次渗碳体组成。

图1-7所示为过共晶白口铸铁照片。图中白色长条状的为一次渗碳体，鱼骨状分布的为共晶莱氏体，黑色团状的是珠光体。

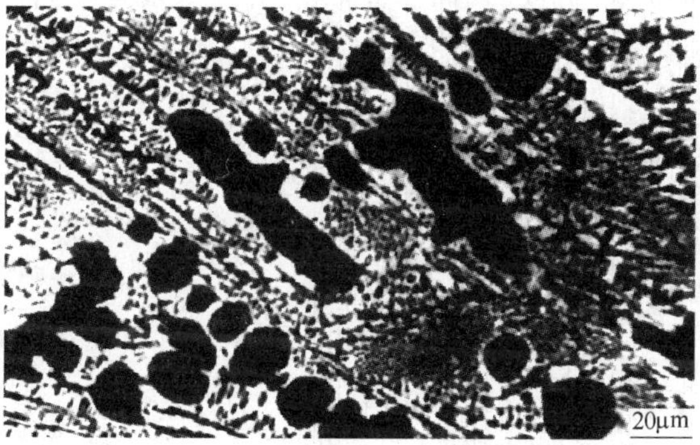

图1-6 亚共晶白口铸铁的组织(OM)

图1-7 过共晶白口铸铁组织(OM)

1.2.2 动力学曲线——C曲线

相变动力学是研究相变的速度问题的。各个元素、各个相在相变中有机结合，有序配合，发生的相互作用是非线性的。动力学曲线反映了非线性规律。

相变动力学是相变时的形核率 N_s、核长大速度 u、转变时间 t 和转变量之间的关系的科学。对于扩散型固态相变，在一定过冷度下的恒温转变动力学可以用 Avrami 方程描述：

$$f(t) = 1 - \exp(-Bt^k)$$

钢在冷却时发生的一般固态相变，其形核率和长大速率与转变量之间的关系曲线都有一个极大值，通常呈C曲线形状。图1-8所示为共析钢的等温转变C曲线(TTT图)[3]。但是，钢中的C曲线(TTT图、CCT图)却是千变万化的，每一种钢都有一条C曲线，即使同一种钢，尤其是高碳高合金钢，奥氏体化温度不同，测得的C曲线的形状或位置也是有差别的。

在C曲线手册中列举了数百幅TTT图和CCT图。动力学曲线与奥氏体中的合金元素有关。钢中所有化学元素加起来总共约20多种，包括：Fe、C、Si、Mn、S、P、Cr、Ni、W、Mo、V、Ti、Nb、Cu、Co、B、RE、Al、Zr、N、O、H及其他更微量的元素，如砷、锑等。其中，Fe、C、Si、Mn、Cr、Ni、W、Mo、V、Ti、Nb、Cu、Co、B、RE、Al、N等约17种是钢中常见的。O、N、H属气体杂质。作为合金元素加入钢中时，每种钢中只有Fe + C + Me，而合金元素Me可以是1～6种，但多数是1～4种，如40Cr、35CrMo、W18Cr4V、35CrNiMoV。虽然钢中合金元素种类和数量不多，但C曲线却达到上千种，而且合金元素的种类和数量愈多，对钢的动力学曲线影响愈复杂。这是由于钢是整合系统，奥氏体中的碳和各种合金元素的相互作用是非线性的，具有整体大于部分之总和的机制，因而呈现千变万化的相变动力学曲线及转变图。

合金元素的不同种类和数量的组合，其整合作用和非线性相互作用造成了奥氏体转变动力学曲线千差万别的变化。

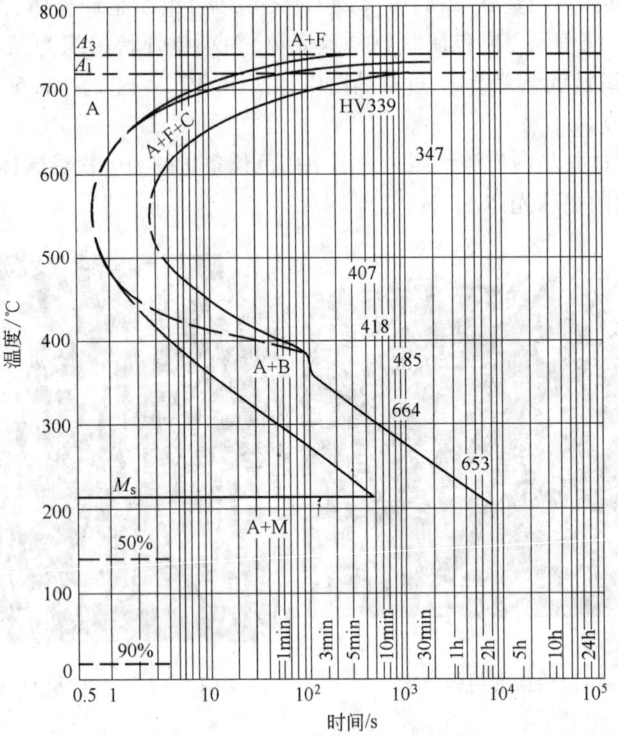

图 1－8　T8 钢的 TTT 图

相变动力学图表示在不同温度下转变量与时间的关系。钢的过冷奥氏体转变动力学曲线分为等温转变图（TTT 图）和连续冷却转变图（CCT 图）。图 1－9 所示为 S7 钢的 TTT 图和 CCT 图。图 1－9(b) 具有连续冷却曲线的动力学图为 CCT 图。

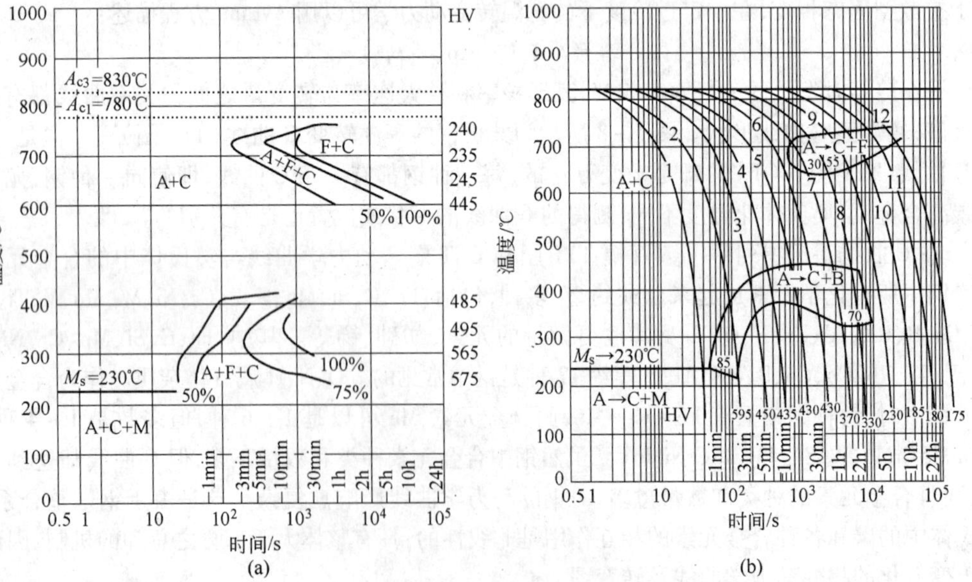

(a)　　(b)

图 1－9　S7 钢的 TTT 图和 CCT 图

(a) TTT 图；(b) CCT 图

TTT 图可以直接用来指导制定等温热处理工艺;CCT 图直接反映了冷却速度与奥氏体冷却转变温度与转变产物之间的关系,可以用来分析钢的热处理组织、了解工件淬火后截面上的组织分布情况。CCT 图在 TTT 图的右下方,图 1-10 所示为共析碳素钢等温转变动力学图和连续冷却转变动力学的比较,虚线所示为 TTT 图,实线所示为 CCT 图。

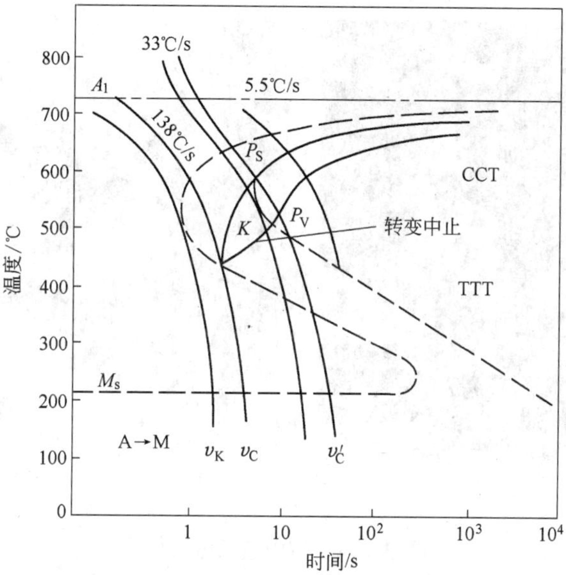

图 1-10 共析钢的 CCT 图与 TTT 图

1.3 钢的加热转变

加热得到的奥氏体的组织状态,包括奥氏体的成分、晶粒大小、亚结构、均匀性以及是否存在碳化物、夹杂物等其他相。这些对于奥氏体在随后冷却过程中得到的组织和性能有直接的影响,因此,研究钢中的奥氏体的形成机理,把握形成奥氏体状态的方法,具有重要的实际意义和理论价值。

1.3.1 奥氏体组织

钢中的奥氏体是碳或各种化学元素溶入 γ-Fe 中所形成的固溶体。其中 C、N 等元素存在于奥氏体的间隙位置,或者在晶格缺陷处。而具备形成固溶体条件的合金元素,其原子半径与铁原子半径相差不大的则固溶于替换位置。还有一些化学元素难以固溶,则多数吸附于奥氏体晶界等晶格缺陷处。奥氏体是多种化学元素构成的一个整合系统。实际工业用钢中的奥氏体,是有目的地控制碳的质量分数,有时特意加入一定含量的合金元素。奥氏体中还常存在少量杂质元素,如 Si、Mn、S、P、O、N、H 等。

奥氏体组织一般为等轴状多边形晶粒,在奥氏体晶粒内有孪晶。但形成条件不同时,也可以得到针状奥氏体晶粒。在加热转变刚刚结束时的奥氏体晶粒比较细小,晶粒边界呈不规则的弧形。经过一段时间加热或保温,晶粒将要长大,晶粒边界可趋向平直化。

从铁碳相图中可见奥氏体是高温相,存在于临界点 A_1 温度以上。图 1-11(a)所示为 T8 共析钢在高温下形成的奥氏体组织,白色网状为奥氏体晶粒的晶界。当钢中加入足够多的扩大 γ-Fe 相区的化学元素时,则可使奥氏体稳定在室温。因此,奥氏体也是钢实际应用的一种组织形态。

如奥氏体钢。图1－11(b)所示为奥氏体不锈钢1Cr18Ni9Ti在室温时的奥氏体组织，是γ－Fe中溶入了碳、铬、镍等化学元素形成的固溶体，是合金奥氏体。这种钢的奥氏体较为稳定，能够保存到室温。从图可见，奥氏体晶粒中有孪晶。图中出现的灰白颜色不同的衬度是由于各晶粒暴露在磨光试样表面上的晶面具有不同的取向的缘故。

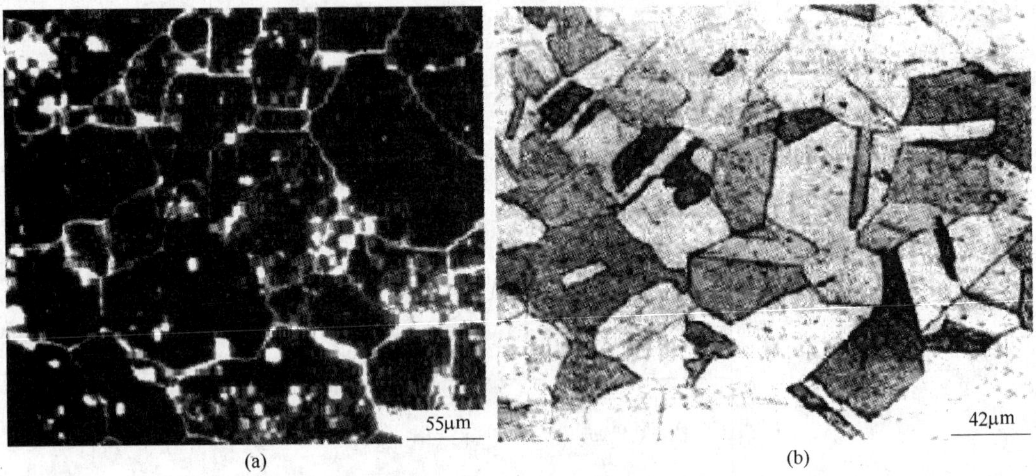

图1－11　钢中奥氏体组织

(a)T8钢的奥氏体晶粒(暗场像)；(b)奥氏体不锈钢室温的组织

大多数合金元素如Mn、Cr、Ni、Co、Si等，在γ－Fe中取代铁原子的位置而形成置换固溶体。替换元素的原子在奥氏体中溶解度各不相同，有的可无限溶解，有的溶解度甚微。少数元素形成置换固溶体或间隙固溶体均不合适，如硼，而存在于晶体缺陷处，如晶界、位错等处。

奥氏体中也有许多晶体缺陷，包括晶界、亚晶界、孪晶界、位错、层错等。晶体缺陷处畸变能较高。合金元素和杂质元素与这些缺陷发生交互作用，在缺陷处的溶质原子浓度往往大大超过基体的平均浓度，这种现象称为内吸附。如硼钢中，硼原子吸附在奥氏体晶界。

1.3.2　奥氏体的形成

以共析钢为例讨论珠光体转变为奥氏体的过程。奥氏体的形成是扩散性相变，转变的全过程一般分为4个阶段，即：奥氏体形核；奥氏体晶核长大；剩余渗碳体溶解；奥氏体成分的相对均匀化。

实际加热和冷却时转变的开始点不在A_1，实际生产中加热速度和冷却速度一般较快，转变发生滞后现象，即转变开始点随着加热速度的加快而升高。习惯上将在一定加热速度下(0.125℃/min)测定的临界点用A_{c1}表示，冷却时的临界点以A_{r1}表示。临界点A_3和A_{cm}也附加脚标c和r，即：A_{c3}、A_{r3}、A_{ccm}、A_{rcm}。

将钢加热到奥氏体相区，在高温下，碳原子扩散速度很快，铁原子和替换原子均能够充分扩散，奥氏体的形成是扩散型相变。

当在铁素体和渗碳体交界面上形成奥氏体晶核时，则形成了γ－α和γ－Fe_3C两个新的相界面。那么，奥氏体晶核的长大过程实际上是两个相界面向原有的铁素体和渗碳体中推移的过程。图1－12(b)所示为奥氏体晶核在铁素体片—渗碳体片相界面处形成的照片[4]。

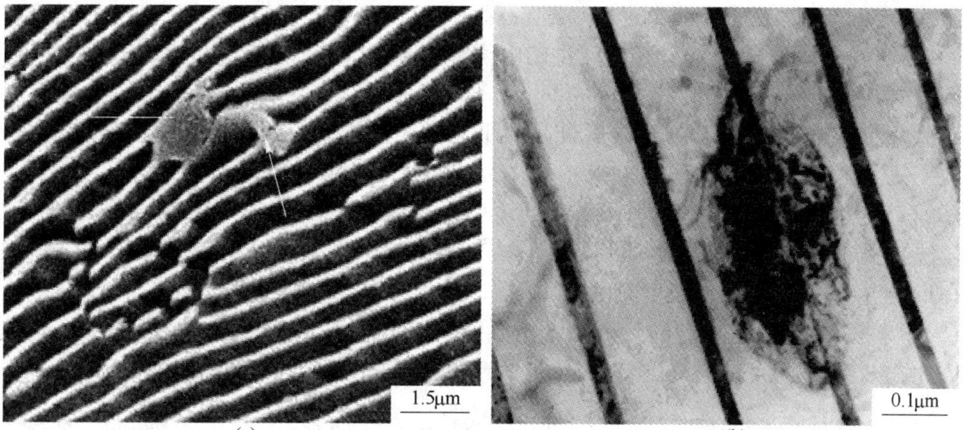

(a) (b)

图 1－12 奥氏体晶核在铁素体片—渗碳体片相界面处形成
(a)SEM 像;(b)TEM 像

一般情况下,由平衡组织加热转变得到的奥氏体晶粒,均长大成等轴状。当奥氏体化温度不高,保温时间足够长时,可以获得细小而又均匀的奥氏体晶粒。

奥氏体的长大是相界面推移的结果,即奥氏体不断向渗碳体推移,使得渗碳体不断溶解;奥氏体向铁素体推移,使得铁素体不断转变为奥氏体。实验表明,使铁素体向奥氏体转变的速度比渗碳体溶解的速度快得多。因此,珠光体中的铁素体总是首先消失。当铁素体一旦全部转变为奥氏体时,可以认为珠光体向奥氏体的转变基本完成,但是仍有部分剩余渗碳体尚未溶解,这说明奥氏体化过程仍在继续。从图 1－13 可见,奥氏体中存在剩余碳化物(箭头所指),剩余碳化物需要不断溶解。

当渗碳体刚刚全部溶解完,铁素体刚刚全部转变为奥氏体之际,奥氏体中的碳分布是不均匀的。事实上,铁素体先溶解完,而后剩下渗碳体,剩余渗碳体继续溶解,因此,在原来渗碳体存在的微区碳的质量分数较高,而原来是铁素体的区域碳的质量分数较低。由于刚刚形成的奥氏体中碳的质量分数不均匀,因此,随着加热时间的延长,将发生奥氏体的均匀化过程。应当指出,实际上不可能实现奥氏体成分的绝对均匀化。工业上实际应用的奥氏体都是不均匀的。

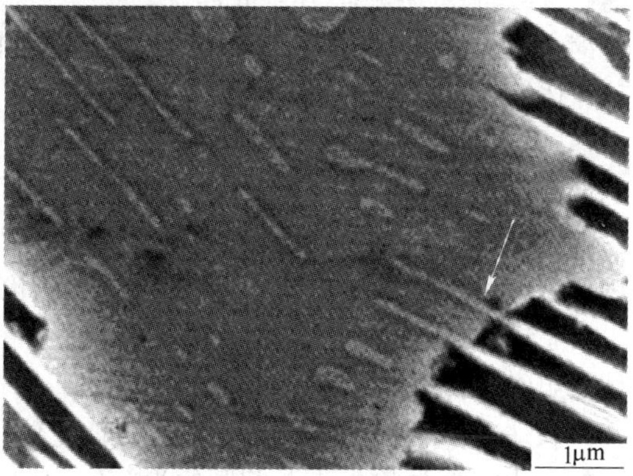

图 1－13 剩余碳化物的溶解(SEM)

总之,奥氏体的形成可以分为 4 个阶段:(1)形核;(2)晶核向铁素体和渗碳体两个方向长大;(3)剩余碳化物溶解;(4)奥氏体成分的相对均匀化。

亚共析钢和过共析钢的奥氏体化过程同共析钢基本相同。当加热温度刚刚超过 A_{c1} 时,只能使原始组织中的珠光体转变为奥氏体,仍保留一部分先共析铁素体或先共析渗碳体。只有当加热温度超过 A_{c3} 或 A_{ccm} 并保温后,它们才会全部转变为奥氏体,常称这种加热为“完全奥氏体化”。若在钢的上、下临界点之间(两相区)加热,会得到奥氏体和先共析相,这种加热称为“部分奥氏体化”。

一切影响奥氏体的形核率和增大速度的因素都影响奥氏体的形成速度，如加热温度、钢的原始组织、化学成分等。

(1)奥氏体形成速度随着加热温度升高而迅速增大。转变的孕育期变短，相应的转变终了时间也变短。

(2)随着奥氏体形成温度升高，形核率的增长速率高于长大速度的增长速率。如：对于 Fe－C 合金，转变温度从 740℃升高到 800℃时，形核率增加 270 倍，而长大速度只增加 80 倍。因此，奥氏体形成温度愈高，起始晶粒度愈细小。

(3)随着奥氏体形成温度升高，奥氏体相界面向铁素体的推移速度比向渗碳体的推移速度大。因此，随着转变温度的升高，当奥氏体将铁素体全部吃完时，剩下的渗碳体量增多。

1.4　共析分解与珠光体

共析成分的过冷奥氏体冷却到 A_{r1} 温度将发生共析分解，转变为珠光体组织，它是过冷奥氏体转变系统的高温区阶段，是扩散型相变。这种共析分解的产物是由铁素体和碳化物两相组成的，即珠光体组织。

1.4.1　珠光体的组织结构和定义

钢中的珠光体是过冷奥氏体的共析分解产物，其相组成物是共析铁素体和共析渗碳体（或碳化物）。它是铁素体和碳化物以相界面的有机结合，有序匹配，平衡状态下铁素体及碳化物两相是成一定比例的，有一定的相对量。而且两相以界面相结合，存在界面能，各相之间还具有一定位向关系。绝非机械混合物。

钢中的珠光体是共析铁素体和共析渗碳体（或碳化物）有机结合的整合组织。整合即整体上的有机结合，有序配合，组织化匹配。

钢中共析分解的定义：过冷奥氏体在 A_{r1} 温度同时析出铁素体和渗碳体或合金碳化物两相构成珠光体组织的扩散型一级相变。

1.4.2　珠光体的组织形态

在钢中组成珠光体的相有铁素体和碳化物两相。各相的形态、分布是形形色色的。珠光体组织形貌有片状、细片状、极细片状的；点状、粒状、球状的；以及渗碳体不规则形态的类珠光体；“相间沉淀”组织也是珠光体的一种组织形态。图 1－1 所示为片状珠光体、粒状珠光体和类珠光体的组织形貌。

片状珠光体依片间距不同，可以分成珠光体、索氏体、托氏体 3 种。在光学显微镜下能够明显分辨出片层的珠光体，其片间距约为 150～450nm，将其称为珠光体；片间距为 80～150nm 的珠光体组织，称其为索氏体，其片层在光学显微镜下难以分辨；在更低的温度下形成片间距为 30～80nm 的珠光体称为托氏体（也称为屈氏体），只有在电子显微镜下才能观察到片层结构。

当共析渗碳体（或碳化物）以颗粒状存在于铁素体基体上时称为粒状珠光体。粒状珠光体可以通过不均匀的奥氏体缓慢冷却时分解而得，也可以通过其他热处理方法获得。碳化物颗粒大小不等，一般尺度为数百纳米到数千纳米。粒状珠光体较片状珠光体硬度低，韧性好，淬火加热时不容易过热，是淬火前良好的预备组织。

类珠光体也是共析分解的产物，也是共析铁素体和碳化物的整合组织，这是由于转变温度较低或奥氏体成分不够均匀时，碳化物不能以整齐的片层状长大，而是杂乱曲折地分布在共析铁素体的基体上。

温度是影响珠光体片间距大小的一个主要因素。随着冷却速度增加，奥氏体转变温度降低，也即过冷度不断增大，转变所形成的珠光体的片间距不断减小。大多数书刊中将碳素钢和合金钢的珠光体片间距与形成温度之间的关系描绘为线性关系，如图 1－14 中的直线 1 所示。实际上正确的应当为非线性关系，如图 1－14 中的曲线 2 所示，T12 钢的珠光体转变温度范围约为 400～700℃，当过冷度大于 300℃时，将转变为贝氏体组织，不能再测定珠光体的片间距。显然，在此转变温度范围内，片间距与过冷度呈现非线性关系，只有靠近临界点 A_1 时，才近似于直线关系。Marder 也把碳素钢中珠光体的片间距 S_o 与过冷度 ΔT 的关系处理为线性关系：

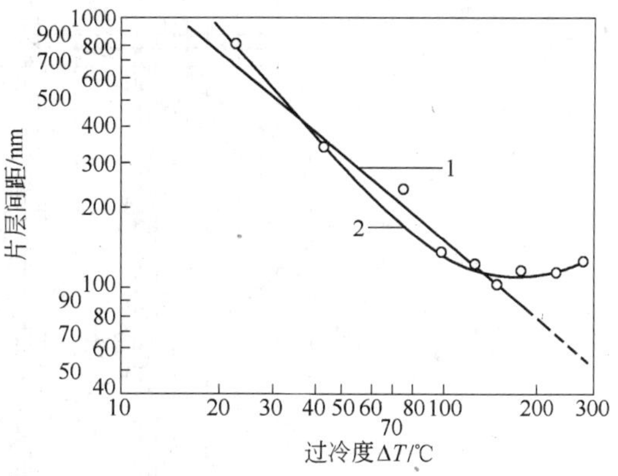

图 1－14　T12 钢珠光体片间距与过冷度的关系

$$S_o = \frac{C}{\Delta T}$$

式中，$C = 8.02 \times 10^3 \text{nm} \cdot \text{K}$。

将珠光体片间距与温度的关系处理为线性关系是有缺陷的。因为转变温度愈低，碳原子扩散速度愈小，扩散系数与温度的关系是非线性的；过冷度愈大，形核率愈高，此因素与温度的关系也是非线性的。因此，珠光体的片间距与温度的关系也应当是非线性的，不应当处理为线性关系。科学技术哲学告诉我们，自然界中大量存在的相互作用是非线性的，线性作用其实只不过是非线性作用在一定条件下的近似。

1.4.3　共析分解过程

1.4.3.1　珠光体的形核

分解反应是一个相在一定温度下同时变成两个相的过程，反应产物是按反应式同时生成的。过冷奥氏体以共析分解反应生成铁素体和渗碳体两相也不例外。

按照 Fe－C 平衡相图，在 727℃，奥氏体与铁素体＋渗碳体三相平衡。当过冷奥氏体离开平衡态时（有过冷度 ΔT），则在 A_{r1} 温度发生共析分解反应，具有共析成分的奥氏体分解为珠光体时，其共析反应式为：

$$A \rightarrow P(F + Fe_3C)$$

珠光体（P）是过冷奥氏体共析分解的产物，由铁素体和渗碳体两相（$F + Fe_3C$）构成，是一个整体，作为一个共析反应的产物是同时同步生成的，在时间上不是分阶段的。

从动力学上分析，碳素钢的 TTT 图中，在 550℃附近（鼻温）的孕育期极短。图 1－15 所示为 T10 钢的等温转变动力学图[3]。从图 1－15 中可见，共析转变开始线在 550℃左右，孕育期最短，均约为 0.5s。在 TTT 图的鼻温处，经过 0.5s 的等温时间，共析分解反应就将完成。显然，珠光体转变在此极短的时间内，在 550℃保温 0.5s 即形成珠光体，完成 $F + Fe_3C$ 形核—长大，这一试验事实就足以说明珠光体的两相，即铁素体和渗碳体是共析共生的，同时形成的，没有“领先”和“随后”之分，不存在领先相。20 世纪 80 年代，S. A. Hackney 用高分辨率透射电子显微镜研究珠

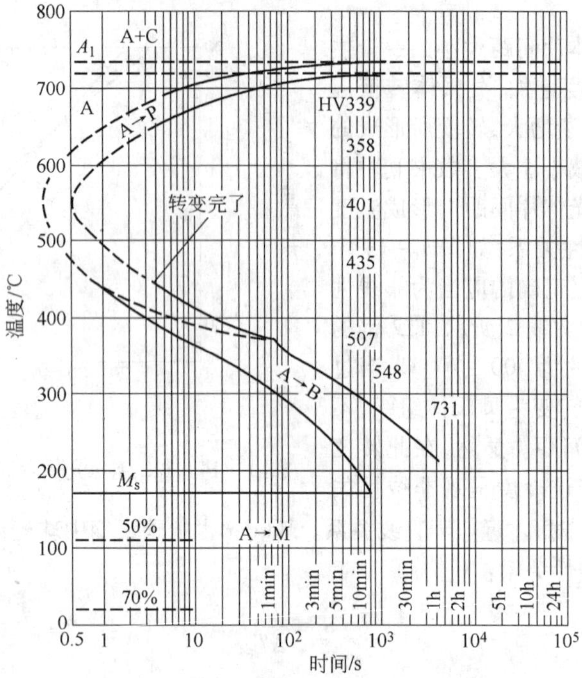

图 1－15　T10 钢的等温转变动力学图

光体转变，观察了 F/A、C/A 界面的结构及界面形成过程，发现在界面上存在铁素体和渗碳体平直的相界面及共享台阶。这表明珠光体晶核形成后依靠共享台阶长大，说明珠光体晶核的两相（铁素体＋渗碳体）同时同步形成，共析共生，共享台阶协同长大。

过冷奥氏体中的贫碳区和富碳区是共析分解的一个必要条件。按照系统科学的自组织理论，系统远离平衡态，必然出现随机涨落。过冷奥氏体在一定过冷度（ΔT）下，将出现贫碳区和富碳区的涨落。加上随机出现的结构涨落、能量涨落，一旦满足形核条件时，则在贫碳区建构铁素体核坯的同时，在富碳区也建构渗碳体（或碳化物）的核坯，两者是同时同步，共析共生，非线性相互作用，互为因果，共同组成一个珠光体的晶核（$F+Fe_3C$）。这种演化机制属于放大型的因果正反馈作用，它使微小的随机涨落经过连续的相互作用逐级增强，而使原系统（奥氏体）瓦解，建构新的稳定结构（珠光体）。因此，共析分解时，是铁素体和渗碳体共析共生，共同建构珠光体形核（$F+Fe_3C$）的整合机制。

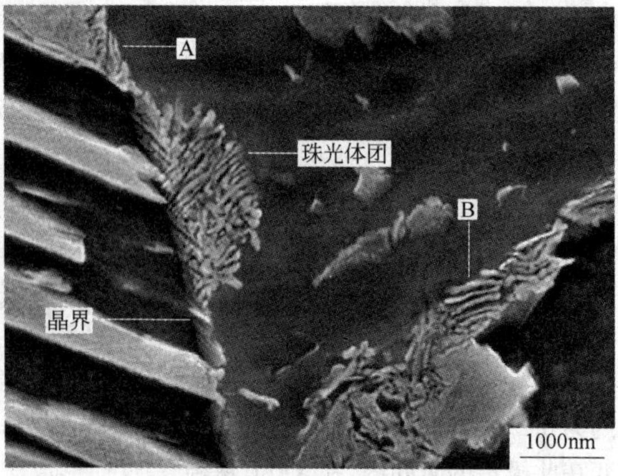

图 1－16　T8 钢 550℃ 等温形成的小珠光体团（SEM）

珠光体的晶核一般在奥氏体晶界上形成。珠光体的晶核可以由一片铁素体和一片碳化物相间组成，也可能是几片铁素体和几片碳化物组成。图 1－16 所示为电镜下观察到的微小的珠光体团。图中的 A、B 分别为晶界处形成的珠光体晶核。

1.4.3.2 珠光体晶核的长大

图 1－17 所示为珠光体晶核($F+Fe_3C$)的形核及长大示意图。图 1－17(a)所示为在奥氏体晶界上由于涨落而形成贫碳区和富碳区，图 1－17(b)所示为在贫碳区和富碳区分别形成铁素体和碳化物，共析共生，长大为珠光体团。图 1－17(e)所示为 42MnV 钢的珠光体晶核在晶界形成并长大成珠光体团的 TEM 像，其尺寸已经长大到约 3μm。

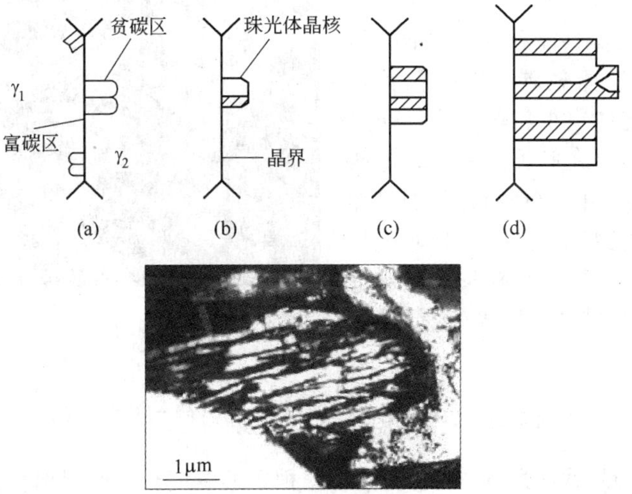

(e)

图 1－17 珠光体晶核($F+Fe_3C$)的形核及长大示意图
(a)在晶界处出现随机成分涨落；(b)形成珠光体晶核($F+Fe_3C$)；(c)，(d)晶核长大，形成珠光体团；(e)核在晶界形成并长大成珠光体团的 TEM 像

如图 1－17(c)所示，珠光体晶核形成后，铁素体片和 Fe_3C 片将同时长大，它们各自的旁侧的奥氏体中碳浓度将有不同的变化趋势。在铁素体旁侧的奥氏体中，碳原子逐渐增加，不断富碳，这有利于渗碳体的再形成；而渗碳体旁侧的奥氏体中，碳原子将不断贫化，这有利于铁素体的再形成。这样轮流出现，珠光体核不断长大，如图 1－17(c)、图 1－17(d)、图 1－17(e)所示，逐渐形成一个珠光体领域。图 1－17(e)所示为 42MnV 钢的珠光体晶核在奥氏体晶界形成，并向一侧奥氏体晶粒内长大形成的一个珠光体领域。

共析成分的碳素钢中珠光体的实测长大速度很快，约为 50μm / s。而按体扩散计算所得的铁素体片长大速度很慢，为 0.16μm/s，渗碳体片为 0.064μm/s。两者相差 2～3 个数量级，远小于珠光体长大的实测值。这可能与铁素体和渗碳体的非线性相互协同作用有关，也与界面扩散有关。因此，认为珠光体长大主要是通过界面扩散进行的，界面扩散速度要比体扩散快得多。已经指出：原子在奥氏体晶界的自扩散系数远远大于在晶内的自扩散系数，晶界自扩散系数约为晶内的 10^7 倍。界面扩散可能是珠光体长大速度较快的原因之一。

台阶机制长大是珠光体转变机制研究的一个新的进展。它认为共析铁素体和共析渗碳体两相与母相奥氏体的相界面是由连续的长大台阶所耦合，两相依靠台阶长大共析共生、协同生长。

20 世纪 80 年代中期，有学者用高分辨率透射电子显微镜研究了 Fe－0.8C－12Mn 合金的珠光体转变，观察了 F/A、C/A 界面的结构及界面形成过程[5]。结果发现在界面上存在平直的相界面、错配位错及台阶缺陷，台阶高度约为 4～8nm，且台阶是可动的。可认为珠光体长大时，界面迁移依赖台阶的横向运动。

图1－18所示为Fe－0.8C－12Mn合金经1300℃加热12h＋600℃保温12h后淬水处理后，观察发现珠光体上存在共享台阶，铁素体和渗碳体组成的珠光体按照台阶机制长大。

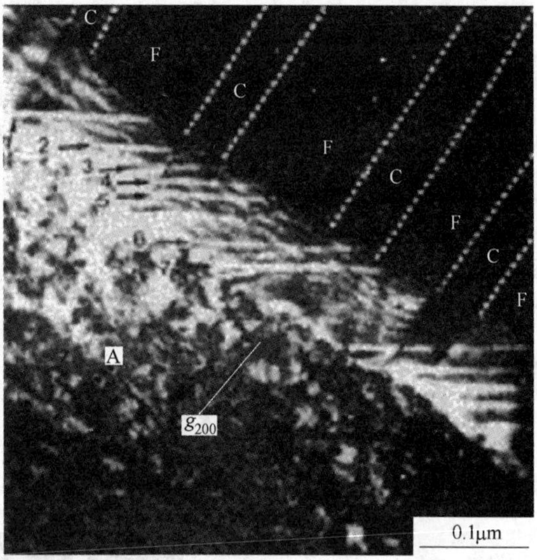

图1－18 Fe－0.8C－12Mn合金的珠光体及共享台阶（TEM）[5]（1300℃加热12h＋600℃保温12h后淬水）

1.4.4 粒状珠光体的形成

粒状珠光体在力学性能和工艺性能方面有一定优越性，因此，希望碳化物颗粒状存在，即获得粒状珠光体组织。获得粒状珠光体的途径有3个：一是在奥氏体＋渗碳体两相区加热，或加热转变不充分，将这样的过冷奥氏体缓冷而得到粒状珠光体；二是通过片状珠光体的低温退火球化而获得；三是通过马氏体或贝氏体组织的高温回火（或低温退火）来获得。

1.4.4.1 低温退火时片状珠光体的球化

如果原始组织为片状珠光体，将其加热到A_1稍下的温度长时间保温，片状珠光体能够自发地变为粒状的珠光体。这是由于片状珠光体具有较高的表面能，转变为粒状珠光体后系统的能量（表面能）降低，这是个自发的过程。如图1－19所示，片状渗碳体不断被溶断，最终聚集成颗粒状。

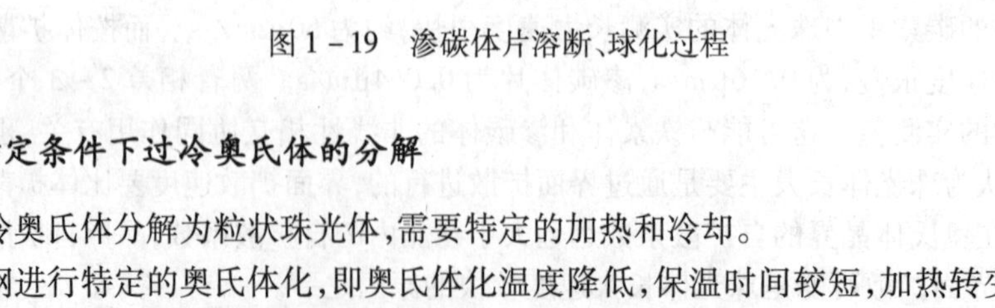

图1－19 渗碳体片溶断、球化过程

1.4.4.2 特定条件下过冷奥氏体的分解

若使过冷奥氏体分解为粒状珠光体，需要特定的加热和冷却。

首先将钢进行特定的奥氏体化，即奥氏体化温度降低，保温时间较短，加热转变没有充分完成，在奥氏体中尚存在许多未溶的剩余碳化物，或者奥氏体成分很不均匀，存在许多微小的富碳区。这些未溶的剩余碳化物将是过冷奥氏体分解时的非自发核心。在富碳区易于形成碳化物。这些为粒状珠光体形核创造了有利条件。

其次，需要特定的冷却条件，即过冷奥氏体分解的温度要高。在A_1稍下，较小的过冷度下等温，即等温转变温度高，等温时间要足够长，或者冷却速度缓慢。

满足上述两个特定条件，就可以使得珠光体不以片状形成，而以颗粒状碳化物＋铁素体共析分解。最终获得粒状珠光体组织。在这种特定条件下，珠光体易于形核，以未溶的剩余碳化物为非自发核心，形成珠光体晶核($F+Fe_3C$)，其中渗碳体或碳化物不是片状而是颗粒状，向四周长大，长大方向是离开颗粒半径的曲率中心，长大成颗粒状的碳化物。颗粒状的碳化物长大过程中，其周围的铁素体也不断向奥氏体中生长。最后形成以铁素体为基体的，其上分布着颗粒状碳化物的粒状珠光体组织。图1-20所示为4Cr5MoV1Si钢870℃加热，保温，再于750℃等温，缓冷后，得到粒状珠光体组织，照片中标出了碳化物颗粒的尺寸，一般为200~800nm，分布较为均匀。同时，退火锻轧材获得软化(低于HB 220)。工业上大多数工具钢锻轧材的球化退火都是采用这样的原理和方法。

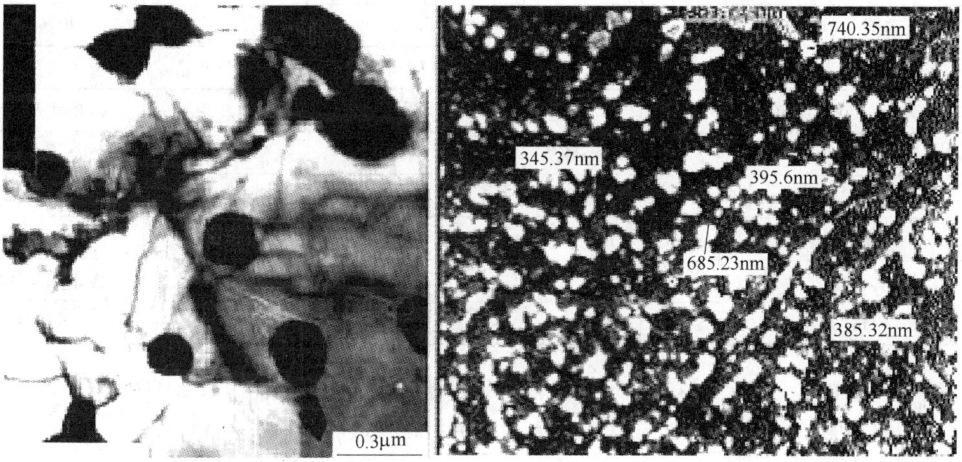

(a) (b)

图1-20 4Cr5MoV1Si钢球状退火组织(TEM)

1.4.4.3 高温回火或低温退火

粒状珠光体也可以通过马氏体或贝氏体的高温回火或低温退火来获得。马氏体和贝氏体组织在中温区回火得到回火托氏体组织，而高温区回火获得回火索氏体组织，进一步提高回火温度到A_1稍下保温，铁素体晶粒不断变成较大的等轴晶粒，细小弥散的碳化物不断聚集粗化，最后可以得到较大颗粒状的碳化物，成为球状珠光体组织。

1.5 马氏体相变

过冷奥氏体以较快的速度冷却，在较低温度下将发生无扩散相变，得到马氏体组织，从而使钢强化或硬化，以满足国民经济的需求。人类首先在钢中发现马氏体相变，至今不仅在钢铁中，而且在有色金属及合金、陶瓷材料中发现了马氏体相变。

马氏体相变相对于珠光体分解来说，是在低温下(很大过冷度ΔT)进行的无扩散相变，因此，马氏体相变具有一系列的相变特征。

1.5.1 马氏体的定义

马氏体的定义为：马氏体是原子经无需扩散的原子集体协同热激活跃迁位移的晶格改组过程得到的具有严格晶体学关系和惯习面的，形成相中伴生极高密度位错、或层错、或精细孪晶等亚结构的整合组织。

1.5.2　钢中马氏体的物理本质

低碳钢、中碳钢、高碳钢淬火得到的马氏体组织结构不同；当奥氏体晶粒粗细不等，成分均匀性不同时，奥氏体转变为马氏体的组织形貌也不同；碳素钢、合金钢、有色金属及合金的马氏体，它们在晶体结构、亚结构、组织形态、与母相的晶体学关系等方面均不尽相同，呈现出形形色色的形态及非常复杂的物理本质。钢中马氏体的形态和晶体学特征见表 1－1。

表 1－1　钢中马氏体的形态和晶体学特征

钢种及成分	晶体结构	惯习面	亚结构	组织形态
低碳钢，w(C)＜0.2%	体心立方	$\{557\}_\gamma$	位　错	板条状
中碳钢，w(C)为 0.2%～0.6%	体心正方	$\{557\}_\gamma$、$\{225\}_\gamma$	位错及孪晶	板条状及片状
高碳钢，w(C)为 0.6%～1.0%	体心正方	$\{225\}_\gamma$	位错及孪晶	板条状及片状
高碳钢，w(C)为 1.0%～1.4%	体心正方	$\{225\}_\gamma$、$\{259\}_\gamma$	孪晶、位错	片状、凸透镜状
超高碳钢，w(C)≥1.5%	体心正方	$\{259\}_\gamma$	孪晶、位错	凸透镜状
18－8 不锈钢	hcp(ε')	$\{111\}_\gamma$	层　错	
马氏体沉淀硬化不锈钢	bcc(α')	$\{225\}_\gamma$	位错及孪晶	板条状及片状
高锰钢，Fe－Mn(w(Mn)13%～25%)	hcp(ε')	$\{111\}_\gamma$	层　错	薄片状

从表 1－1 可见，钢中马氏体的物理本质和形貌非常复杂，具体如下：

(1)晶体结构主要有体心立方(bcc)、体心正方(bct)、密排六方(hcp)3 种。

(2)具有 4 种惯习面：{111}，{557}，{225}，{259}。变化复杂。

(3)马氏体形貌各异，除了表中所列的以外，钢中有时也发现蝶状马氏体，还有所谓隐晶马氏体等形态。

(4)马氏体中的位错和层错密度极高，孪晶是大量而精细的。碳的质量分数低的马氏体以位错亚结构为主，高碳马氏体的亚结构以精细孪晶为主，但也存在高密度的位错。

1.5.2.1　体心立方马氏体(w(C)＜0.2%)

w(C)小于 0.2% 的低碳钢，其淬火马氏体具有体心立方结构。马氏体中具有高密度位错(约 $0.3\times10^{12}\sim0.9\times10^{12}cm^{-2}$)的亚结构，属位错马氏体。其惯习面曾经测定为$\{111\}_\gamma$，20 世纪 60 年代修改为$\{557\}_\gamma$。与母相的位向关系为 K－S 关系。马氏体呈板条状，马氏体条的宽度不等，多为 0.15～0.2μm，个别较宽的可达到 1～2μm。相邻的马氏体板条晶大致平行，位向差较小，平行的马氏体条组成一个马氏体板条领域。领域与领域之间的位向差较大。一个原始的奥氏体晶粒内，可以形成几个马氏体板条领域，如图 1－21 所示。可见，原奥氏体晶界清晰，一个奥氏体晶粒内转变为几个板条马氏体领域，领域内的板条并不平直，也不规则。

1.5.2.2　体心正方马氏体(w(C)为 0.2%～1.9%)

20 世纪 60 年代，立方马氏体和正方马氏体的碳的质量分数的分界值定为 0.2%。Fe－C 马氏体中 w(C)＞0.2% 时，晶体结构显示出正方性，变为体心正方晶格。20 世纪 70 年代，Speich 认为低碳马氏体(w(C)＜0.2%)中的碳原子处于柯垂尔气团偏聚态，即马氏体中的碳原子全部被位错所吸纳，所以马氏体保持体心立方晶格。当碳的质量分数超过马氏体中位错可能吸纳的极限时，就以间隙溶解态的形式存在，马氏体出现正方度。从表 1－1 可见，w(C)＞0.2% 时，晶体结构都是体心正方的。

随着碳的质量分数的提高，存在下面3种过渡：

(1) 惯习面指数逐渐演化，即：{111}({557})→{225}→{259}。

(2) 随着碳的质量分数的提高，亚结构由高密度位错为主、孪晶为辅，逐渐过渡到以精细孪晶为主，高密度位错为辅。

(3) 马氏体组织形貌由板条状过渡到片状、凸透镜状。

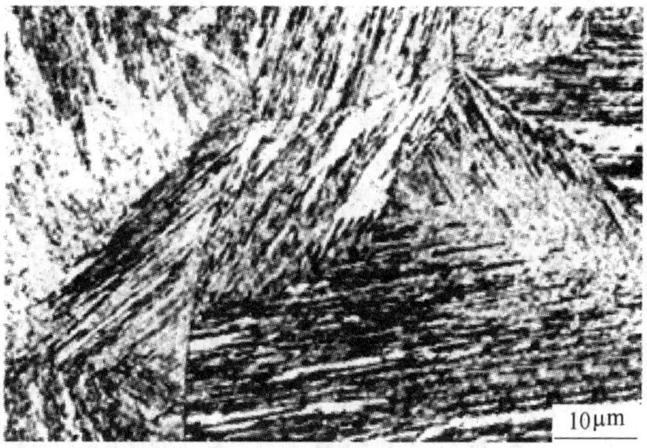

图1-21 低碳板条状马氏体(0.03C-2Mn)

低碳板条状马氏体的亚结构主要是高密度位错，如图1-22所示。中碳钢马氏体亚结构也以高密度位错为主，但有少量孪晶。高碳马氏体的亚结构主要为孪晶。高碳马氏体呈片状，如图1-23所示。

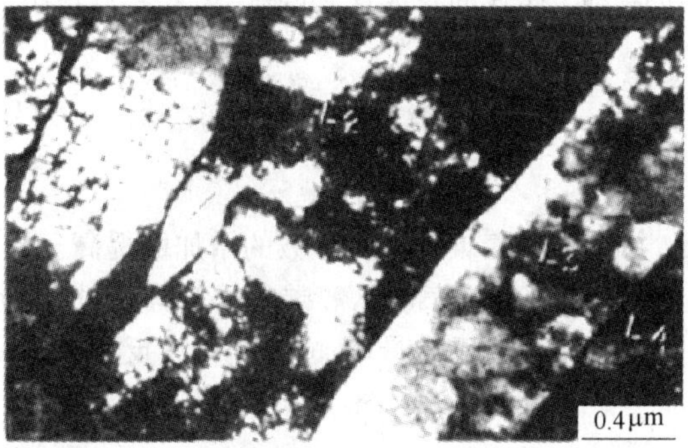

图1-22 0.03C-2Mn 钢板条状马氏体及位错亚结构(TEM)

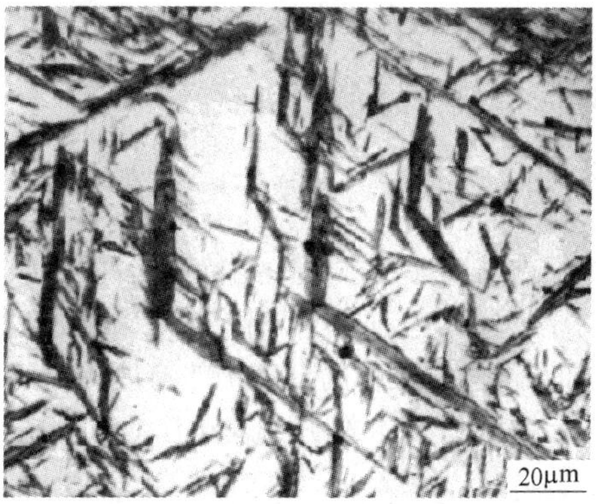

图1-23 Fe-1.22C 马氏体形貌(黑色片状，已经被回火)

超高碳马氏体片呈凸透镜片状，以闪电状形式形成，呈现"Z"形分布，在马氏体片中间还可以看到中脊，如图1-24所示。这种马氏体的亚结构主要是孪晶。

当高碳马氏体片交角相撞时，造成局部巨大内应力，会产生撞击裂纹，图1-25(a)所示为CrWMn钢的马氏体组织，可见在马氏体片交角处存在淬火微裂纹。它导致淬火钢脆性，并且容易形成淬火零件的宏观裂纹。图1-25(b)所示为Fe-32Ni合金中的马氏体片互相碰遇的情况[6]。

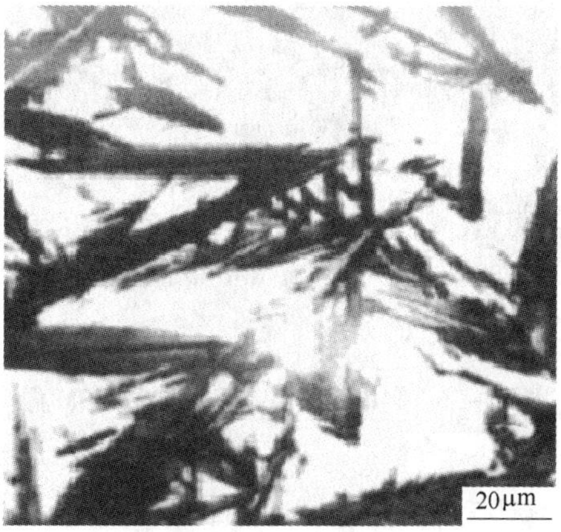

图1-24 Fe-1.9C 合金凸透镜状马氏体形貌

工业上，高碳钢不完全淬火经常得到所谓"隐晶"马氏体，它是在马氏体的基体上分布着剩余碳化物的整合组织。其马氏体经硝酸酒精浸蚀后难以在光学显微镜下观察到马氏体的形态，所以得其名。实际上也是片状马氏体，在电子显微镜下可观察到它的片状特征，如图1-26所示。"隐晶"马氏体是由于高碳钢在两相区加热淬火，存在

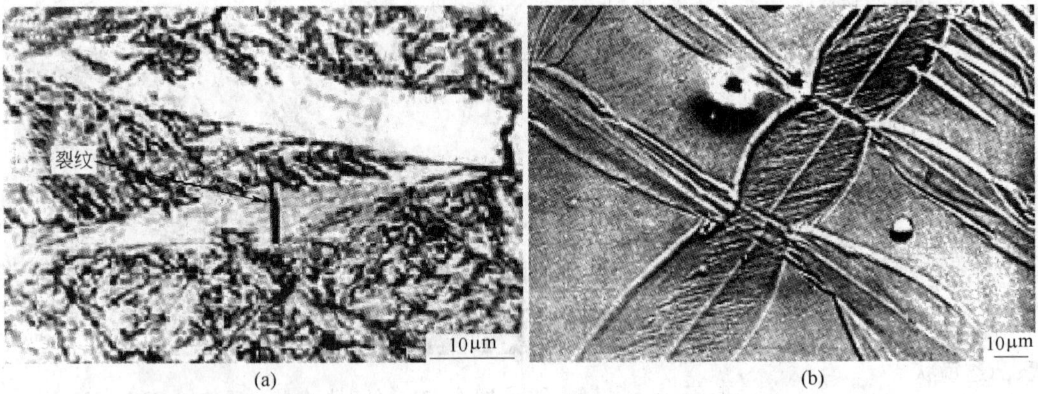

图 1－25　马氏体片交角撞击产生微裂纹
(a) CrWMn 钢；(b) Fe－32Ni 合金

奥氏体＋未溶碳化物，而且奥氏体成分也不均匀，所以马氏体片的长大受到限制，尺寸十分短小。

1.5.3　马氏体的力学性能

1.5.3.1　马氏体的强度和硬度

钢中马氏体的主要性能特点是高强度、高硬度，其硬度随着碳的质量分数的增加而提高。当碳的质量分数达到 0.6% 时，淬火钢的硬度达到最大值，如图 1－27 所示。碳的质量分数进一步增加时，虽然马氏体的硬度仍然有所提高，但是由于钢中残留奥氏体量增加，钢的硬度反而下降。合金元素对马氏体的硬度影响不大。

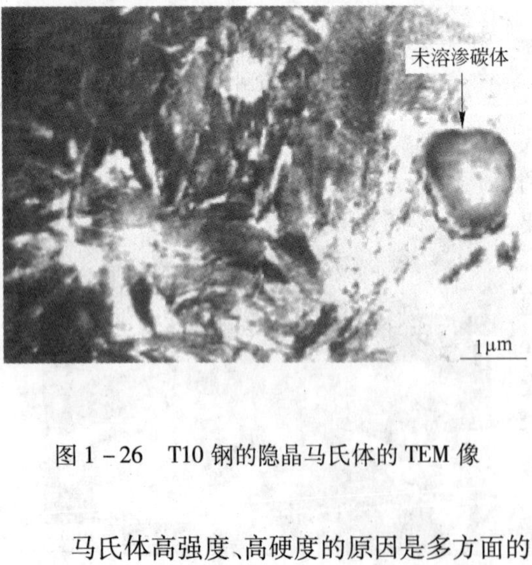

图 1－26　T10 钢的隐晶马氏体的 TEM 像

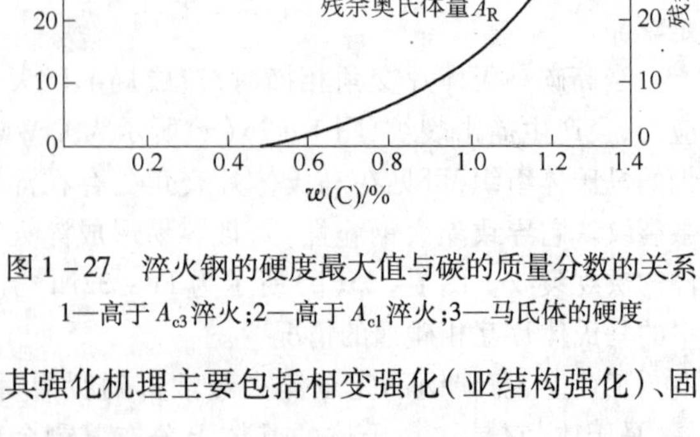

图 1－27　淬火钢的硬度最大值与碳的质量分数的关系
1—高于 A_{c3} 淬火；2—高于 A_{c1} 淬火；3—马氏体的硬度

马氏体高强度、高硬度的原因是多方面的，其强化机理主要包括相变强化（亚结构强化）、固溶强化和时效强化等。

马氏体相变的切变特征造成晶体内大量的微观缺陷，极高密度的位错和层错、大量精细孪晶、大量界面使马氏体强化和硬化，称其为相变强化。

钢中的马氏体中固溶了碳原子和合金元素原子，是个过饱和固溶体。对硬度和强度起决定性作用的是碳原子的固溶强化,间隙碳原子使晶格产生严重的畸变从而提高了强度和硬度。替换原子由于对晶格产生畸变的作用较小,因而对强度和硬度的贡献不大。由于马氏体中的碳原子极易扩散,通过形成碳原子偏聚区或碳化物的形式而引起时效强化。

为什么固溶于奥氏体中的碳原子强化效果不大,而固溶于马氏体中的碳原子强化效果如此显著呢?碳原子在马氏体和奥氏体晶格中均处于八面体中心。但是,奥氏体中的碳原子处于正八面体的中心,碳原子溶入时,引起对称畸变,即沿着3个对角线方向的伸长是相等的。而马氏体中的八面体是扁八面体,碳原子的溶入使点阵发生不对称的畸变,使短轴伸长,2个长轴稍有缩短。形成畸变偶极,造成一个强烈的应力场,阻碍位错运动,从而使得马氏体的强度和硬度显著提高。

工业生产中所得到的马氏体的强度,实际上包含了时效强化效应。时效强化是由碳原子偏聚引起的。对于 M_s 点高于室温的钢,在通常的淬火条件下,淬火过程中伴随着自回火,即有时效强化发生。

应当指出,对于孪晶马氏体的强化,还包含有孪晶对于马氏体的强化作用。碳的质量分数相同时,孪晶马氏体的硬度和强度略高于位错马氏体。

1.5.3.2 马氏体的韧性

马氏体的韧性受碳的质量分数和亚结构的影响。试验表明,在屈服强度相同的条件下,位错型马氏体比孪晶马氏体的韧性好。即使回火后也仍然具有这样的关系。一般来说,低碳钢淬火得到位错型马氏体,由于位错的可动性,该类马氏体具有一定的塑性,裂纹扩展的阻力增大,可产生韧性断裂,因而断裂韧性较高;而高碳的孪晶马氏体硬而脆,在马氏体转变的过程中易于在马氏体片间产生显微裂纹。另外,由于不能产生塑性变形,裂纹扩展阻力减小,可导致准解理或解理断裂,因而断裂韧性较低。严格地说,只有位错马氏体具有良好的韧性。

综上所述,马氏体的强度主要取决于它的碳的质量分数,而马氏体的韧性主要取决于它的亚结构。低碳的位错马氏体具有高的强度和韧性。高碳孪晶马氏体具有高强度和高硬度,但是韧性差。理论和试验表明,获得位错型马氏体是一条重要的强韧化途径。

1.6 贝氏体与贝氏体相变

1.6.1 贝氏体的组织形貌

贝氏体分为两大类:上贝氏体和下贝氏体。20世纪中叶以来,发现了大量复杂的贝氏体组织形貌。诸如粒状贝氏体、无碳贝氏体、准贝氏体、柱状贝氏体等,名称较多。贝氏体本质上是以贝氏体铁素体为基体,其上分布着θ-渗碳体(或ε-碳化物)、残余奥氏体、马氏体等相构成一个复杂的整合组织。组成相较多,形态多变。在较高温度区形成上贝氏体,在贝氏体“鼻温”以下至 M_s 点附近的较低温度区域形成下贝氏体。

上贝氏体和下贝氏体在组织形貌上的主要区别,一是贝氏体铁素体的形态差异,二是碳化物的形态和析出的位置不同。现就其典型的组织介绍如下。

1.6.1.1 无碳贝氏体

无碳贝氏体属于上贝氏体。这种贝氏体在低碳低合金钢中出现几率较多。当上贝氏体组织中只有贝氏体铁素体和残留奥氏体而不存在碳化物时,这种贝氏体就是无碳化物贝氏体,或称无碳贝氏体。无碳贝氏体中的铁素体片条大体上平行排列,其尺寸及间距较宽,片条间是富碳奥氏体,或其冷却过程的产物。

在硅钢和铝钢中，由于 Si、Al 不溶于渗碳体中，Si、Al 原子不扩散离去则难以形成渗碳体。因此，在这类钢的上贝氏体转变中，难以析出渗碳体，常常在室温时还保留残余奥氏体，形成无碳贝氏体。图 1 – 28 所示为高碳高硅钢于 200℃保温 240h 得到的无碳贝氏体组织。可见，贝氏体铁素体呈细长的片条形态，其间夹杂着残留奥氏体。在贝氏体铁素体片条中和残留奥氏体中均有较高密度的位错。

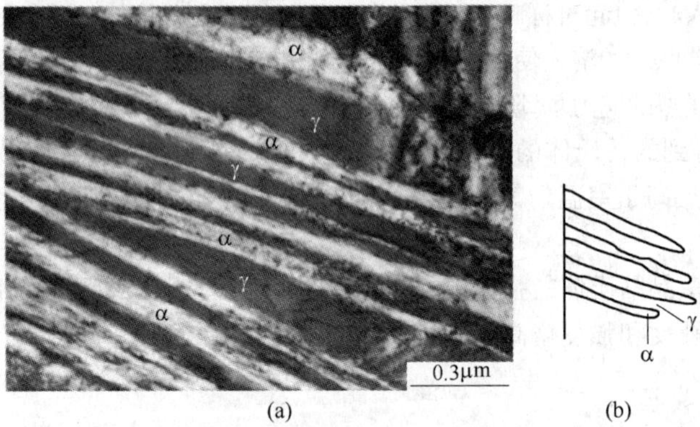

图 1 – 28　高碳高硅钢 200℃等温形成的无碳贝氏体及其示意图
(a) 无碳贝氏体(TEM)；(b) 无碳贝氏体示意图

1.6.1.2　粒状贝氏体

粒状贝氏体也属于上贝氏体。当奥氏体冷却到上贝氏体温度区，析出贝氏体铁素体(BF)后，由于碳扩散到奥氏体中，使奥氏体不均匀地富碳，不再转变为贝氏体。这些奥氏体区域(岛)一般呈粒状或长条状，分布在铁素体基体上。这种富碳的奥氏体在冷却或等温过程中，可以部分地发生转变，形成所谓 M – A 岛。这种由 BF + M – A 岛构成的整合组织称为粒状贝氏体，如图 1 – 29所示。在奥氏体岛未分解之前，粒状贝氏体实际上是无碳化物贝氏体。因此，无碳化物贝氏体也是粒状贝氏体的一种特殊组织形态。

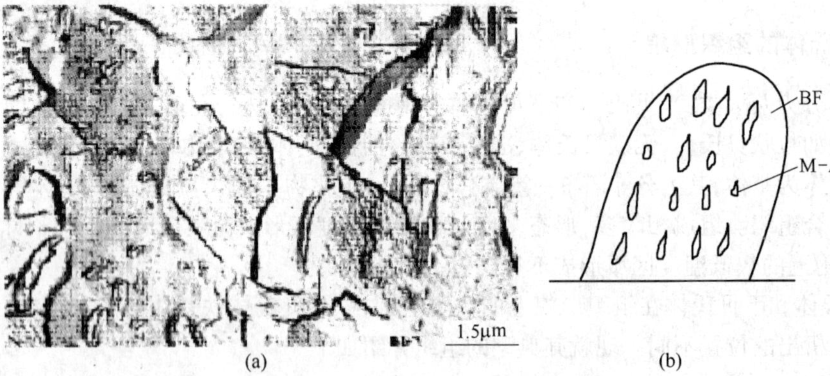

图 1 – 29　23MnCrNiMo 钢 475℃等温粒状贝氏体及其示意图
(a) 粒状贝氏体(TEM)；(b) 粒状贝氏体示意图

1.6.1.3　羽毛状上贝氏体

羽毛状贝氏体是经典的上贝氏体，是由板条状铁素体和条间分布的碳化物组成。贝氏体铁素体片条间的碳化物是片状形态的细小的渗碳体，组织形貌呈现羽毛状，是 BF + θ - M_3C 的整合组织。将 GCr15 钢奥氏体化后，于 450℃ 等温 40s，然后水冷淬火，得到贝氏体 + 马氏体的整合组织，如图 1 - 30 所示。由图 1 - 30 可见，羽毛状贝氏体沿着奥氏体晶界向两侧生长，尚未转变的奥氏体在淬火后转变为马氏体组织。图中 BC 为贝氏体碳化物，BF 为贝氏体铁素体。

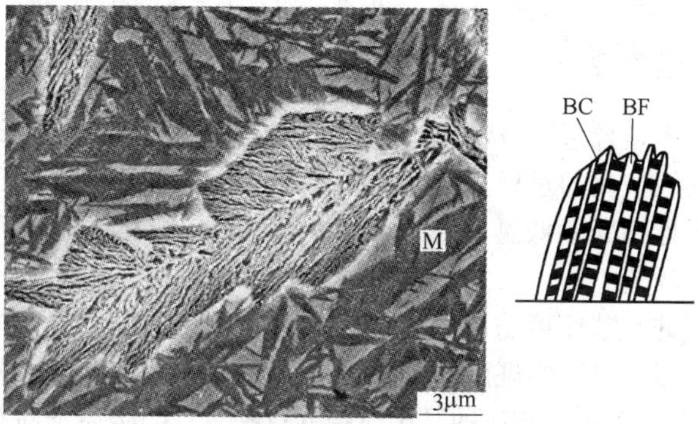

(a) (b)

图 1 - 30 GCr15 钢的羽毛状上贝氏体及其示意图

(a) 羽毛状上贝氏体（SEM）；(b) 贝氏体示意图

随温度降低和钢中碳的质量分数的增高，羽毛状贝氏体中的条片状的贝氏体铁素体（BF）变薄，位错密度增高，渗碳体片变细，颗粒变小，弥散度增加。

此外，还有所谓“准上贝氏体”，它与无碳化物贝氏体相似，也没有碳化物，其贝氏体铁素体条之间的富碳奥氏体是一层薄膜。

1.6.1.4 下贝氏体

下贝氏体是在贝氏体相变温度区的下部（贝氏体 C 曲线“鼻温”以下）形成的。在光学显微镜下呈黑色针状，与回火马氏体相似，如图 1 - 31 所示。由于下贝氏体由贝氏体铁素体和碳化物构成，因而极易被腐蚀，在金相显微镜下观察呈现黑色片状形貌。

准下贝氏体是经典下贝氏体的一个特例。它不同于典型的下贝氏体，在它的贝氏体铁素体 BF

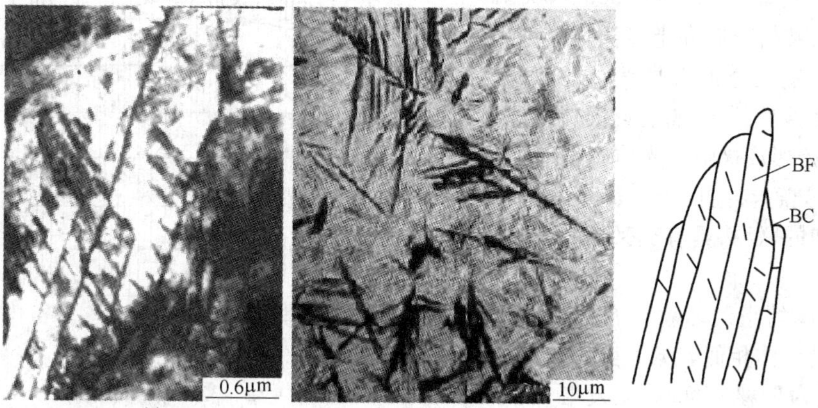

(a) (b) (c)

图 1 - 31 下贝氏体组织

(a) TEM；(b) LOM；(c) 示意图

内,按一定角度排列的是残留奥氏体而不是碳化物。下贝氏体是由 BF + ε - 碳化物 + 残留奥氏体 A_R 构成的整合组织。

上述表明,贝氏体形态复杂,名称较多,贝氏体组织形态的多样性说明了贝氏体相变的极其复杂性。上贝氏体、下贝氏体是被普遍接受的传统的贝氏体分类。形态各异的贝氏体其实都是上贝氏体或下贝氏体的变态。

1.6.2　贝氏体相变的过渡性

过冷奥氏体作为一个整合系统,从整体上看,从高温区的扩散性的共析分解到低温区的马氏体无扩散相变是一个逐级演化的过程。全过程可以分为 3 个不同性质的阶段,即高温区的珠光体转变→中温区的贝氏体相变→低温区的马氏体相变。3 个阶段既有联系又有区别,中温转变是这个系统的中间过渡环节。

碳及合金元素原子的扩散速度随着温度的降低而减慢,这是导致分阶段转变的一个诱因。在高温区,原子扩散能力强,奥氏体进行扩散型的共析分解转变为珠光体组织;而在低温区,铁原子和替换原子难以扩散,则发生无扩散的马氏体相变;在中温区,碳原子尚有足够的扩散能力,能够长程扩散,但铁原子和替换原子已经失去足够的扩散能力。

贝氏体转变与共析分解、马氏体相变既有区别,又有联系,这表现出从扩散型相变到无扩散型相变的过渡性、交叉性,同时又具有自己的特殊性。贝氏体的组织形貌十分复杂,表现为既承袭了珠光体组织的某些特征,又保留了马氏体组织的一些色彩,具有明显的过渡性。

就相变机制而言,贝氏体相变同珠光体转变同样具有扩散性质,首先是碳原子的扩散,所以有人称其为"半扩散型相变"。上贝氏体在奥氏体晶界上形成贝氏体铁素体晶核,共析分解也可以在奥氏体晶界形成珠光体晶核,两者有相似性。

但是上贝氏体与珠光体在转变机制上有所区别。过冷奥氏体的共析分解是铁素体 + 碳化物两相共析共生的过程。而贝氏体相变则是在晶界首先析出贝氏体铁素体晶核,并且长大;而渗碳体(或 ε - 碳化物)何时析出要视具体条件而定,也可能不析出,它与贝氏体铁素体(BF)不存在共析共生的关系。

许多钢的共析分解与上贝氏体转变在一定温度范围内等温时可以重叠,如图 1 - 32 所示。可见,35Cr 钢在 500 ~ 600℃之间等温时,共析分解和上贝氏体转变 C 曲线重叠,各有独立的 C 曲线。在 500 ~ 600℃之间等温时,先形成上贝氏体,等温 100s 后又开始形成极细珠光体(托氏体)。这说明共析分解与上贝氏体转变既有不同,又有密切的联系,具有交叉性、重叠性和过渡性。

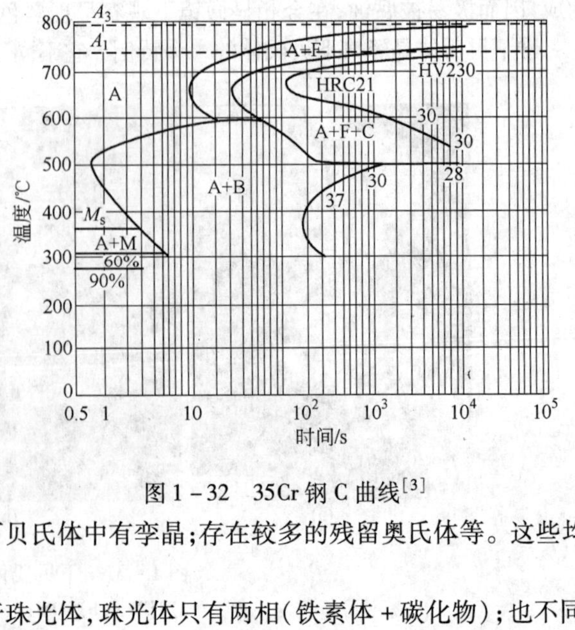

图 1 - 32　35Cr 钢 C 曲线[3]

下贝氏体的组织形貌具有针状或片状特征,与马氏体相似。下贝氏体转变可在奥氏体晶内形核,也可以激发形核;存在较高的位错密度;近年来许多学者发现下贝氏体中有孪晶;存在较多的残留奥氏体等。这些均与马氏体相变有相似性。

钢中贝氏体的组成相十分复杂,不同于珠光体,珠光体只有两相(铁素体 + 碳化物);也不同于单相的马氏体。贝氏体组织中除了贝氏体铁素体外，往往同时存在其他相，如渗碳体、ε-碳化物，残留奥氏体、马氏体或所谓 M-A 岛等。上贝氏体的组成相有时与珠光体相同，即含有铁素体和渗碳体两相，贝氏体组织中存在着马氏体、残留奥氏体等相，这说明它打上了淬火马氏体组织的烙印。从上贝氏体组织过渡到下贝氏体组织，表现了从珠光体到马氏体的过渡性和复杂的交叉性。

羽毛状上贝氏体、无碳贝氏体均与在晶界处形核长大的珠光体有相似之处，铁素体均呈条片状，仅碳化物分布形态有所区别。羽毛状的上贝氏体与片状珠光体颇有相似之处。从贝氏体形貌上看，表现了从珠光体到马氏体之间的交叉性，具有明显的过渡性特征。

在动力学上也表现过渡性。在高温区，共析分解等温温度下，过冷奥氏体转变为珠光体，其转变量随着时间的延长不断增加，直到转变为 100% 的珠光体为止。在低温区，钢中的马氏体转变量具有降温转变特征，具有 M_s、M_f 点，即随着温度的降低，马氏体转变量不断增加，而且转变不彻底，往往存在不同程度的残留奥氏体。在中温区，贝氏体相变中具有 B_s、B_f 点，也具有随着温度的降低贝氏体转变量不断增加的现象。如果在 M_s 点稍上等温，则随着时间的延长，贝氏体转变量是不断增加的，这一点与珠光体等温转变相似。由此可见，贝氏体相变既打上了珠光体转变的烙印，又打上了马氏体相变的烙印，具有变温转变和等温转变的双重特征，具有过渡性。

1.6.3 贝氏体的定义

通过对贝氏体相变及其产物的深入观察分析，进行科学抽象，从本质上将钢中的贝氏体定义为：以条片状贝氏体铁素体为基体，同时可能存在渗碳体或 ε-碳化物、残留奥氏体等相，贝氏体铁素体内部存在亚片条、亚单元、较高密度位错等精细亚结构，这种整合组织称为贝氏体。钢中的贝氏体是过冷奥氏体的中温过渡性转变产物。

将钢中贝氏体相变定义为：过冷奥氏体在中温区发生的具有过渡性特征的非平衡相变，以贝氏体铁素体(BF)形核—长大为主要过程，可能伴随着渗碳体(或 ε-碳化物)析出，或形成残留奥氏体，或生成 M-A 岛等相构成多种形貌的贝氏体整合组织的一级相变。

1.6.4 关于贝氏体相变机制

科学技术哲学告诉我们：新相的晶核是以涨落作为种子的。浓度涨落可以形成贫碳区，结构涨落形成 α 相体心核坯，能量涨落提供核坯和临界晶核所需要的能量上涨。3 种涨落的非线性正反馈相互作用使涨落迅速放大，致使奥氏体贫碳区的结构(fcc)失稳而瓦解，建构 bcc 结构的 BF 晶核。

贝氏体晶核是单相，即贝氏体铁素体 BF(α 相)。按照固态相变的一般规律，贝氏体铁素体的形核是非均匀形核。金相观察表明，上贝氏体一般在奥氏体晶界处形核，而下贝氏体有时在奥氏体晶界形核，有时则在晶内形核。亚单元形成后诱发应力应变场可以激发形核。实验表明，钢中的贝氏体片条几乎都是由亚片条、亚单元或超细亚单元组成，这表明激发形核客观存在。

切变学派认为，铁原子和代位原子是无扩散的切变，而间隙溶质原子是有扩散的；扩散学派提出扩散—台阶机制，认为贝氏体转变是共析转变的变种。刘宗昌等在《贝氏体与贝氏体相变》一书中指出贝氏体相变具有过渡性特征，贝氏体相变不是单纯的切变机制，也不是单一的扩散机制，而是切变—扩散整合机制，贝氏体铁素体和碳化物的形核—长大是界面处的铁原子和替换原子非协同热激活迁移的结果。

1.7　淬火钢的回火转变

将钢奥氏体化后迅速冷却,得到马氏体或贝氏体组织的工艺操作称为淬火。淬火马氏体组织一般不能直接使用,需要进行回火,以降低脆性,增加塑性和韧性,稳定组织,获得强韧性的配合后才能实际应用。其原因如下:第一,一般情况下,马氏体是在较快冷却速度下获得的非平衡组织,在马氏体状态下,系统处于较高的能量状态,使系统的不稳定性增加;第二,淬火组织中一般存在残留奥氏体,在室温下,残留奥氏体是不稳定的;第三,马氏体转变后系统中残留了很大的内应力。

为了满足零件对性能的要求,将淬火零件重新加热到低于临界点的某一温度,保温一定时间,使亚稳的马氏体及残留奥氏体发生某种程度的转变,再冷却到室温,从而调整零件的使用性能,这种工艺操作称为回火。淬火钢在回火过程中发生的组织结构的变化即为回火转变。

淬火钢在回火过程中发生的转变主要是马氏体的分解,残留奥氏体的转变,还有碳化物析出后碳化物转化、聚集长大;α 相的回复、再结晶;内应力的消除等过程。此外,贝氏体组织也是淬火钢中的不平衡的组织,在回火过程中,贝氏体组织也会发生变化。

1.7.1　碳素钢马氏体的脱溶

1.7.1.1　碳原子的偏聚区

A　弘津气团

马氏体中的碳原子选择性地占据同一晶向(如$[001]_{\alpha}$)八面体间隙,形成晶格的正方性。弘津指出:处于同一晶向八面体间隙的碳原子可以进一步发生偏聚,形成小片状的碳原子团,弘津气团仅仅包含 2~4 个碳原子,形状为凸透镜状。弘津气团趋向于在同一晶面上出现,并形成若干个小片组成的碳原子片状畴,畴的尺寸约为几个纳米,比上述所说的尺寸大,这已经为透射电子束的点阵衍射条纹所证实。

B　柯垂尔气团

碳原子偏聚于位错线上称为柯垂尔(Cottrell)气团,也可称为位错气团。1972 年,G. P. Speich 发表了马氏体中碳原子柯垂尔气团的理论分析一文。在淬火态,碳原子已经处于位错偏聚态,在低碳板条状马氏体中,0.2% 的碳完全被马氏体中的位错所吸纳,并且完全饱和。碳原子偏聚于位错线处,使它对合金的电阻率的贡献大大减少(与均匀固溶态相比)。Fe－C 马氏体的电阻率随着碳的质量分数增加而变大,低碳马氏体的电阻率与完全的位错偏聚态基本相同。

工业生产条件下或者一般试验条件下所获得的马氏体,由于冷却速度较慢,碳原子扩散已经完成了脱溶的第一阶段,即偏聚状态,一部分以柯垂尔(Cottrell)气团存在,另一部分以弘津偏聚团形式出现。马氏体中的碳的质量分数超过 0.2% 越多,则形成弘津气团的数量越多。

1.7.1.2　$\theta-Fe_3C$ 的过渡相

碳素钢淬火马氏体脱溶分解,从碳原子的偏聚团到形成平衡相 $\theta-Fe_3C$ 之间存在过渡相,即过渡的 Fe－C 系化合物。这是 20 世纪后半叶研究的一个热点问题。从碳原子的偏聚团转变为平衡相 $\theta-Fe_3C$,这是脱溶系统的自组织过程。

不同碳的质量分数马氏体的回火转变析出的过渡碳化物是不同的。它们析出之初非常细小,与基体存在复杂的共格关系,析出相的结构也很相似。表 1－2 为 Fe－C 马氏体脱溶(温度)顺序,给出了按高、中、低碳 3 种情况给出了 Fe－C 马氏体分解时过渡相的类型以及析出的温度范围。

表 1－2 Fe－C 马氏体脱溶(温度)贯序[7]

碳的质量分数的范围	回火温度/℃				
	100	200	300	400	500
低碳(w(C) <0.2%)	←D_C→	←θ－Fe_3C→			
中碳(w(C)为 0.2% ~0.6%)	←H_C,D_C→ ←η(或 ε)→ ←θ－Fe_3C→				
高碳(w(C) >0.6%)	←D_C→ ←η(或 ε)→ ←χ→ ←θ－Fe_3C→				

注:D_C 为碳原子的位错气团;H_C 为碳原子的弘津气团。

由表 1－2 可知:

(1)低碳的板条状马氏体的脱溶贯序较为简单,200℃以下回火时不析出碳化物,只有碳原子的偏聚团,不存在过渡相。200℃以上直接析出平衡相 θ－Fe_3C。这说明析出过渡相 η－Fe_2C 或 ε－ $Fe_{2.4}C$ 需要扩散富集较高的碳的质量分数(η－Fe_2C 中 w(C)为 9.7%,而 ε－ $Fe_{2.4}C$ 中 w(C)为 7.9%),这对于低碳马氏体来说较为困难。同时也说明,碳原子的位错气团 D_C 可以吸纳大量碳原子,较为稳定,难以再提供多余的碳原子来析出过渡相。此外,从碳原子的位错气团 D_C→η－Fe_2C 过渡,说明 D_C 气团中碳的质量分数较高,足以有充分的碳原子形成过渡相 η－Fe_2C。

(2)高碳片状孪晶马氏体的脱溶贯序为:温度高于 100℃即开始析出过渡相 η－Fe_2C 或 ε－$Fe_{2.4}C$,呈极细小的片状,温度高于 200℃时,η－Fe_2C(或 ε－ $Fe_{2.4}C$)开始回溶,同时析出另一个过渡相 χ－Fe_5C_2,并且迅即开始平衡相 θ－Fe_3C 的析出。在一个相当宽的温度范围内,χ－Fe_5C_2 与 θ－Fe_3C 共存,直到 450℃以上 χ－Fe_5C_2 消失,全部转变为 θ－Fe_3C。

(3)中碳马氏体中存在位错和孪晶两种亚结构,其析出贯序是:小于 200℃时处于碳原子气团 H_C、D_C 状态,于 100℃即开始析出过渡相 η－Fe_2C 或 ε－$Fe_{2.4}C$,温度高于 200℃时,即有 θ－Fe_3C 的析出。这反映了位错型马氏体的情况,即在位错气团基础上直接析出平衡相。100 ~300℃范围内析出的 η－Fe_2C 或 ε－$Fe_{2.4}C$ 则是孪晶型马氏体析出贯序的环节。但是至今未见中碳马氏体析出 χ－Fe_5C_2 的报道。

过渡相 ε－$Fe_{2.4}C$ 是 20 世纪 50 年代初测定的,直到 70 年代人们也未加怀疑。后来测定出 η－Fe_2C,认为 ε－$Fe_{2.4}C$ 就是 η－Fe_2C,因而出现六方和正交之争。目前,人们还在不同钢中进行逐一测定,尚不能得出确切的结论。

1.7.1.3 准平衡的 θ－Fe_3C

渗碳体 θ－Fe_3C 并不是真正的平衡相,在较高温度回火,长时间保温最终会转变为铁素体 + 石墨。在淬火马氏体回火时析出的渗碳体(θ－Fe_3C)是准平衡状态。

低碳的板条状马氏体 200℃以下回火时不存在过渡相, 200℃以上直接析出平衡相 θ－

Fe_3C。低温时，铁原子自扩散能力很弱，位错对于 $\theta-Fe_3C$ 的形核起决定性作用。试验观察表明，$\theta-Fe_3C$ 形核初期具有位错形核特征。虽然位错形核属于非均匀形核，但是由于位错密度大，$\theta-Fe_3C$ 分布也可以算是均匀的。温度升高时，处于板条的界面以及原奥氏体晶界处的 $\theta-Fe_3C$，由于界面扩散速度快而迅速长大，其尺寸显著超过晶内，形成集群，呈条片状，这时 $\theta-Fe_3C$ 分布不均匀了。这种条片状的碳化物还可能由残留奥氏体的分解而形成。

中温回火时，条片状 $\theta-Fe_3C$ 大量析出并且集聚，非均匀分布，对于材料的韧性有不利的影响。高温回火后，条片状的 $\theta-Fe_3C$ 聚集球化，粗化，颗粒数量减少，尺寸趋于均匀，对于韧性的不利影响将逐渐消失，性能趋于强韧化。

高碳片状孪晶马氏体中的 $\theta-Fe_3C$ 于300℃析出。但是，若将 $\chi-Fe_5C_2$ 纳入 $\theta-Fe_3C$ 脱溶的一个阶段，则其析出的开始温度仍为200℃。碳的质量分数越高，孪晶界上的 $\theta-Fe_3C$ 小片的密度越大。这种小片状的 $\theta-Fe_3C$ 在200～250℃沿着孪晶界平面分布的不均匀状态对于钢的韧性将产生不利的影响。

1.7.2　回火时α相的变化

1.7.2.1　α相正方度的变化

随着回火温度的提高和时间的延长，马氏体中不断析出碳化物，α相中的过饱和固溶碳量则不断降低，使得马氏体的正方度不断下降。α相的物理状态不断发生变化。

实际测定表明，在100℃以下，高碳马氏体和中碳马氏体中均形成了碳原子偏聚气团 D_C、H_C，尚未析出碳化物。工业条件下或者一般试验条件下所获得的马氏体，碳原子已经完成了脱溶的第一阶段，即偏聚，一部分以柯垂尔（Cottrell）气团存在，另一部分以弘津偏聚团形式出现。弘津气团趋向于在同一晶面上出现，并形成若干个小片组成的碳原子片状畴，畴的尺寸约为几个纳米，这已经为透射电子束的点阵条纹所证实。

只在100℃以上才有 $\eta-Fe_2C$、$\varepsilon-Fe_{2.4}C$ 碳化物的析出。随着 $\eta-Fe_2C$、$\varepsilon-Fe_{2.4}C$ 碳化物的析出，马氏体中的碳的质量分数不断降低，而且只有一个正方度。这说明碳化物的析出过程中，碳原子来得及远程扩散，马氏体进行的是单相分解过程。

250℃回火时，正方度已经降低到1.003。一般认为回火温度达到300℃时，正方度 c/a 接近于1，α相中的碳的质量分数已经接近平衡态，这时Fe－C马氏体分解过程基本结束。

1.7.2.2　α相回复和再结晶

马氏体中的高密度位错、精细孪晶等亚结构在回火时将发生变化。淬火马氏体中存在大量位错，位错密度可高达 $0.3\times10^{12}\sim0.9\times10^{12}cm^{-2}$，存在较高的位错能，所以在回火时将发生回复和再结晶。回复初期，部分位错，其中包括小角度晶界，即板条马氏体界面上的位错将通过滑移与攀移而相消，因而位错密度下降，部分板条界面消失，向相邻板条合并而成宽的板条。剩余的位错也将重新排列形成位错缠结，逐渐转化为胞块。在400℃以上回火时，回复已经清晰可见。由于板条合并变宽，再也看不清完整的板条，但能看到边界不清的亚晶块。图1－33所示为35Cr2Mo塑料模具钢的回火组织，可以看到亚晶块，亚晶块尺寸小于1μm。

纯铁的再结晶温度约为450℃，由于杂质和化学元素的作用，碳素钢中的铁素体再结晶温度被提高。碳素钢中的α相高于400℃时开始回复过程，540℃时开始再结晶。再结晶温度下，一些位错密度低的胞块将长大成等轴的铁素体晶粒，碳化物也聚集粗化成颗粒状，并且均匀地分布在铁素体基体上。再结晶后，原来马氏体组织的条片状特征消失。这种回火组织为回火索氏体。

合金钢中，许多合金元素提高再结晶温度，如钴、钼、钨、铬、钒等元素都显著提高 α 相的再结晶温度。质量分数为 1%～2%的钼、钨、铬可以把再结晶温度提高到 650℃左右。w(C) = 0.1%、w(V) = 0.5%的钢，α 相的再结晶在 600℃需要保温 50h 才能开始。

高碳钢淬火马氏体中存在大量孪晶。当回火温度高于 250℃时，孪晶开始消失。GCr15 淬火态经过 350℃回火后，大部分孪晶已经消失，出现胞块。但片状马氏体的形貌特征仍然保持着。

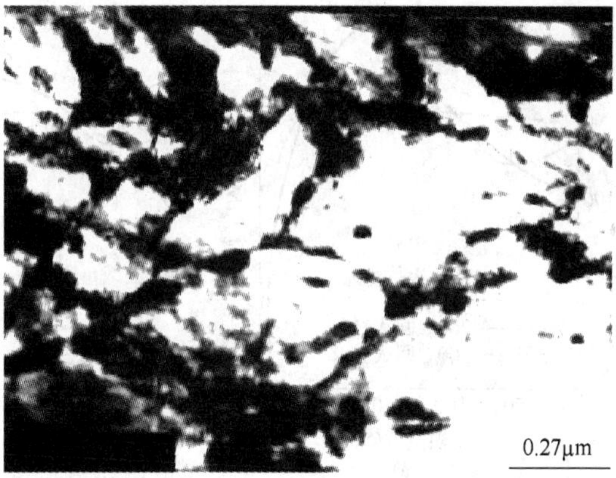

图 1－33　35Cr2Mo 塑料模具钢回火托氏体中的亚晶（TEM）

由于碳化物析出并且分布在晶界上，起到钉扎晶界的作用，阻碍再结晶的进行，所以高碳马氏体的 α 相的再结晶温度较高。

1.7.2.3　内应力的消除

淬火冷却的不均匀使钢件各部位冷却不均，温度不均，造成热应力；同时，由于奥氏体转变为马氏体，比容增大，当组织转变不均匀时，就产生相变应力。两者合并成为淬火钢件的内应力。

内应力按平衡范围的大小分为 3 类：第一类内应力，即存在于钢件整体范围内各个部位之间的内应力；第二类内应力，在晶粒或亚晶范围内处于平衡的内应力：第三类内应力，存在于一个原子集团范围内的处于平衡的内应力。

回火过程中，随着回火温度的升高，原子活动能力增加，位错的运动使位错密度不断降低，孪晶不断减少直至消失，进行回复、再结晶等过程，这些均使得内应力不断降低直至消除。

A　第一类内应力的消失

第一类内应力的存在会引起零件的变形和开裂。为了消除内应力，提高零件韧性，必须进行回火。

图 1－34 所示为淬火内应力与回火温度的关系。可见，淬火态内应力较大，经过 200℃、500℃回火 1h，随着马氏体分解和 α 相的回复，内应力显著降低。回火温度愈高，内应力消除率愈高。到 550℃回火一定时间，第一类内应力可以基本上消除。

B　第二类内应力的消失

在晶粒或亚晶范围内处于平衡的内应力能够引起点阵常数的改变，因此，可以用点阵常数的变化 $\frac{\Delta a}{a}$ 来表示内应力的变化，也称第二类畸变。随着回火温度的升高和时间的延长，淬火第二类内应力、第二类畸变将不断地下降。500℃回火时，只需要 1～2h 即可消除第二类内应力。

C　第三类内应力的消失

第三类内应力是存在于一个原子集团范围内的处于平衡的内应力，它主要是由于碳原子间隙溶入马氏体晶格而引起的畸变应力。因此，随着马氏体的分解，碳原子不断从 α 相中析出，则第三类内应力不断下降。对于碳素钢而言，马氏体在 300℃左右分解完毕，那么，第三类内应力应当在此温度消失。对于各类合金钢的淬火马氏体，由于抗回火性强，消除内应力的温度较高，

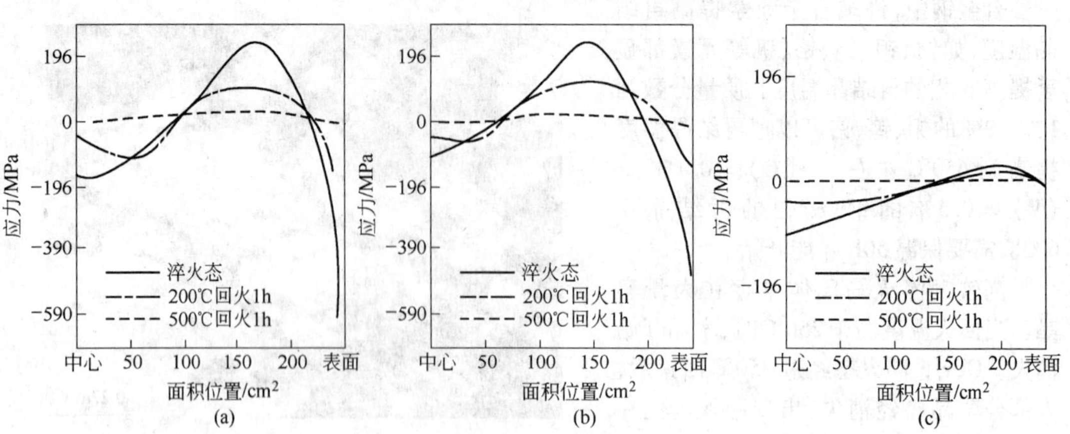

图 1 - 34　w(C)为 0.7% 的钢圆柱体(ϕ18mm)从 900℃淬火时热处理应力与回火温度的关系
(a)轴向应力;(b)切向应力;(c)径向应力

消除过程较慢。

1.7.3　淬火钢回火组织的概念

淬火钢的回火产物分别命名为回火马氏体、回火托氏体、回火索氏体等。

回火马氏体是马氏体低温回火的转变产物,是由碳的过饱和 α 相基体与 $\eta - Fe_2C$(或 ε - 碳化物)或碳原子偏聚团组成的整合组织。

回火托氏体是中温回火的转变产物,是由已发生回复的铁素体基体与极为细小的 θ - 碳化物所构成的整合组织,铁素体尚未完成再结晶。碳化物极其细小,在光学显微镜下难以分辨其内部形态,只看到一片黑色的组织形貌,称其为回火托氏体。有的也称其为回火屈氏体。如果贝氏体回火时也得到这些相和具有同样的形貌特征,也称其为回火托氏体。

回火索氏体是马氏体的高温回火产物,是由铁素体基体上弥散均匀地分布着较大颗粒状的 θ - 碳化物或特殊碳化物所构成,铁素体已经发生再结晶,变成等轴状晶粒,这种整合组织称为回火索氏体。但是在实际生产中,铁素体再结晶需要很长时间,有时将保持着马氏体或贝氏体的条片状特征,但在光学显微镜下放大 500 倍以上能够分辨其铁素体基体上分布着颗粒状的碳化物的回火组织也称为回火索氏体。一般来说,碳素钢淬火马氏体在回火时,比较容易获得回火索氏体组织;而合金钢的淬火马氏体,在高温回火时难以得到回火索氏体组织,马氏体或贝氏体铁素体的条片状特征往往难以消除,即 α 相的再结晶极为困难,碳化物也难以聚集粗化,颗粒极为细小。

上述所说的低温、中温、高温回火,对于不同成分的钢而言,具体温度范围不同。其抗回火性愈强的马氏体组织,其回火转变愈向高温移动,回火产物的硬度和强度也愈难以降低,塑性、韧性愈难以提高。

复习思考题

1 - 1　名词解释:奥氏体、马氏体、贝氏体、珠光体、回火脆性、回火马氏体、回火索氏体、回火托氏体

1 - 2　何谓奥氏体的本质晶粒度、起始晶粒度和实际晶粒度?钢中弥散析出的第二相颗粒对奥氏体晶粒的长大有何影响?

1－3 珠光体的片间距与过冷度的关系如何？

1－4 简述钢中马氏体的形态和亚结构。

1－5 TTT图和CCT图有何不同？

1－6 说明钢中板条状马氏体和片状马氏体的形态特征，并指出它们的性能。

1－7 试述马氏体具有高强度、高硬度的主要原因。

1－8 贝氏体类型组织有哪几种？它们在形式条件、组织形态和性能方面有何不同？

1－9 试述珠光体（珠光体、索氏体、屈氏体）、贝氏体（上贝氏体、下贝氏体）和马氏体（板条马氏体、片状马氏体）的组织形态和性能特点。

1－10 简述碳素钢淬火马氏体的回火转变过程。

1－11 试述淬火钢回火脆性的特征、产生的原因和防止方法。

参 考 文 献

[1] 刘宗昌，任慧平．贝氏体与贝氏体相变[M]．北京：冶金工业出版社，2009.

[2] 刘宗昌，任慧平．过冷奥氏体扩散型相变[M]．北京：科学出版社，2007.

[3] 林慧国，傅代直．钢的奥氏体转变曲线[M]．北京：机械工业出版社，1988.

[4] Nakai K, Ohmori Y, Pearlite to Austenite Transformation in an Fe－2.6Cr－1C Alloy[J]. Acta Materialia, 1999, 47(9): 2619～2632.

[5] Hackney S A, Shiflet G J, Acta Metall. 1987, 35:1007～1019.

[6] 徐祖耀．马氏体相变及马氏体[M]．北京：科学出版社，1981.

[7] 陈景榕，李承基．金属与合金中的固态相变[M]．北京：冶金工业出版社，1997.

2 冶金厂常用热处理工艺

热处理工艺是将金属构件以一定的速度加热到一定的温度，保温一定的时间，然后以一定的速度冷却到室温，从而改变金属组织结构以便获得所要求的性能的技术操作。热处理的理论依据是金属在加热和冷却过程中的固态相变规律，以及加热、冷却等多方面的技术基础理论。

依据加热、冷却方式及性能变化，热处理工艺有退火、正火、淬火、回火、化学热处理、表面淬火、形变热处理和时效等。常用的热处理工艺曲线如图2－1所示。

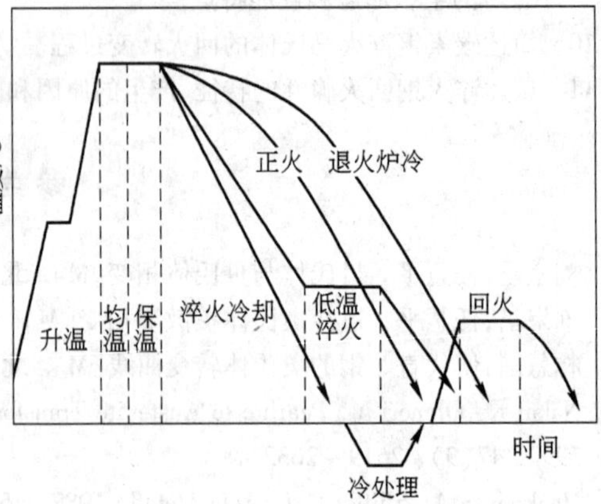

图2－1 常用的热处理工艺曲线

2.1 加热工艺

加热和冷却是热处理过程中最为重要的两个环节。加热工艺包括加热速度、加热温度、加热时间、加热数量以及加热设备等一系列问题。

2.1.1 加热速度

为了提高生产率，总是希望工件加热速度尽可能快，总的加热时间尽量短。但在生产实践中，加热速度受到技术上可能达到的加热速度及具体工件所允许的加热速度两个因素的限制。技术上可能达到的加热速度取决于下列因素。

2.1.1.1 加热设备的类型及功率

浴炉中的加热速度大于箱式炉中的加热速度（大致上快1倍），而火焰炉的加热速度又大于电炉（大致快1/3左右）。对于同一类型设备来说，其功率愈大，即单位时间可以供给的热量越多，所以其加热速度也将越大。此外，感应加热及穿透电流加热要比一般热处理炉的加热速度大得多。

2.1.1.2 炉温的影响

炉温影响加热速度，已有的炉温越高，则构件加热速度也就越大。随着工件在炉中加热方式的不同，其加热速度也将不等。可采取以下5种不同的加热方式。

工件随炉升温，这种方法所需加热时间最长，速度最慢，但是加热过程中其表面与心部的温差最小。

工件放入预先已加热到要求温度的炉子中进行加热，其速度快于第一种加热方式。但加热过程中表面与心部的温差也大于第一种加热方式。

装炉时，炉温高于所要求的温度，装炉后，炉温逐渐降低到所要求的加热温度，其加热速度要更快一些，而表面与心部的温度差也更大一些。

在炉温始终高于加热温度颇多的情况下加热，此方法加热最快，但表面和心部的温差也最大。

先将零件在某一个中间温度进行预热，然后再放入已加热到要求温度的炉中加热，加热过程中其表面和心部温差是不大的，其总的加热时间要比第一种加热方式短。

2.1.1.3 工件的影响

工件的截面愈大，则加热过程中使其表面和心部温度趋于一致所需要的时间也愈长。特别是工件的表面积与其体积的比值 A/V（A 为工件表面积，V 为工件的体积）的影响较大。该比值越大，加热速度越快。

工件装炉量和堆放方式也影响加热速度。一般来说，装炉量越大，加热速度越慢。工件装炉时，工件之间要留出适当间隙，以改善加热条件，以便缩短升温时间。

2.1.1.4 加热速度的控制

技术和装备可能达到的加热速度，并不等于工件实际上的允许加热速度。工件在加热和冷却过程中，由于截面上的温差从而会形成温差应力。加热速度越大，温差越大，产生的内应力越大。这种应力可能导致工件的变形和开裂。

热处理过程中通常要控制加热速度。如：

(1) 铸锻件在其锻后及铸造后的热处理过程中，由于工件内部不可避免地存在着锻造应力、铸造应力，必须控制其加热速度。如铸铁件退火时就是采用低温入炉，以一定加热速度随炉升温的方式进行加热的。

(2) 工件的断面愈大，则工件内部存在偏析、夹杂、组织不均匀等各种缺陷以及残留应力的可能性也愈大，所以，大件热处理中，多数采用阶梯式加热或缓慢加热，限制加热速度。

(3) 钢中碳量及合金元素含量越高，其导热性越差，如 T10 钢的导热能力相当于 20 钢导热能力的 2/3，W18Cr4V 高速钢的导热能力是 20 钢的 1/3，而高锰钢的导热能力仅为 20 钢的 1/6。导热能力差，则必然加大表面与心部的温差，其热应力也就相应增大。所以，合金钢特别是高合金钢的加热速度不宜过快，在生产中常采用预热的方式进行加热。

(4) 对于断面厚薄相差悬殊及形状复杂的工件，这些工件易于产生应力集中，难以做到均匀加热，所以也要控制加热速度。

(5) 低于 500℃加热时，钢的塑性较差，热应力及残留应力最易导致工件开裂。而在温度较高的情况下，由于钢的塑性较好，可以通过塑性变形改变内应力的大小及分布从而不致开裂。所以控制低温区的加热速度是重要的。以 50 ~ 100℃/h 速度加热时，实际上温差较小。预热也是一项有效的措施。

2.1.2 加热温度的选择

由于工件的加热温度基本上决定了其加热时所得到的组织，而工件冷却后的组织和性能又在很大程度上取决于工件加热时所得到的组织。因此，加热温度是非常重要的。

确定加热温度的最根本的依据是热处理的目的和钢的成分。对于退火、正火及淬火来说，其加热温度必须确保工件加热时获得奥氏体组织，否则就难以确保得到要求的组织和性能。这是一个根本原则，所以必须以其临界点 A_{c1}、A_{c3} 或 A_{ccm} 作为确定其加热温度的依据。

根据生产实践经验，对于碳钢、某些低合金钢来说，基本上可按下列原则来选择加热温度。

退火温度：亚共析钢的完全退火，退火温度为 A_{c3} + (30 ~ 50)℃；共析钢和过共析钢的不完全退火,退火温度为A_{c1} +(20~30)℃。

正火温度:亚共析钢的正火温度为A_{c3} +(30~50)℃;共析钢和过共析钢的正火温度为A_{ccm}以上。

淬火温度:共析钢及过共析钢的淬火温度为A_{c1} +(30~70)℃;亚共析钢的淬火温度为A_{c3} +(30~70)℃。

不同成分的钢其临界点不同,所以热处理时所采用的加热温度也不同。多数合金钢的加热温度也是依其临界点而定的。但是,由于其奥氏体形成的特点,往往采用更高的加热温度。这种情况在合金工具钢中尤为常见,如9CrSi的A_{c1}为770℃,但其常用的淬火温度为850~870℃;再如W18Cr4V高速钢的A_{c1}为820℃,而其淬火加热温度为1270~1290℃,高于其A_{c1}达400℃之多。

此外,即使同一成分的钢进行同一种热处理,由于其工件的大小、形状、原始组织以及热处理要求的不同,其加热温度的选择也将不同,以后再行讨论。

2.1.3　升温、保温时间

工件热处理的加热时间一般包括升温时间和保温时间两部分。原则上升温时间应指整个工件都达到加热温度所需要的时间,但是由于难以确定工件心部究竟何时到温,所以一般都以加热开始到工件表面到温所需要的时间作为升温时间,并以此作为保温时间的开始。

工件进行保温的目的,一方面是使工件均温;另一方面更重要的是保证奥氏体形成过程中碳化物的溶解及奥氏体成分的适当均匀化。保温时间必须确保奥氏体化有足够的时间,这是最根本的。对于保证完成奥氏体化的保温时间,依据钢的成分(钢种)而定,它与钢的相变动力学有关。

加热时间不能过长,否则会使奥氏体晶粒长大,加剧高温下的氧化、脱碳,浪费能源,降低生产率。从经济效益出发,总是应该力求做到最大的装炉量及最短的加热时间。影响加热时间的因素很多,如加热介质、加热温度、钢的成分、原始组织、工件的大小和形状、装炉量和装炉方式等都是确定加热时间时所必须考虑的。

生产实践中经常按照经验公式来估算工件的加热保温时间。例如,在加热温度下入炉时:

$$\tau = \alpha D$$

式中　τ——工件加热时间(升温+保温),min;

α——加热系数,min/mm;

D——工件有效厚度,mm。

加热系数α表示工件单位厚度所需的加热时间,α值与加热温度、炉型、钢种等因素有关,可查有关手册。

此计算方法可用于小件、薄件。对于大锻件、钢坯、钢锭等厚件是不适用的。

钢件厚度较大,热透时间较长,依据经验公式的计算结果不可靠,主要是时间太长,因此,耗能太多。这是由于经验公式把加热时间看成与钢件的厚度呈线性关系,实际上是非线性关系,因此计算不准确。利用计算机程序进行传热计算,计算热透时间是较为准确的,而且可以计算钢件的温度场与时间的变化规律,可以获得丰富的数据。

实际测定热透时间当然可靠,但是非常复杂,工作量较大,难以大量应用。典型钢件的加热曲线的测定是具有使用价值的。图2-2和图2-3所示为实测结果。从这些曲线上可以得知具体钢种在加热条件下的热透时间。如直径为600mm的34CrNi3Mo大锻件,将炉温预先升温至850℃,热装炉,约经历420min(7h),心部温度才能到温。那么,这一数据可以作为该钢件的热透时间。再加上纯粹的保温时间,即为加热总时间。

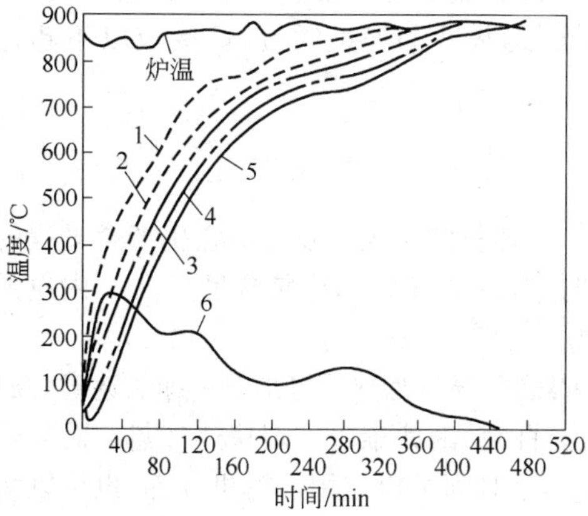

图 2－2　直径为 600mm 的 34CrNi3Mo 大锻件加热曲线(850℃装炉)

1—距表面 10mm;2—距表面 70mm;3—距表面 150mm;4—距表面 200mm;5—距表面 300mm;6—表面与中心温差

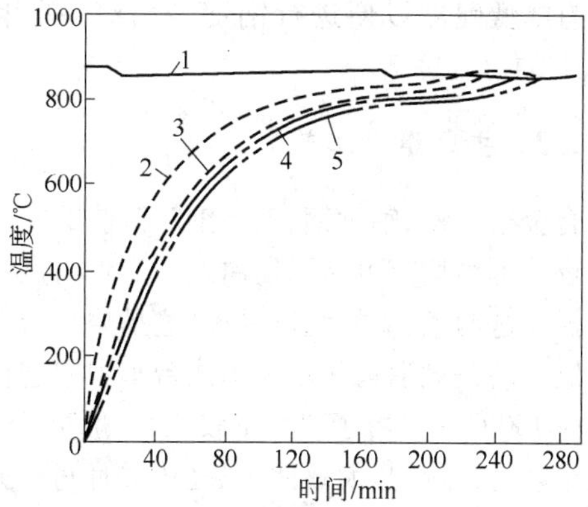

图 2－3　直径为 400mm 的 40Cr 大锻件加热曲线(850℃装炉)

1—炉温;2—距表面 10mm;3—距表面 75mm;4—距表面 130mm;5—中心温度

2.2　钢的退火与正火

2.2.1　退火

钢的退火是将钢件加热到临界点 A_{c1} 以上或以下温度保温,随后缓冷得到平衡或接近平衡状态的组织的热处理工艺。退火包括完全退火、不完全退火、球化退火、均质化退火、去氢退火、再结晶退火、去应力退火和低温退火等,各种退火工艺各有其目的,加热和冷却方式也有所区别。各种退火工艺的加热温度范围如图 2－4 所示。

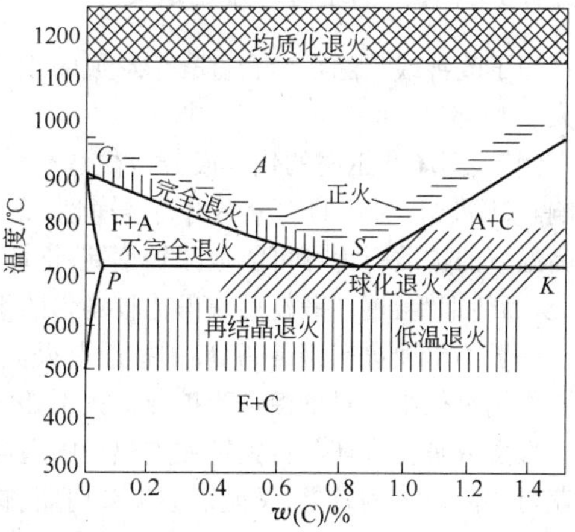

图 2－4　退火、正火工艺温度范围示意图

2.2.1.1　钢锭去应力、节能退火

钢水浇注在钢锭模中后结晶并且凝固冷却,由于各个部位的冷却速度不同,钢锭内外的温差会形成热应力;相变会引起体积的变化、冷却的不等时性,这样会产生组织应力。热应力和组织应力叠加从而构成钢锭中的内应力,这种应力一般随着钢中合金元素含量和钢锭质量的增加而增大。对于某些高合金钢,如高铬钢、高速钢等钢的钢锭,浇注后即使缓慢冷却,如果冷却后不及时退火消除内应力,那么,在存放过程中,仍然存在自行开裂的危险,甚至爆炸,造成严重事故。

有些钢锭存在表面缺陷,需要加工清理,因此,需要降低钢锭表面硬度。

总之,许多钢锭铸锭后需经退火以达到消除内应力、防止开裂、降低硬度的目的。以往,钢锭退火工艺陈旧,加热温度过高,加热时间太长,耗能大,生产率低。近年来研究开发了钢锭退火新工艺。

为了控制退火加热、冷却过程中的内应力，防止开裂，加热速度一般小于100℃/h。钢锭退火兼有降低硬度以便进行钢锭表面清理的目的，因此，退火冷却速度缓慢，炉冷或以不超过50℃/h的速度冷却。

2.2.1.2 去氢退火工艺

合金结构钢、轴承钢、工具钢等钢锭锻轧材，或连铸坯轧材常出现白点。冶金生产全过程的许多环节不当均有可能诱发白点。产生白点的诱因却只有两个：(1)钢中氢含量高；(2)内应力大。抓住这两条，搞好脱氢退火，这是防止白点的关键。

钢坯的去氢退火一般在箱式台车炉中进行，采用天然气、煤气加热或电加热。加热速度一般为50~100℃/h。由于装炉量较大，一般数十吨，甚至上百吨，因此难以实现快速加热。而且热透也很耗时，尤其是大锻件，把握热透时间至关重要。热透时间可以应用计算机计算，也可以实际测定。

去氢退火以氢含量为第一依据、内应力为第二依据设计在铁素体状态下的去氢工艺。关键是搞好退火保温或缓冷。去氢要贯彻全程概念，充分利用能源，在A_1~150℃温度范围内合理安排。退火保温时间以钢液中的原始氢含量[H]为第一依据，锻轧材尺寸为第二依据，分等级设计。要缓慢冷却，一是为了继续脱氢，二是为避免内应力促发白点。冷却速度根据锻轧材的有效直径在10~40℃/h范围内选择。

2.2.1.3 钢锭、钢坯的均质化退火

为了改善或消除在冶金过程中形成的成分不均匀性而实行的退火，称为均质化退火或扩散退火。

钢锭、钢坯和钢材的化学成分往往是不均匀的，对组织转变和转变产物的性能产生许多不良影响。21世纪，对钢的质量提出高洁净性、高均匀性的要求。均质化退火是根据各种合金元素在高温下的扩散行为尽可能地减轻钢锭、钢坯内部的显微偏析的工艺方法，如减轻或消除枝晶偏析，从而使钢锭、钢坯锻轧后获得比较均匀的组织和性能。

一般不单独进行钢锭、钢坯的扩散退火。对于偏析不太严重、质量较好的钢锭，扩散退火的改善作用也很小。对钢锭进行扩散退火不如对锻轧后的钢坯进行扩散退火效果好。

大多数是在开坯前将钢锭在加热炉中适当延长均温、保温时间，然后再锻造或轧制，这样既能获得扩散退火的效果，又能缩短生产周期、减少烧损、降低能耗。

扩散退火包括碳的均匀化，合金元素的均质化，有害元素的减少或清除，如去氢。因此，均质化退火具有如下目的：(1)消除有害气体的危害，如氢致白点；(2)改善或消除铸锭中的枝晶偏析、轧锻材中的带状组织；(3)消除轴承钢中的液析碳化物。

均质化退火包括：(1)消除工具钢、轴承钢的液析而进行的扩散退火；(2)消除合金钢枝晶偏析和带状组织的扩散退火；(3)锻轧材的去氢退火。

2.2.1.4 完全退火和不完全退火

将亚共析钢加热到A_{c3}以上20~30℃保温足够的时间，进行奥氏体化后，随炉缓慢冷却，从而获得接近平衡的组织，这种热处理工艺称为完全退火。

经浇注并在钢锭模中冷却的钢锭和铸钢件，或锻轧终止温度过高的热锻轧件，往往晶粒粗大，易得魏氏组织，并存在内应力。可通过完全退火来细化晶粒，均匀组织，消除内应力，降低硬度，以便于切削加工，并且为机械加工后的零件做好淬火组织准备。

完全退火只适用于亚共析钢，不适用于过共析钢。过共析钢若加热至 A_{ccm} 以上的单相奥氏体区，缓冷后会析出网状二次渗碳体，使钢的强度、范性和韧性大大降低。

亚共析钢完全退火后得到铁素体 + 珠光体的整合组织。

亚共析钢在 $A_{c1} \sim A_{c3}$ 之间或过共析钢在 $A_{c1} \sim A_{ccm}$ 之间的两相区加热，保温足够时间，进行缓慢冷却的热处理工艺，称为不完全退火。

如果亚共析钢的锻轧终止温度适当，并未引起晶粒粗化，铁素体和珠光体的分布又无异常现象，采用不完全退火可以进行部分重结晶，起到细化晶粒、改善组织、降低硬度和消除内应力的作用。亚共析钢的不完全退火温度一般为 740 ~ 780℃，其优点是加热温度低，易操作，节能、降耗，提高生产率，因此，它比完全退火应用更加普遍。

2.2.1.5 球化退火

球化退火是使钢中的碳化物变成颗粒状或球状，获得粒状珠光体组织的一种热处理工艺。主要用于共析钢、过共析钢和合金工具钢。其目的是降低硬度，均匀组织，改善切削加工性，并为淬火做组织准备。球状珠光体组织比片状珠光体硬度低，因此，球化退火也称软化退火。

过共析钢若为层片状珠光体和网状二次渗碳体时，不仅硬度高，难以进行切削加工，而且增加钢的脆性，容易产生淬火变形及开裂。因此，钢坯经过锻轧等热加工后必须进行球化退火，使网状二次渗碳体和珠光体中的片状渗碳体球化，得到粒状珠光体。粒状珠光体的形成原理在第 1 章讨论过，其关键在于奥氏体中要保留大量未溶碳化物质点，并造成奥氏体碳浓度分布的不均匀性。因此，球化退火加热温度一般在 A_{c1} 以上 20 ~ 30℃，保温时间较短，一般为 2 ~ 4h。冷却方式通常采用缓慢炉冷，或在 A_{r1} 以下 20℃左右进行较长时间等温，即进行等温退火。这样可使未溶碳化物颗粒和局部高碳区形成碳化物核心并聚集球化，得到粒状珠光体组织。

如果加热温度过高（高于 A_{ccm}）或保温时间过长，大部分碳化物均已溶解，并形成均匀的奥氏体，在随后缓慢冷却中奥氏体易转变为片状珠光体，球化效果很差。

冷却速度和等温温度也会影响碳化物获得球化的效果。冷却速度快或等温温度低，珠光体在较低温度下形成，碳化物颗粒太细，弥散度大，聚集作用小，容易形成片状碳化物，从而使硬度偏高。若冷却速度过慢或等温温度过高，形成碳化物颗粒较粗大，聚集作用也很强烈，易形成粗细不等的粒状碳化物，使硬度偏低。所以，一般球化退火采用炉冷或采用 A_{r1} 以下较高温度等温。图 2 – 5 所示为碳素工具钢的几种球化退火工艺。图 2 – 5 中 1 的工艺特点是将钢在 A_{c1} 以上 20 ~ 30℃保温后以极缓慢速度冷却，以保证碳化物充分球化，冷至 600℃时出炉空冷。这种一次加热球化退火工艺要求退火前的原始组织为细片状珠光体，不允许有渗碳体网存在。因此，在退火前要进行正火，以消除网状渗碳体。目前生产上应用较多的是等温球化退火工艺，如图 2 – 5 中 2 所示。为了提高球化质量，可采用往复球化退火工艺，如图 2 – 5 中 3 所示，即将钢加热至略高于 A_{c1} 点的温度，然后又冷至略低于 A_{r1} 温度保温，并反复加热和冷却多次，最后空冷至室温，以增加球化效果。往复球化退火工艺不应用于大锻件或大的装炉量。

2.2.2 正火

正火是将钢加热到 A_{c3} 或 A_{ccm} 以上约 30 ~ 50℃，或者更高温度，保温足够时间，然后在静止空气中冷却，得到接近平衡的珠光体类组织的热处理工艺。

锻后或轧后，钢材空冷基本上是正火过程。

正火的实质是将钢完全奥氏体化，然后进行伪共析转变，正火获得较多的伪珠光体或索氏体。与完全退火相比，加热温度相似，但是正火冷却速度较快，转变为珠光体的温度较低。因此，

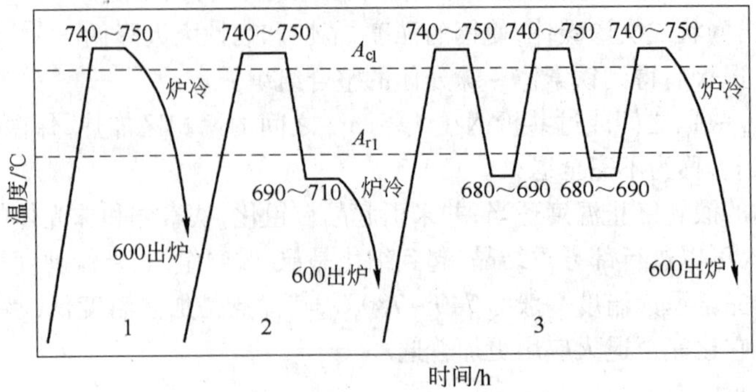

图2－5　碳素工具钢的几种球化退火工艺示意图

相同钢材正火后获得的珠光体组织较细，强度、硬度也较高。

根据钢的过冷奥氏体的稳定性和截面大小的差别，钢材空冷后可获得不同的组织，如粗细不同的珠光体、贝氏体、马氏体或者它们的整合组织。当空冷后获得贝氏体或者马氏体组织时，则不能称其为正火，而是淬火。

2.2.2.1　正火的目的

根据钢种和工件的截面尺寸，采用正火可达到如下不同的目的：

(1)对于大锻件，截面较大的钢材、铸件，用正火来细化晶粒，均匀组织，或消除魏氏组织，为下一步淬火处理做好组织准备，它相当于退火的效果。

(2)低碳钢退火后硬度太低，切削加工中易粘刀，洁净度较差。改用正火，可提高硬度，改善切削加工性。

(3)可以作为某些中碳钢或中碳低合金钢工件的最终热处理，以代替调质处理，有一定的综合力学性能。

(4)用于过共析钢，可消除网状碳化物，便于球化退火。

2.2.2.2　正火的工艺特点

正火的加热温度一般远高于 A_{c3} 或 A_{ccm}，对于含有强碳化物形成元素钒、钛等的合金钢，常采用更高的加热温度，如20CrMnTi钢的正火温度是 A_{c3} 以上100～150℃。其原则是在不引起晶粒粗化条件下，尽可能采用高的加热温度，以加速合金碳化物的溶解和奥氏体的相对均匀化。

在钢厂，正火处理是将钢材从炉中取出，散放在台架上，任其在空气中自然冷却；或者根据锻轧件、钢材截面尺寸大小和不同钢种，用吹风、喷雾或改变散放间距来调节出炉后钢材的实际冷却速度，以获得所需要的组织和硬度。如对冷轧辊大锻件喷雾或喷水到一定温度，以控制网状碳化物的析出，也称为正火处理。

在机械厂，对于某些碳的质量分数在0.25%～0.45%的中碳钢，常采用正火代替退火，虽然有时正火硬度偏高一些，但尚可进行切削加工。同时正火的成本低，生产率较高。对于一些受力不大、性能要求不高的碳素钢、某些合金钢零件采用正火处理，可得到一定的综合力学性能，可以代替调质处理作为零件的最终热处理。

正火可消除钢材组织缺陷，如消除粗大晶粒、魏氏组织等。

晶粒粗大是钢材经常发生的一种组织缺陷。终锻、终轧温度过高，在此温度下再结晶晶粒得以充分聚集长大。粗大的奥氏体晶粒冷却后转变为粗大的铁素体 + 珠光体组织，塑性和韧性降低。

粗大的晶粒可通过重结晶加以矫正。其措施是将钢加热到略高于 A_{c3} 的温度，使之重新转变为细小的奥氏体晶粒，然后空冷，形成细小的铁素体 + 珠光体组织。这就是正火细化晶粒的作用。

正火还可以促进组织均匀化。大截面钢材在其锻轧过程中，由于钢材心部温度比表层温度高，因此，心部和表层的组织不一致，先后锻轧完成的钢材之间组织上也有差异。通过正火可以得到消除。

正火工艺：加热到略高于 A_{c3}、A_{ccm} 以上，短时间保温，然后空冷，如果钢材厚度较大，可吹风或喷雾冷却。

2.3 钢的淬火和回火

钢的淬火与回火是最重要、用途最广泛的热处理工艺。淬火可以显著提高钢的强度和硬度。为了消除淬火钢的残余内应力，获得强度、硬度和韧性的配合，淬火后需配以回火。所以淬火和回火又是不可分割的、紧密衔接在一起的两种热处理工艺。在冶金厂，淬火 + 回火工艺的应用不如机械厂普遍。

2.3.1 钢的淬火

钢加热至临界点 A_{c3} 或 A_{c1} 以上一定温度，保温后快速冷却，得到马氏体或贝氏体组织的热处理工艺称为淬火。淬火的主要目的是使奥氏体化后的工件获得尽量多的马氏体，并配以不同温度回火获得各种需要的性能。例如淬火加低温回火可以提高工具、轴承、渗碳零件或其他高强度耐磨件的硬度和耐磨性，结构钢通过淬火加高温回火可以得到强韧结合的优良综合力学性能，弹簧钢通过淬火加中温回火可以显著提高钢的弹性极限。

淬火时首先将钢加热到临界点 A_{c3} 或 A_{c1} 以上获得奥氏体组织，其后的冷却速度必须大于临界淬火速度，以得到马氏体 + 残余奥氏体的整合组织（等温淬火则得到贝氏体组织）。因此，必须选择适当的淬火加热温度和冷却速度。

2.3.1.1 淬火加热温度

淬火加热温度的选择应以得到均匀细小的奥氏体晶粒为原则，以便淬火后获得细小的马氏体组织。淬火加热温度主要根据钢的临界点确定，亚共析碳素钢通常加热到 A_{c3} 以上 30 ~ 50℃；共析碳素钢、过共析碳素钢加热至 A_{c1} 以上 30 ~ 50℃，如图 2 - 6 所示。淬火温度不能过高，以防奥氏体晶粒粗化，淬火后获得粗大的马氏体。例如，原始组织为球状珠光体的 T8 钢，如淬火温度为 780℃，则淬火后的硬度达到 HRC63；如淬火温度提高至 1000℃，虽然淬火后硬度能达到 HRC63，但是冲击韧性却显著降低。

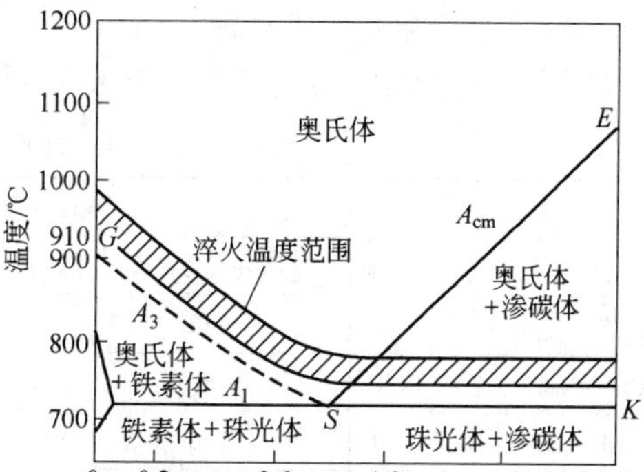

图 2 - 6 碳素钢的淬火加热温度范围

过共析钢的加热温度限定在 A_{c1} 以上 30 ~ 50℃ 是为了得到细小的奥氏体晶粒和保留少量渗碳体颗粒，淬火后得到隐晶马氏体和其上均匀分布的粒状碳化物，从而使钢具有更高的强度、硬度和耐磨性，以及较好的韧性。如果过共析钢淬火加热温度超过 A_{ccm}，碳化物将全部溶入奥氏体中，使奥氏体中的碳的质量分数增加，降低钢的 M_s，淬火后残余奥氏体量增多，会降低钢的硬度和耐磨性。淬火温度过高，奥氏体晶粒粗化，碳的质量分数又高，淬火后易得到含有显微裂纹的粗片状马氏体，使钢的脆性增大；此外，高温加热淬火应力大，氧化脱碳严重，这也增大钢件变形和开裂倾向。

近年来，对于低中碳合金钢，采用加热温度略低于 A_{c3} 的亚温淬火，保留少量能富集一些有害杂质的韧性相铁素体，这样不但可以降低钢的冷脆转变温度，减小回火脆性及氢脆敏感性，甚至还可以使钢的硬度、强度及冲击韧性比正常淬火略有提高。

对于低合金钢，为了加速奥氏体化，淬火温度可偏高些，一般为 A_{c1} 或 A_{c3} 以上 50～100℃。高合金工具钢含较多强碳化物形成元素，奥氏体晶粒粗化温度高，则可采取更高的淬火加热温度。

2.3.1.2　淬火冷却介质

钢从奥氏体状态冷至 M_s 点以下所用的冷却介质称为淬火介质。介质冷却能力越大，钢的冷却速度越快，越容易超过钢的临界淬火速度，则工件越容易淬硬，淬硬层的深度越深。但是，冷却速度过大也将产生较大的淬火应力，易于使工件产生变形或开裂。因此，理想淬火介质的冷却能力应当如图 2－7 所示。650℃以上应当缓慢冷却，以尽量降低淬火热应力，650～400℃之间应当快速冷却，以通过过冷奥氏体最不稳定的区域，避免发生珠光体或贝氏体转变。但是在 400℃以下的 M_s 点附近的温度区域，应当缓慢冷却，以尽量减小马氏体转变时产生的组织应力。具有这种冷却特性的冷却介质可以保证在获得马氏体组织条件下减少淬火应力、避免工件产生变形或开裂。

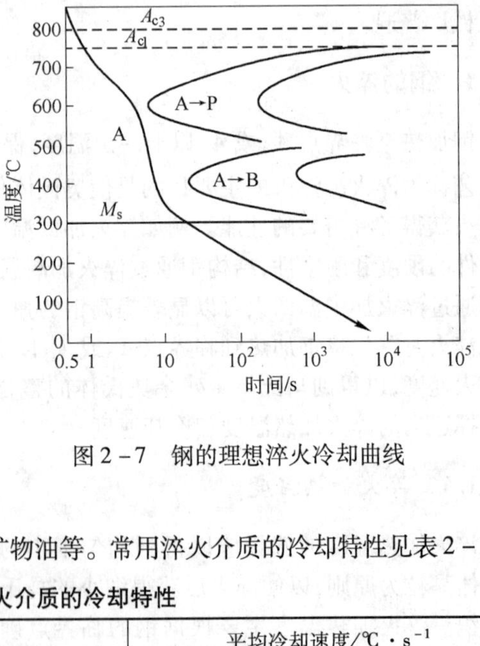

图 2－7　钢的理想淬火冷却曲线

常用淬火介质有水、盐水或碱水溶液及各种矿物油等。常用淬火介质的冷却特性见表 2－1。

表 2－1　常用淬火介质的冷却特性

名　称	最大冷却速度时		平均冷却速度/℃·s^{-1}	
	所在温度/℃	冷却速度/℃·s^{-1}	550～650℃	200～300℃
静止自来水，20℃	340	775	135	450
100g/L NaCl 水溶液，20℃	580	2000	1900	1000
150g/L NaOH 水溶液，20℃	560	2830	2750	775
50g/L Na_2CO_3 水溶液，20℃	430	1640	1140	820
10 号机油，20℃	430	230	60	65
10 号机油，80℃	430	230	70	55
3 号锭子油，20℃	500	120	100	50

自来水的冷却特性不够理想，在需要快冷的 400～650℃ 区间，其冷却速度较小，不超过

200℃/s。而在需要慢冷的马氏体转变温度区，其冷却速度又太大，在340℃时最大冷却速度高达775℃/s，很容易造成淬火工件的变形或开裂。

100g/L NaCl或150g/L NaOH的水溶液可使高温区（500～650℃）的冷却能力显著提高，前者使自来水的冷却能力提高10倍以上，而后者的冷却能力更高。但这两种水基淬火介质在低温区（200～300℃）的冷却速度也很快。

油也是一种常用的淬火介质。工业上主要采用矿物油，如锭子油、机油、柴油等。油的主要优点是低温区的冷却速度比水小得多，从而可大大降低淬火工件的组织应力，减小工件变形和开裂倾向。油在高温区间冷却能力低是其主要缺点。但是，对于过冷奥氏体比较稳定的合金钢，油是合适的淬火介质。与水相反，提高油温可以降低黏度，增加流动性，所以可提高高温区间的冷却能力。

上述几种淬火介质各有优缺点，均不属于理想的冷却介质。水的冷却能力很大，但冷却特性不好，油冷却特性较好，但其冷却能力又低。因此，寻找冷却能力介于油与水之间，冷却特性近于理想淬火介质的新型淬火介质是人们努力的目标。由于水是价廉、容易获得、性能稳定的淬火介质，因此，目前世界各国都在发展有机水溶液作为淬火介质。国内使用比较广泛的新型淬火介质有水玻璃－碱水溶液、过饱和硝盐水溶液、氧化锌－碱水溶液、合成淬火剂等。它们的共同特点是冷却能力介于水与油之间，接近于理想淬火介质。其中，合成淬火剂是目前最常用的有机物水溶液淬火剂，其主要成分是聚乙烯醇加少量防腐剂、防锈剂和消泡剂。它的冷却能力介于水与油之间。

2.3.1.3 淬火应力

工件在淬火过程中会发生形状和尺寸的变化，有时甚至要产生淬火裂纹。变形、开裂是淬火内应力造成的。淬火内应力主要有热应力和组织应力两种。工件最终变形或开裂是这两种应力综合作用的结果。当淬火应力超过材料的屈服极限时，就会产生塑性变形。当淬火应力超过材料的强度极限时，工件则发生开裂。

工件加热或冷却时，由于内外温差导致胀缩不等时性而产生的应力称为热应力。图2－8所示为圆柱形零件热应力的变化规律。为消除组织应力的影响，将零件加热到A_{c1}以下温度保温后快速冷却（无相变）时，其心部和表面温度及热应力变化。零件从A_{c1}以下温度开始快速冷却时，零件表面首先冷却，冷却速度比心部快得多，于是零件内外温差增大，见图2－8(a)。表面层温度低，收缩量大，心部金属温度高，收缩量小。同一零件内外收缩变形量不同，相互间会产生作用力。零件表面冷缩必受尚处高温的心部的阻止，所以表面层承受拉应力，而心部则承受压应力。到了冷却后期，表面层金属的冷却和体积收缩已经终止，心部金属继续冷却并产生体积收缩，但心部由于受到表面层的牵制作用而受拉应力，冷硬状态的表面则由于心部收缩而受到压应力，见图2－8(b)。在中间某个时刻（τ_2），由于表层和心部胀缩差别减少，零件内应力甚至减少至零。当整个零件冷至室温时，内外温差消失，冷却后期的应力状态便残余下来。因此，零件淬火冷却至室温时，由于热应力引起的残余应力表面为压应力，心部为拉应力。

热应力是由于快速冷却时工件截面温差造成的。因此，冷却速度越大，截面温差越大，则热应力越大。在相同的冷却介质条件下，工件加热温度越高、截面尺寸越大、钢材导热系数和线膨胀系数越大，工件内外温差越大，则热应力越大。

工件在冷却过程中，由于内外温差造成组织转变不等时性，引起内外比容的不同而产生的内应力称为组织应力。钢中各种相的比容是不同的，奥氏体的比容最小，当转变为铁素体＋渗碳体时体积膨胀，转变为马氏体时膨胀更多。马氏体比容最大。因此，钢淬火时由奥氏体转变为马氏

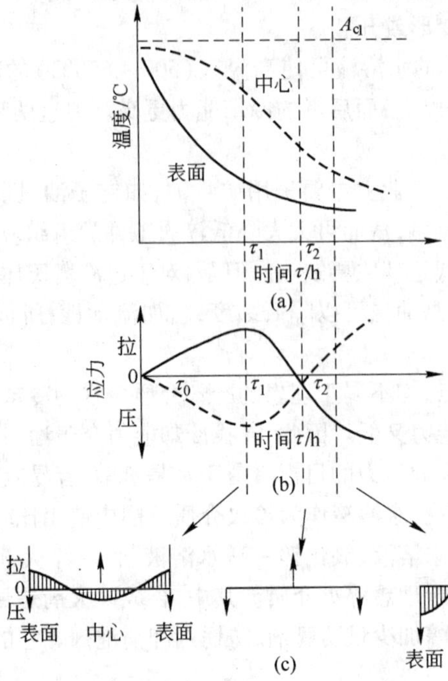

图 2－8　圆柱体试样在 A_{c1} 点以下急冷过程中热应力的变化

体将造成显著的体积膨胀。当零件内外存在温差，组织转变出现不等时性，则形成组织应力。

组织应力的大小与钢的化学成分、冶金质量、钢件结构尺寸、钢的导热性及在马氏体温度范围的冷却速度和钢的淬透性等因素有关。

实际工件淬火冷却过程中总是同时存在着热应力和组织应力。在组织转变发生之前，只产生热应力，冷却到 M_s 点以下，则热应力和组织应力同时存在。因此，工件淬火冷却过程中的瞬时内应力和最终残余应力（淬火应力）是热应力和组织应力叠加的结果。热应力和组织应力的综合分布是很复杂的，不同条件下热应力和组织应力的大小和分布也不相同。只有搞清具体条件下起主导作用的是热应力还是组织应力，才能针对性地采取措施，控制零件变形和防止开裂。

总之，钢件淬火应力是由于淬火加热或冷却过程中工件内外温差造成的，温差导致体积涨缩和组织转变不等时性，从而产生内应力。因此，选择适当的淬火加热温度、淬火冷却介质和冷却方式都能控制工件中淬火应力的大小及分布，以便有效地防止淬火变形与开裂。

2.3.1.4　钢的淬透性

淬火是为了获得马氏体组织，钢件淬火时能否全部得到马氏体取决于钢的淬透性。淬透性是钢的重要工艺性能。钢的淬透性是指奥氏体化后的钢在淬火时获得马氏体的能力，其大小用钢在一定条件下淬火获得的淬透层的深度表示。一定尺寸的工件在某介质中淬火，其淬透层的深度与工件截面各点的冷却速度有关。如果工件截面中心的冷却速度大于钢的临界淬火速度，工件就会淬透。然而，工件淬火时表面冷却速度最大，心部冷却速度最小，由表面至心部冷却速度逐渐降低（见图 2－9）。只有冷却速度大于临界淬火速度的工件外层部分才能得到马氏体组织。而冷却速度小于临界淬火速度的心部只能获得非马氏体组织，是未淬透区。

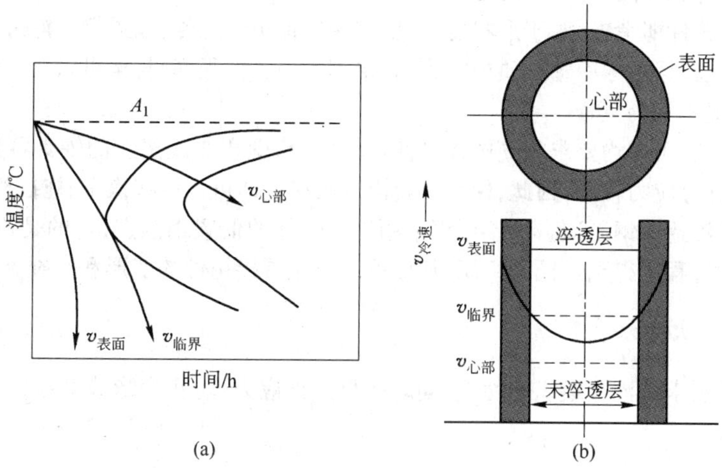

图 2-9 工件不同截面处的冷却速度和淬透情况示意图
(a)冷却速度;(b)淬透情况

淬透层深度应是全部淬成马氏体的区域,但实际工件淬火后从表面至心部马氏体数量是逐渐减少的,从金相组织上看,淬透层和未淬透区并无明显的界限,其硬度值也无明显变化。因此,金相检验和硬度测量都比较困难。当淬火组织中马氏体和非马氏体组织各占一半,即所谓半马氏体区,显微观察极为方便,硬度变化最为剧烈,为测试方便,通常采用从淬火工件表面至半马氏体区距离作为淬透层的深度。半马氏体区的硬度称为测定淬透层深度的临界硬度。钢的半马氏体组织的硬度与其碳的质量分数的关系如图 2-10 所示。研究表明,钢的半马氏体的硬度主要取决于奥氏体中碳的质量分数,而与合金元素的质量分数关系不大。

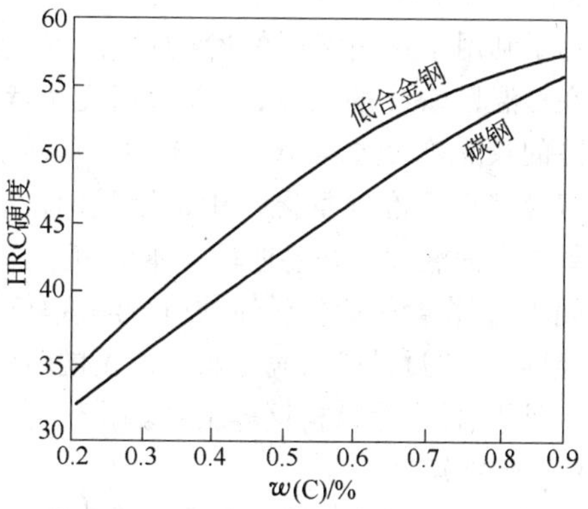

图 2-10 半马氏体组织的硬度与其碳的质量分数的关系

应当注意如下两对概念的区别:一是钢的淬透性和淬硬性的区别;二是淬透性和实际条件下淬透层深度的区别。淬透性表示钢淬火时获得马氏体的能力,它反映钢的过冷奥氏体稳定性,与钢的临界冷却速度有关。过冷奥氏体越稳定,临界淬火速度越小,钢在一定条件下淬透层深度越深,则钢的淬透性越好。而淬硬性表示钢淬火时的硬化能力,是淬成马氏体可能得到的最高硬度。它主要取决于马氏体中碳的质量分数。马氏体中碳的质量分数越高,钢的淬硬性越高。例如高碳工具钢的淬硬性高,但淬透性很低;而低碳合金钢的淬硬性不高,但淬透性却很好。

钢的淬透性在生产中具有重要的实际意义。某些零件,如齿轮、轴类零件,希望整个截面淬透,以保证零件在整个截面上得到均匀的力学性能,应当选择淬透性较高的钢种。而淬透性较低的钢,零件心部不能淬透,其力学性能低,特别是冲击韧性更低,不能满足性能要求。

钢的淬透性越高,能淬透的截面尺寸越大。对于大截面的重要工件,为了增加淬透层的深度,必须选用淬透性高的合金钢。工件越大,要求的淬透层越深,钢的合金化程度应越高。所以,淬透性是机器零件选材的重要参考数据。

从热处理工艺性能考虑,对于形状复杂、要求变形很小的工件,如果钢的淬透性较高,例如合金钢工件,可以在较缓慢的冷却介质中淬火;如果钢的淬透性很高,甚至可以在空气中冷却淬火,因此,淬火变形更小。

然而,并非所有工件均要求很高的淬透性。例如,承受弯曲或扭转的轴类零件,其外缘承受最大应力,轴心部分应力较小,因此,保证一定淬透层深度即可。一些汽车、拖拉机的重负荷齿轮甚至可以采用低淬透性钢制造。焊接用钢采用淬透性低的低碳钢制造,目的是避免焊缝及热影响区在焊后冷却过程中得到马氏体组织,从而可以防止焊接构件的变形和开裂。

2.3.1.5　常用淬火方法

为了达到所要求的淬火组织和性能,同时减小淬火应力,防止变形或开裂,可以选用不同的淬火冷却方式。

A　单液淬火

将加热奥氏体化的工件投入一种淬火介质中,冷却至室温,这称为单液淬火,如图2－11中1所示。通常碳钢淬透性差,多用水或盐水淬;合金钢淬透性大,淬裂倾向也大,常用油淬。单液淬火简便易行,容易实现机械化和自动化。

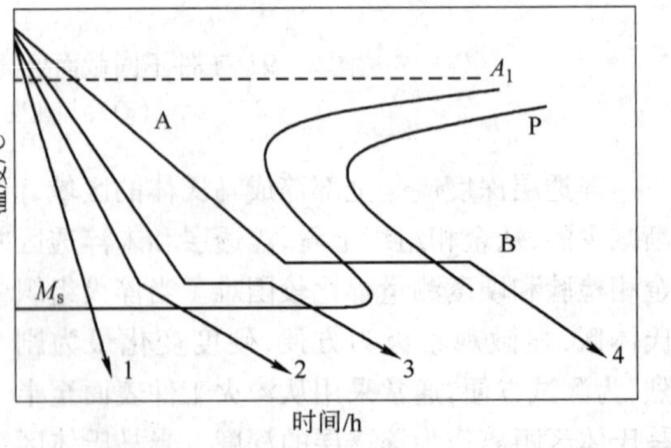

图2－11　各种淬火方法的冷却曲线示意图

B　双液淬火

为了利用水在高温区快冷的优点,又避免水在低温区快冷的缺点,可以采用先水淬后油冷的双液淬火法,如图2－11中2所示。进行双液淬火要准确掌握水中停留的时间,使工件的表面温度刚好接近马氏体点 M_s 时,立即把工件从水中取出,转移到油中冷却。水中停留时间不当,将会引起奥氏体共析分解或马氏体相变,失去双液淬火的作用。此法要求有一定的实践经验,或通过试验来确定水中停留的时间。双液淬火法适用于处理淬透性较小,尺寸较大的碳素工具钢、低合金结构钢等工件。

C　分级淬火

将奥氏体化的工件淬入略高于或略低于 M_s 的低温盐浴或碱浴中,等温停留一段时间,使工件内外温度均匀,然后取出空冷,这种淬火冷却方法称为分级淬火,如图2－11中3所示。分级淬火后内应力很小,工件变形小。但工件在盐浴中冷却速度慢,并且等温时间受到限制,所以分级淬火多用于尺寸较小的工件,如刀具、量具和要求变形很小的精密工件。

D　等温淬火

等温淬火是将奥氏体化后的工件淬入 M_s 点以上某温度的盐浴中等温保持足够长时间,使之转变为下贝氏体组织,而后于空气中冷却的淬火方法(见图2－11中4)。等温淬火实际上是分级淬火的进一步发展。所不同的是等温淬火获得下贝氏体组织。下贝氏体组织的强度、硬度较高而韧性较好。所以,等温淬火可显著提高钢的综合力学性能。等温淬火的加热温度通常比普通淬火高些,目的是提高奥氏体的稳定性和增大其冷却速度,防止等温冷却过程中发生珠光体型转变。等温温度和时间应视工件组织和性能要求,由该钢的TTT图确定。由于等温温度比分级淬火高,减小了工件与淬火介质的温差,从而减小了淬火热应力,又因贝氏体比容比马氏体小,而且工件内外温度一致，所以淬火组织应力也较小。因此，等温淬火可以显著减小工件变形和开裂倾向，适宜处理形状复杂、尺寸要求精密的工具和重要的机器零件，如模具、刀具、齿轮等。同分级淬火一样，等温淬火也只能适用于尺寸较小的工件。

除了上述几种典型的淬火方法外，近年来还发展了许多提高钢的强韧性的新的淬火工艺，如高温淬火，循环快速加热淬火，高碳钢低温、快速、短时加热淬火和亚共析钢的亚温淬火等，不再详述。

2.3.2 钢的回火

回火是将淬火钢在 A_1 以下温度加热，使其转变为稳定的回火组织，并以适当方式冷却到室温的工艺操作。回火的主要目的是韧化，减少或消除淬火残余内应力，通过相应的组织转变，获得硬度、强度、塑性和韧性的适当配合，以满足工件的性能要求。

回火有低温回火、中温回火和高温回火等几种。

2.3.2.1 低温回火

低温回火温度约为 150～250℃，得到回火马氏体组织。和淬火马氏体相比，回火马氏体既保持了钢的高硬度、高强度和良好耐磨性，又适当提高了韧性。因此，低温回火特别适用于刀具、量具、滚动轴承、渗碳件及高频表面淬火工件。低温回火钢大部分是淬火高碳钢和高碳合金钢，经淬火并低温回火后，可得到隐晶回火马氏体组织，其基体上分布着均匀细小的粒状碳化物，具有很高的硬度和耐磨性，同时显著降低了钢的淬火应力和脆性。对于淬火获得低碳马氏体的钢，经低温回火后可以减少内应力，并进一步提高钢的强度和塑性，保持优良的综合力学性能。

2.3.2.2 中温回火

中温回火温度一般在 350～500℃之间，回火的组织为回火托氏体组织（也称屈氏体）。对于一般的碳钢和低合金钢，中温回火相当于回火的第三阶段，此时碳化物开始聚集，基体开始回复，淬火应力基本消失。因此，钢具有高的弹性极限，较高的强度和硬度，良好的塑性和韧性。所以，中温回火主要用于各种弹簧零件及热锻模具。

2.3.2.3 高温回火

碳素钢和低合金钢高温回火温度约为 500～650℃，回火组织为回火索氏体。淬火和随后的高温回火也称为调质处理。经调质处理后，钢具有优良的综合力学性能。因此，高温回火主要适用于中碳结构钢或低合金结构钢，用来制作曲轴、连杆、连杆螺栓、汽车半轴、机床主轴及齿轮等重要的机器零件。这些机器零件在使用中要求有较高的强度并有能承受冲击和交变负荷的作用。

2.4 钢的形变热处理

形变热处理是将塑性变形和热处理有机结合在一起的一种复合工艺。该工艺既能提高钢的强度，又能改善钢的塑性和韧性，同时还能简化工艺，节省能源。因此，形变热处理是提高钢的强韧性的重要手段之一。控制轧制技术就是形变热处理的一种有效方式。

根据形变的温度以及形变所处的组织状态，形变热处理分很多种，这里仅介绍高温形变热处理和低温形变热处理。

2.4.1 高温形变热处理

高温形变热处理是将钢加热到 A_{c3} 以上，在稳定的奥氏体温度范围内进行变形，然后立即淬火，使之发生马氏体转变并回火至需要的性能，如图 2－12 所示。由于形变温度远高于钢的再结晶温度，形变强化效果易于被高温再结晶所削弱，所以应严格控制变形后至淬火前的停留时间，形变后要立即淬火冷却。

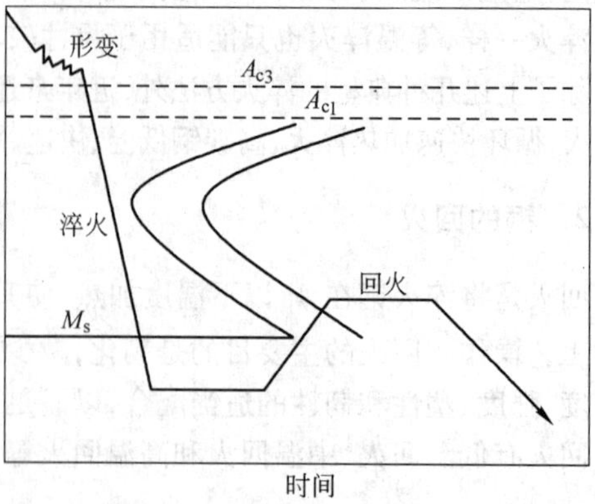

图 2－12　高温形变热处理工艺曲线示意图

高温形变热处理适用于一般碳钢、低合金钢结构零件以及机械加工量不大的锻件或轧材，如连杆、弹簧、叶片、农机具零件等。锻轧余热淬火是应用较为成功的高温形变热处理工艺。高温形变热处理在提高钢的抗拉强度和屈服强度的同时，能改善钢的塑性和韧性。

形变温度和形变量显著影响高温形变热处理的强化效果。形变温度高，形变到淬火所停留的时间长，容易发生再结晶软化过程，减弱形变强化效果，所以，终轧温度一般以 900℃左右为宜。形变量增加，强度增加，塑性下降。但当形变量超过 40% 以后，强度反而降低。这是由于大变形量的热效应使钢材温度升高，加快了再结晶软化过程，所以高温形变热处理的形变量控制在 20% ～40% 之间具有最佳的拉伸、冲击、疲劳性能及断裂韧性。

结构钢高温形变淬火不但能保留高温淬火得到的由薄壳状残余奥氏体包围的板条马氏体组织，而且还能克服高温淬火晶粒粗大的缺点，使奥氏体晶粒及马氏体板条束更加细化。若形变后及时淬火，可保留较高位错密度及其他形变缺陷，这些组织变化是高温形变热处理获得较高强韧性的原因。

控制轧制是高温形变热处理的又一种形式，目前国内外都在研究和推广。这种工艺适用于含有钒、钛、铌的普通低合金钢的轧制过程。图 2－13 所示为三段控制轧制示意图。轧制过程分三段进行，即奥氏体再结晶温度范围内的轧制（≥950℃），低于奥氏体再结晶温度范围内的轧制（950℃ ～A_{r3}）和 F＋A 两相区温度范围内的轧制。轧制温度、轧制道次和每道次的压下量用电子计算机严格控制，轧制后空气冷却。控制轧制是通过晶粒细化和相间析出来提高钢的强韧性，并可大大降低钢的临界脆性转变温度。

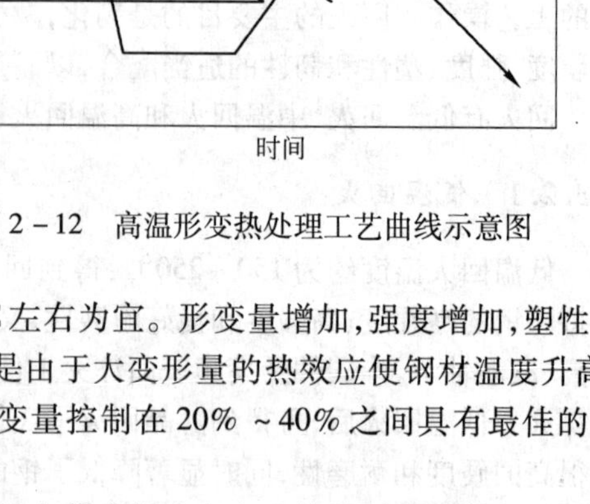

图 2－13　三段控制轧制示意图

2.4.2　低温形变热处理

将加热至奥氏体化的钢迅速冷却至 C 曲线的亚稳定区进行形变，然后淬火获得马氏体，并回火至所需的硬度，这种工艺过程称为低温形变热处理，如图 2－14 所示。低温形变热处理只适用于含有较多强碳化物形成元素的合金钢，这类钢具有双 C 曲线，在 400 ～550℃范围内存在过冷奥氏体的亚稳定区，即河湾区。

低温形变热处理可应用于结构钢、弹簧钢、轴承钢和工具钢等。经处理后，结构钢的强度极限可高达 2500 ～3200MPa，冲击韧性保持在 30 ～40J/cm²，而一般淬火、回火后，高强度结构钢的强度极限为1800～2200MPa，冲击韧性为20～40J/cm²。可见，经低温形变热处理后力学性能要高得多。低温形变热处理后弹簧钢的疲劳强度、轴承钢的强度和范性、高速钢的切削性能和模具钢的抗回火能力都得到提高。

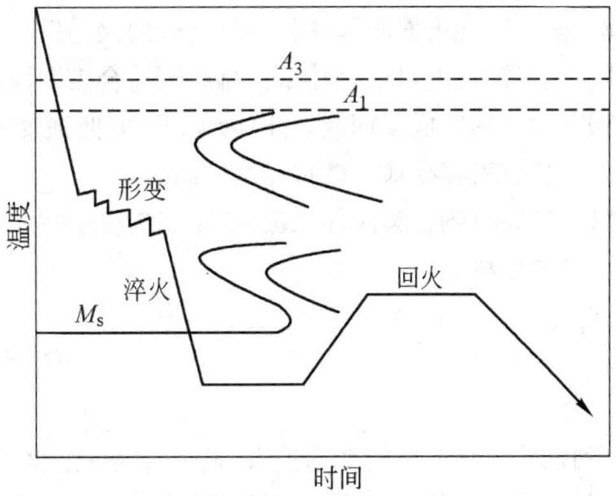

图2－14 低温形变热处理工艺曲线示意图

低温形变热处理使钢强韧化的原因是：

(1)钢经形变后，奥氏体位错密度大大提高，奥氏体晶粒细化，进而又细化了马氏体组织；

(2)对于含有强碳化物形成元素的钢，奥氏体在亚稳区形变时，促使碳化物弥散析出，使钢的强度进一步提高；

(3)奥氏体内合金碳化物析出使其碳及合金元素量减少，所以提高了 M_s 点，减少了淬火孪晶马氏体的数量，因而具有良好的塑性和韧性；

(4)高密度的位错使形变后的钢回火时析出微细碳化物颗粒，它起到弥散强化的作用。

低温形变热处理可用于结构钢、弹簧钢、轴承钢及工具钢。经低温形变热处理后，结构钢强度和韧性显著提高；弹簧钢疲劳强度、轴承钢强度和塑性、高速钢切削性能和模具钢抗回火稳定性均得到提高。

低碳合金钢控制轧制工艺是冶金厂采用的一种形变热处理技术。该技术的应用是为了提高钢材的强韧性，减少工艺流程，降低成本，节约能源[3]。其原理工艺示意图如图2－15所示，由图2－15可见，1000℃以上轧制变形，奥氏体晶粒进行了再结晶；750～850℃温度区控制轧制，奥氏体已经不能进行再结晶，奥氏体晶粒被轧制变形，产生了大量位错；然后快速冷却，转变为贝氏体组织，组织细小，强韧性大幅度提高。

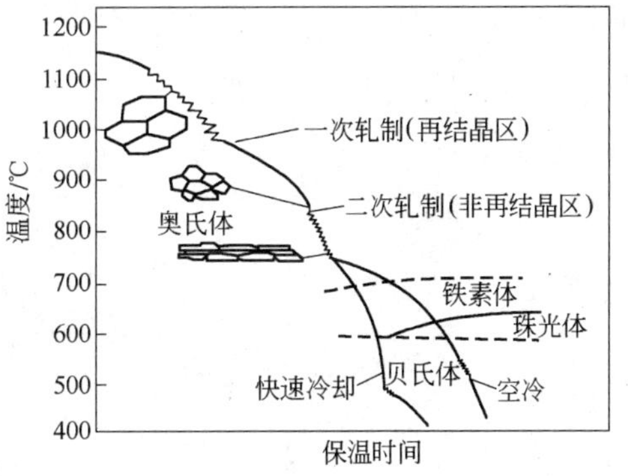

图2－15 低碳合金钢控制轧制原理工艺示意图

该工艺技术可在钢成分相同的条件下获得较高的强度和韧性，不采用调质处理即可达到高强度的目的，从而节能、缩短工艺流程，减少合金元素含量。

复习思考题

2－1 名词解释：淬火、回火、退火、正火、临界点、过热、淬透性、等温淬火、形变热处理、调质处理

2－2 退火种类、目的和用途如何？

2－3 正火的目的是什么？有何应用？

2－4 淬火的目的是什么？淬火方法有哪几种？比较几种淬火方法的优缺点？

2－5 回火的目的是什么？常用的回火有哪几种？指出各种回火操作得到的组织。

2－6 亚共析钢和过共析钢的淬火温度制定原则是什么？为什么？

2-7　影响钢的淬透性、淬硬性及淬透层深度的因素是什么？

2-8　试比较回火索氏体、回火屈氏体、回火马氏体在形成条件、组织形态与性能上的差别。

2-9　表面淬火的目的是什么？哪些钢适合表面淬火？

2-10　生产热轧低碳钢板，有时因 $w(C)$ 偏低强度不够而不合标准，为了提高强度，可在热轧后采用吹风甚至喷雾冷却。试解释其原因。

2-11　过共析钢自奥氏体区缓冷时，二次渗碳体会沿着奥氏体晶界呈网状析出。试提出消除网状渗碳体的方法。

参考文献

[1] 刘宗昌. 珠光体转变与退火[M]. 北京:化学工业出版社,2007.

[2] 刘宗昌. 钢件的淬火开裂及防止方法(第2版)[M]. 北京：冶金工业出版社, 2009.

[3] 贺信莱,尚成嘉,杨善武,王学敏. 高性能低碳贝氏体钢——成分、工艺、组织、性能与应用[M]. 北京：冶金工业出版社, 2008.

3 钢锭退火新工艺

随着现代冶金技术的发展,大规模采用连续铸锭技术和连铸坯连轧,因而,钢锭数量不断减少。但是,连铸并不能完全取代铸锭,尤其是在特殊钢厂。

钢锭在凝固冷却过程中,会在钢锭内部产生巨大的内应力,钢锭越大,钢中合金元素含量越多,内应力越大。对于某些合金钢,由于存在内应力,在冷却过程中或存放过程中,会自行开裂,甚至爆炸,造成严重事故。生产经验表明,如 Cr12 型钢、高速钢等钢锭,应当在浇注后 48h 内进行去应力退火。

需要退火处理的钢锭有:(1)存在表面缺陷需要清理的,除了普通低碳钢外,都需要进行退火;(2)库存钢锭,除了低碳钢外,也需要退火处理。

以往的钢锭退火工艺陈旧落后,需要采用新工艺。

3.1 钢锭的退火

3.1.1 钢锭退火的目的

高温钢水浇入钢锭模中后,逐渐凝固冷却,完成结晶过程。由于钢锭的各个部位的冷却速度不同,钢锭内外存在温差,会形成热应力;相变会引起体积的变化、冷却的不等时性会产生组织应力。热应力和组织应力叠加构成钢锭不同部位的内应力。这种应力一般随着钢中合金元素含量和钢锭重量的增加而增大。这种内应力会导致钢锭开裂。对于某些高合金钢,如高铬钢、高速钢等钢的钢锭,浇注后即使缓慢冷却,如果冷却后不及时退火以消除内应力,那么,在存放过程中,仍然存在自行开裂的危险,甚至发生爆炸,造成严重事故。

钢锭表面往往存在一些缺陷需要加工清理,以便后续的轧制或锻造,这就需要降低钢锭表面的硬度,以便磨削加工。

总之,许多合金钢钢锭铸锭后需经退火以达到消除内应力、防止开裂、降低硬度的目的。以往,钢锭退火工艺陈旧,加热温度过高,加热时间太长,能耗大,生产率低。因此,研究开发钢锭节能退火新工艺十分必要[1,2]。

3.1.2 常规的工艺及存在的问题

钢锭一般按照其特点分为 2 ~ 5 组,分别制定退火工艺规范。

3.1.2.1 第一组钢锭

这一组包括中高碳的高合金钢,如高速钢 W18Cr4V、W6Mo5Cr4V2、W9Mo3Cr4V,模具钢 Cr12MoV、3Cr2W8V、6W6Mo5Cr4V 等钢种。这类钢的临界点 A_{c1} 为 800 ~ 880℃。几个工厂曾经使用的退火工艺如图 3 - 1 所示,可见退火温度太高,在 850 ~ 1050℃ 范围内;退火周期太长,一般为 40h 以上。

这组钢锭的退火工艺应以两段式退火保温为基础,并且降低加热温度,缩短保温时间,以达到既消除铸造应力,又降低能耗的目的。工艺制定原则应当是第一段保温温度稍高于 A_{c1} 点,第二段保温温度应在 A_{r1} 以下,这样可使奥氏体分解为珠光体组织。

高速钢 W6Mo5Cr4V2 的等温转变 C 曲线如图 3－2 所示[3]。可见,第二段保温温度应在 700℃左右,以使奥氏体尽快分解为珠光体组织。退火等温温度选择过高或过低,均会延长奥氏体分解时间,不利于节能。等温温度过低,还会使退火后钢锭硬度偏高,不利于表面磨削清理。

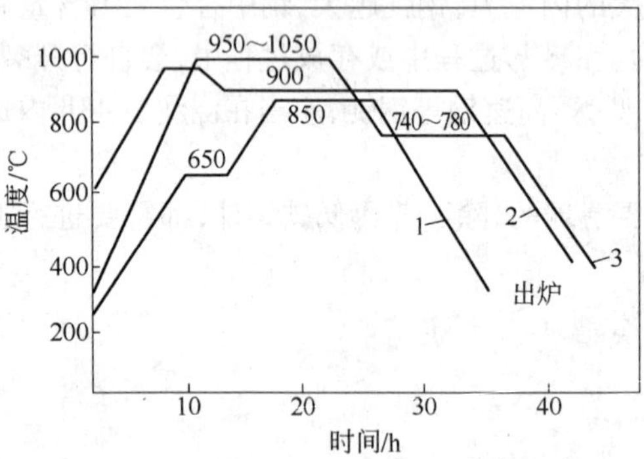

图 3－1　第一组钢锭退火旧工艺

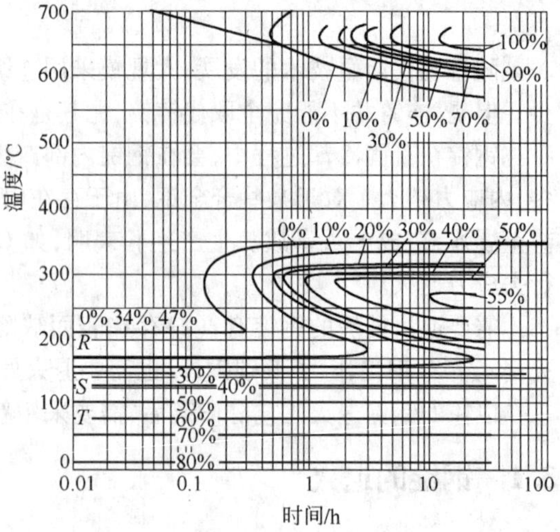

图 3－2　高速钢 W6Mo5Cr4V2 的等温转变 C 曲线

3.1.2.2　第二组钢锭

这组钢是含有较多铬、镍元素的高淬透性钢,加热奥氏体化后,奥氏体很稳定,即使随炉冷却也极易得到贝氏体和马氏体组织,难以软化。且在冷却过程中会产生新的组织应力,甚至出炉后,在 200℃以下放置过程中钢锭会开裂而报废。这组钢的钢号有 20Cr2Ni4A、18Cr2Ni4WA、20CrNi3、30CrMnSiNi2、37CrNi3、35CrNi4Mo 等。

这组钢的 A_{c1}、A_{c3} 点因锰、镍元素的作用而被降低。A_{c1} 点约为 700℃,A_{c3} 点大多不足 800℃。这组钢将加热到临界点 A_{c3} 以上,形成奥氏体组织,其中固溶了较多的铬、镍元素,使之相当稳定,难以分解。在等温保持的情况下,奥氏体转变为珠光体往往需要数小时,甚至二十多个小时才能完成。图 3－3 所示为 35CrNi4Mo 钢的 TTT 图[4],由图 3－3 可见,该钢的 TTT 图中没有珠光体转变,即在珠光体转变温度区间等温 28h 不会得到珠光体组织。在奥氏体化后,以炉冷或空冷等较慢的冷却方式均得不到珠光体

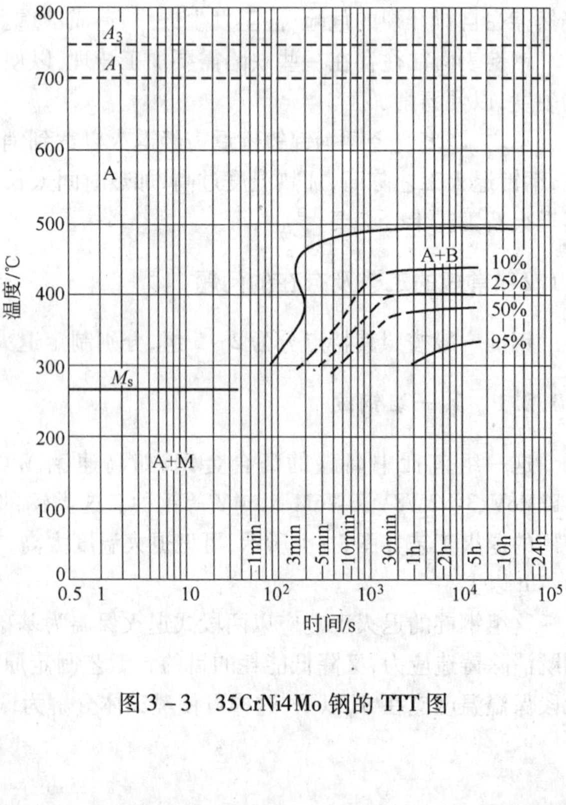

图 3－3　35CrNi4Mo 钢的 TTT 图

组织,只会得到贝氏体和马氏体组织,硬度较高,不能软化。

这组钢退火时,不能加热到 A_{c1} 以上温度进行相变重结晶,最合理的软化退火工艺是加热到临界点 A_{c1} 稍下的温度保温,通过 α 相的回复—再结晶过程来消除内应力。

一些工厂采用的退火工艺不够合理,加热温度太高,有的高达 870 ~ 950℃,保温时间太长,有的多达 30h,冷却不当,难以有效地软化钢锭,而且耗能太大,不利于提高生产率。

3.1.2.3 第三组钢锭

这组钢主要是中高碳的低合金和中合金的刃具钢、模具钢、轴承钢等,多数为过共析钢,如 9Mn2、CrMn、CrWMn、9SiCr、CrW5、5CrMnMo、4Cr4Mo2WVSi、4CrW2Si、GCr9、GCr15、GCr18Mo 等。这些钢的临界点 A_{c1} 多数在 750 ~ 780℃之间,少数在 850℃左右;A_{cm}(A_{c3})点多数为 850 ~ 870℃。这类钢在 A_{c1} ~ A_{cm} 之间加热,得到奥氏体 + 剩余碳化物的整合组织,冷却时,奥氏体以碳化物为非自发核心,形成颗粒状的组织,可以达到松弛铸造应力和软化的目的。各厂的退火工艺(略)的退火加热温度较高,周期较长,耗能,费时。如某厂在 1000℃加热,保温长达 25h,然后炉冷到 760℃再保温 16h。

这组钢钢锭的退火应当采用两段式加热保温,它有较低的保温温度和较短的加热时间。第一段保温时间以烧透为准,可依据计算机计算的结果确定;第二段保温时间以满足相变动力学要求和松弛应力所需的时间即可。

图 3 - 4 所示为 GCr18Mo 轴承钢的 TTT 图[5]。它加热到 850℃,然后冷却到 600 ~ 650℃等温,可以得到颗粒状的退化组织,既消除了内应力,又可实现退化软化。

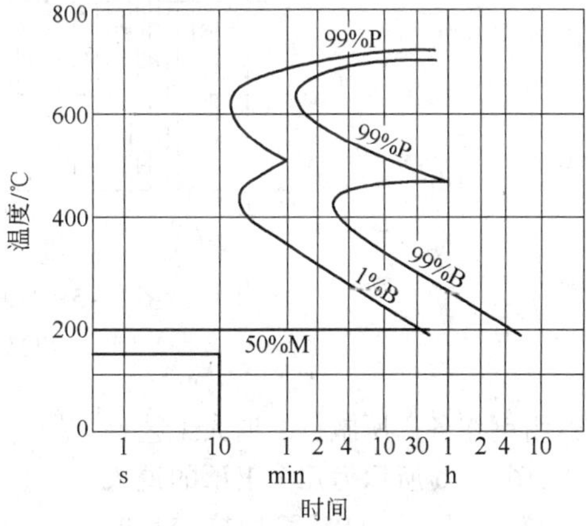

图 3 - 4 GCr18Mo 轴承钢的 TTT 图

3.1.2.4 第四组钢锭

这组钢主要包括不锈钢和耐热钢,如 3Cr13、4Cr13、Cr17、1Cr17Ni2、9Cr18、4Cr9Si2、4Cr10Si2Mo 等。主要是高铬钢,铬是缩小 γ 区的元素,它使临界点 A_1 升高,形成 γ 相圈。当将钢加热到 850 ~ 930℃之间时,仍具有铁素体相区或 F + A 两相区。

这类钢的钢锭,各厂采用的退火加热温度大体相同,均在 850 ~ 930℃之间,保温时间不等,短者 5h,长者可达十多个小时。主要缺点也是加热温度高,保温时间长,能耗多,生产率低。

这类钢在 700℃附近时,奥氏体分解为珠光体,在此温度范围内等温保持,由于相变、原子的扩散、晶界迁移、再结晶等过程完成应力的松弛。图 3 - 5 所示为 1Cr13 钢的 TTT 图[4],由图 3 - 5 可见,在 700℃分解为珠光体,珠光体具有较低的硬度。

3.1.2.5 第五组钢锭

这组钢主要是低合金结构钢类,如 40Cr、20CrMnTi、20CrMnMo、60Si2Mn、40CrNi、38CrMoAl、50CRV 等,有时碳素结构钢如 45 号钢也进行退火。这些钢锭尺寸较大,一般为 4 ~ 10t 的大锭。

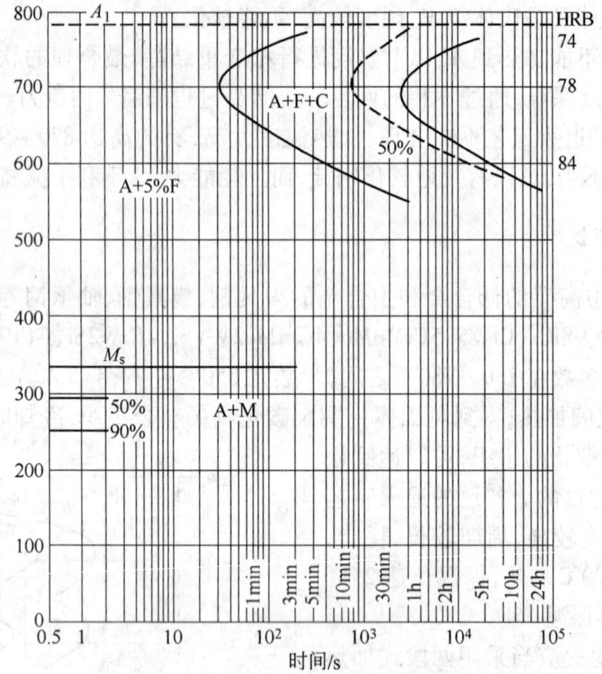

图 3 - 5　1Cr13 钢的 TTT 图
（A_1 为 790℃，A_T 为 980℃）

这组钢在各厂所施行的退火工艺差别较大，图 3 - 6 所示为几个工厂的退火工艺比较。A 厂采用 950℃加热较长时间，这种耗能、耗时的作业是多余的。B 厂工艺周期也很长。采用 A_{c3} 稍上的普通退火或 A_{c1} 稍下的低温退火均可以达到去应力退火的目的，工艺周期可以大大缩短。

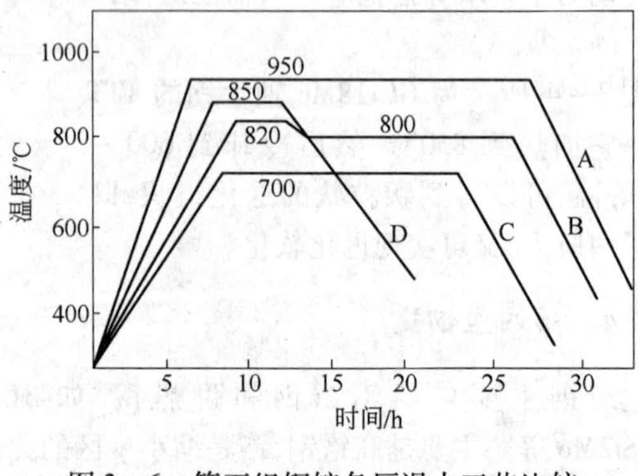

图 3 - 6　第五组钢锭各厂退火工艺比较

3.1.3　钢锭退火工艺理论及设计

3.1.3.1　加热速度的确定[6,7]

各厂退火工艺规范中，加热速度多为 100℃/h，也有的采用 80℃/h 和 50℃/h。

钢在 550℃以下为弹性体。加热速度太快时，钢锭内外温度不均匀，会产生热应力。当应力难以松弛，且拉应力较大时，就可能导致钢锭开裂。尤其是高碳高合金钢，导热系数小，导热性差，内外温差大，产生的热应力相对较大。尤其是高碳钢的脆性较大，易于在内应力作用下发生开裂，因此，加热速度应取下限，而低中碳低合金钢则可取中上限。在 550℃以上，钢材逐渐进入塑性区，加热速度可以加快。虽然 A_{c1} 温度下会因相变而出现组织应力，但这种应力可由于奥氏体为软韧相，且由于钢材塑性变好，因而可松弛应力，所以，这个阶段加热速度可快些。实际生产中难以做到这一点，这是由于进入高温段，炉子散热增大，因而越是到高温，炉子升温速度越慢。还有一个主要的原因是加热到临界点 A_{c1} 时，珠光体转变为奥氏体时需要吸收相变潜热，此时钢锭吸收了大量的相变潜热,因此,升温速度变慢。

但是,实际上当温度升到600℃以上时,钢锭的去应力过程已经悄悄开始了。

钢锭内外温差而产生的热应力可计算求得。如700kg 钢锭,以100℃/h 的加热速度加热到910℃保温,计算得出在400~500℃范围内的最大温差为160℃。根据下式可以估算热应力:

$$\sigma = 0.72\alpha E\Delta T \tag{3-1}$$

式中 α——线膨胀系数;

E——弹性模量;

ΔT——温差。

将各个参数代入式3-1,得热应力 σ =291MPa,此应力尚不至于导致钢锭开裂。

加热速度越快,热应力越大。但以50~100℃/h 的速度加热钢锭时,实际上温差较小,即热应力较小,不会引起钢锭开裂。

3.1.3.2 冷却速度的确定

控制退火冷却速度是非常重要的。退火冷却一般采用炉冷或控制条件下的缓冷。冷却速度大多采用50℃/h,但也有的采用20℃/h、30℃/h、40℃/h 等。

第一组、第三组、第四组、第五组钢锭退火时,在冷却过程中有相变发生,从保温温度冷却到500℃左右时将发生先共析铁素体或碳化物的析出过程、过冷奥氏体分解为珠光体的过程。相变时有体积膨胀,为使钢转变为平衡的组织,并避免产生新的内应力,应缓慢冷却。应用计算机计算结果表明,以50℃/h 冷却时,钢锭表面和心部均具有较小的温差,一般为20~50℃,因此,热应力较小。

第二组钢锭是低温退火,不发生相变重结晶,在 A_{c1} 稍下的保温过程中,发生碳化物的集聚长大及铁素体的回复—再结晶过程,随着这些过程的进行,钢锭的铸造应力也将松弛。

钢锭退火冷却到500℃以下时,一般已经转变为平衡组织,如珠光体、铁素体等,不容易开裂,继续冷却,可采用炉冷或打开炉门冷却,冷却到300℃出炉,有些钢锭也可在500℃出炉。在500℃以下时,炉膛内外温差变小,炉子和钢锭热函较大,因此,一般冷却较慢时不会再产生新的内应力。

钢锭退火兼有降低硬度以便进行钢锭表面清理的目的,因此,退火冷却速度缓慢,采用炉冷或以不超过50℃/h 的速度冷却即可。

3.1.3.3 保温时间的确定

以往退火工艺周期较长,物流速度慢,生产率低。缩短保温时间,既能有效地降低能耗,又能提高生产率。

钢锭在退火温度下的保温时间实际上包括热透时间和纯保温时间两部分,即 $\tau_{总} = \tau_{热透} + \tau_{保温}$。不同的工艺规范、不同大小的钢锭、不同的钢种,其热透时间是不一样的。实际测量这个时间参数较为困难,采用计算机软件可算得各种钢锭的透烧时间。

纯粹的保温时间应保证相变动力学和消除内应力的需要。

A 相变动力学的需要

退火时,在纯保温时间内,应当完成相变和碳化物溶解等过程。从45号钢、T8钢的奥氏体化动力学曲线可知:在 A_{c1} 以上的实际热处理温度下仅需数秒钟,最多数十秒钟就可以完成珠光体到奥氏体的转变,只有碳化物的溶解和奥氏体的均匀化需要较长时间。实际上,奥氏体的成分是不可能达到均匀化的,不均匀是绝对的,均匀是相对的。

钢锭退火是为了去除内应力，防止开裂，只要完成相变重结晶即可达到目的。长时间加热不仅耗能，而且增加钢锭的氧化和烧损，造成脱碳，增加金属的损耗。

因此，根据各种钢的相变动力学曲线（TTA 图和 TTT 图），确定相变所需要的时间，即可选择退火保温时间。一般来说，各种钢在临界点以上进行的相变重结晶时间很短，保温时间可以缩短。

B 消除内应力的需要

钢锭脱模后在车间冷却，由于钢锭尺寸较大，随着温度的不断降低，内外温差越大，热应力越大；当钢锭冷却到临界点以下时，将发生一系列的相变过程，如珠光体转变、贝氏体相变、马氏体转变等，这些相变造成体积膨胀，钢锭内外温度不同，相变不会同时进行，因而产生相变应力。热应力和相变应力合并为内应力。随着钢锭温度的降低，内应力越来越大。有些钢锭在车间放置所发生的突然开裂或爆炸，就是这样引起的。

钢中的内应力分为 3 类：第一类内应力；第二类内应力；第三类内应力。随着退火温度的升高，这些内应力均不断降低。

（1）第一类内应力的消除。第一类内应力的存在是导致钢锭开裂的主要原因。回火温度愈高，内应力消除率愈高。到 550℃ 回火一定时间，第一类内应力可以基本上消除。如图 3－7 所示。

（2）第二类内应力的消除。随着回火温度的升高和时间的延长，第二类畸变将不断地下降，则淬火第二类内应力降低，如图 3－8 所示[3]。回火温度达到 500℃ 时，各种畸变因素均趋于先后消失状态。曲线 1 是综合曲线 2、曲线 3、曲线 4 的结果，500℃ 回火时，第二类内应力基本消除。

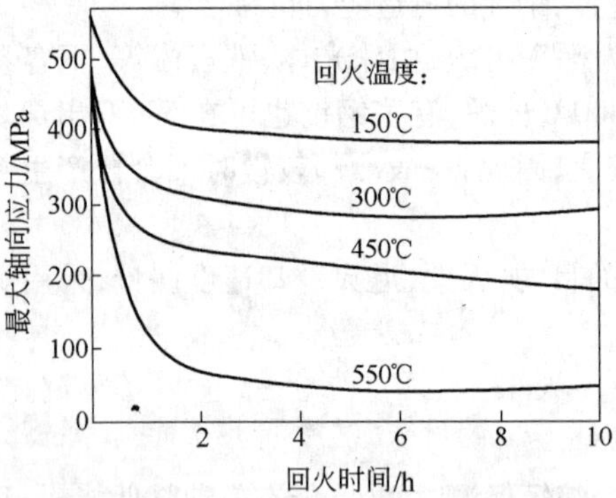

图 3－7 w(C) 为 0.3% 的钢淬火＋回火内应力的变化[3]

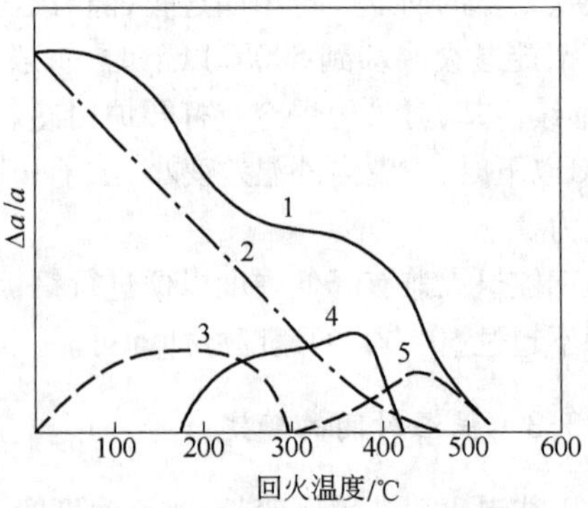

图 3－8 第二类畸变随着回火温度的变化
1—综合影响；2—淬火畸变；
3—ε－碳化物与 α 相的共格畸变；
4，5—ε－碳化物转变为 θ－渗碳体的转化畸变

图 3－9 所示为加热时间的延长对于第二类内应力大小的影响[3]。由图 3－9 可见，回火 2h 内，畸变降低幅度较大，此后变化平缓。在 400～500℃ 时，$\frac{\Delta a}{a}$ 的变化基本上是水平的。在 400℃ 以上回火时，只需要 2h 即可消除第二类内应力。

（3）第三类内应力的消除。随着马氏体的分解，碳原子不断从 α 相中析出，则第三类内应力不断下降。对于碳素钢而言，马氏体在300℃左右分解完毕，则此类内应力在此温度消失。

按照上述理论，随着部分或完全的相变重结晶，第二类内应力和第三类内应力都已消除。第一类内应力，即宏观内应力也逐渐松弛。随加热温度升高，钢锭由弹性体变为塑性体，应力就不断地松弛，当进行相变重结晶后，这种内应力一般可基本上消除。

总之，无论是相变动力学需要，还是消除内应力的需要，其保温时间均不需太长，实际所需要的有效时间不超过1~2h。再加上钢锭的透烧时间就是合理的保温总时间。

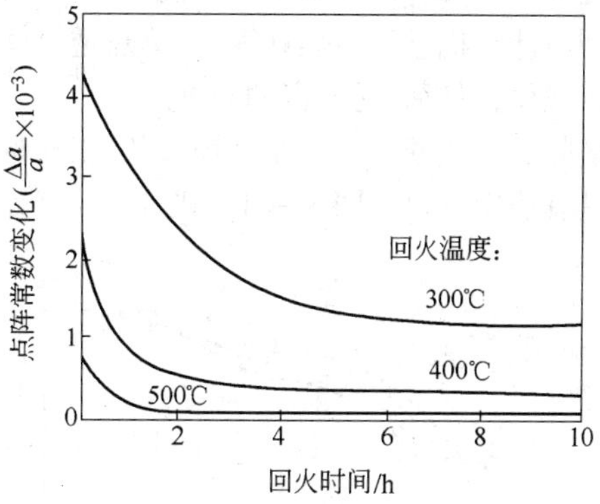

图3-9 回火时间对$\frac{\Delta a}{a}$的影响

3.1.3.4 退火加热温度的确定

钢锭退火加热温度的选择主要以消除内应力为原则，兼顾软化钢锭的需求，并且要节能降耗。在低温、中温、高温各区加热都有消除内应力的作用。但是，由于需要降低钢锭的表面硬度以便于磨削清理，因此，退火温度选择在较高温区进行。

较高温度有利于迅速消除内应力，提高生产率。但是加热温度也不能过高。综合各因素，退火加热温度选择在临界点附近。如A_{c1}稍上或者稍下，或先加热到A_{c3}稍上然后迅速炉冷到A_{c3}以下、A_{c1}稍上的温度进行等温。

内应力的消除是个应力松弛过程，它本质上是个高温蠕变过程，其最基本的过程是原子的扩散位移，通过扩散运动完成回复、再结晶、重结晶等转变过程，从而使内应力得到松弛。应力松弛过程的快慢主要取决于温度，随加热温度升高，应力消除率也随之升高。如普通铸铁、高合金铸铁等在700℃即能全部消除铸态内应力。在600~700℃之间保温1h和48h的效果几乎是相同的，如图3-10所示[8]。因此，过长时间保温是没有必要的。

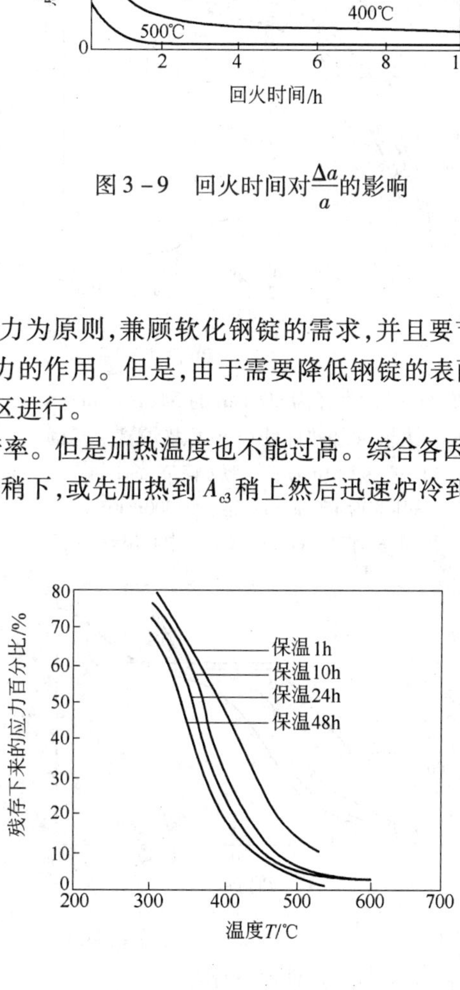

图3-10 退火温度和保温时间对应力去除的影响

由图3-10可见，钢件在650~700℃加热退火时，只需不足1h即可将内应力全部去除。更多的资料数据表明，只经过550℃回火，任何钢件的淬火内应力即可消除90%以上。

3.1.4 钢锭退火新工艺制定

3.1.4.1 透烧时间的确定

钢锭尺寸较大，热透时间较长，可依据经验公式计算，但结果不可靠，主要是时间太长，因此，耗能太多。这是由于经验公式往往把加热时间看成与钢锭有效厚度成线性关系，实际上它们是非线性关系，因此，计算结果不准确。

利用计算机进行传热计算，计算热透时间是较为准确的，而且可以计算钢件的温度场与时间的变化规律，可以获得丰富的数据。

实际测定热透时间是非常烦琐的，工作量较大，难以大量应用。但是典型钢件的加热曲线的测定具有使用价值。图3－11～图3－14所示为实测结果[10]，可供制定工艺时参考。

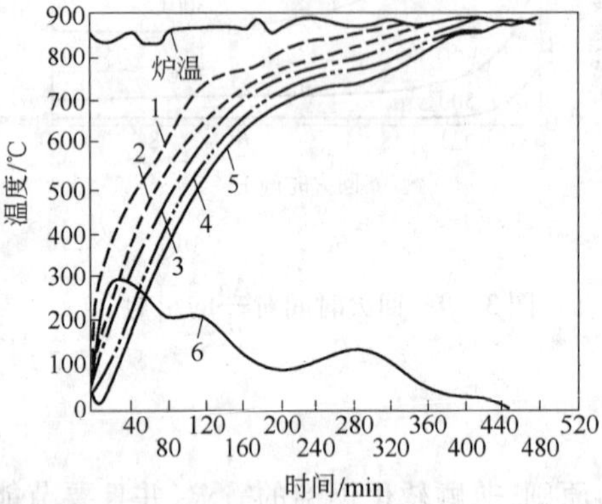

图3－11　直径为600mm的34CrNi3Mo大锻件加热曲线（850℃装炉）
1—距表面10mm；2—距表面70mm；3—距表面150mm；4—距表面200mm；5—距表面300mm；6—表面与中心温差

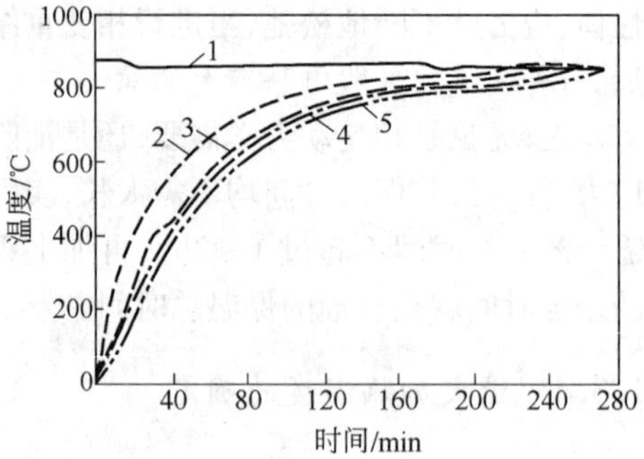

图3－12　直径为400mm的40Cr大锻件加热曲线（850℃装炉）
1—炉温；2—距表面10mm；3—距表面75mm；4—距表面130mm；5—中心温度

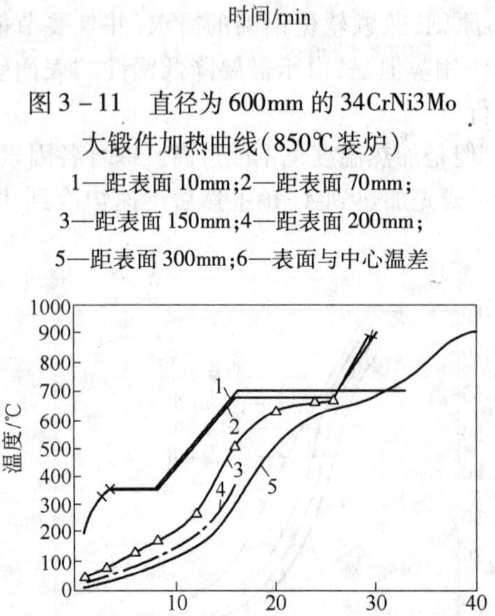

图3－13　直径为1250mm的26CrNi3MoV大锻件加热曲线
1—工艺；2—炉温；3—工件表面温度；4—工件 *R*/2 处温度；5—工件中心温度

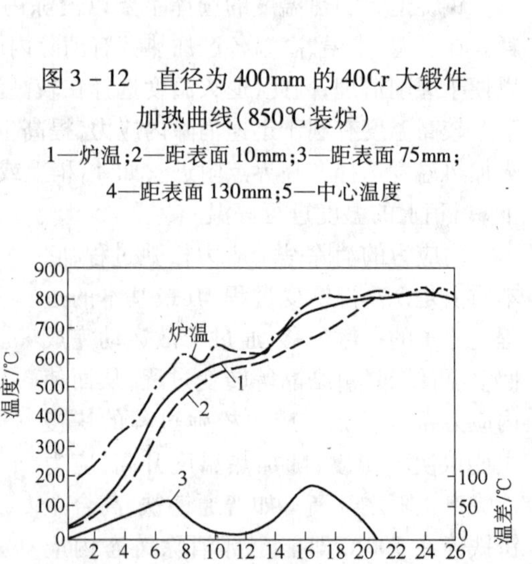

图3－14　直径为700mm的34CrMo大锻件加热曲线
1—距表面25mm；2—中心；3—表面与中心温差

最后，依据生产经验，参考实际数据确定加热时间也是可行的。

从这些曲线上可以得知具体钢种在各种加热条件下的热透时间。如直径为600mm的34CrNi3Mo大锻件，将炉温预先升温至850℃，热装炉，约经历420min（7h）心部才能热透。那么，这一数据可以作为该种钢锭的透烧时间。再加上保温时间，即为钢锭去应力退火的加热总时间。这些曲线是在特定条件下测定的，因此不能完全适用于各种钢锭的去应力退火，只能在制定新工艺时参考。

图3－11所示为直径为600mm的34CrNi3Mo大锻件加热曲线。可见，在距表面10mm、70mm、150mm、200mm、300mm等不同深度处的温度随着加热时间的延长而不断升温，也表示出了表面与中心的温差。直径为600mm的中碳合金结构钢钢锭加热时均可参考此图。从曲线可见，加热6h，钢锭温度从表面到中心已经达到800℃以上，可以达到消除内应力和软化的目的。

从图3－12可见，直径为400mm的40Cr大锻件加热2.5h可达到800℃以上，然后缓慢冷却，即可达到消除内应力和软化的目的。显然，这样既节能又提高了生产率。

3.2　钢锭退火典型新工艺

3.2.1　高速钢钢锭退火工艺[8]

根据钢中的主要化学成分，将高速钢分为3类，即钨系高速钢、钼系高速钢、钨钼系高速钢。其中钨系的W18Cr4V和钼系的W6Mo5Cr4V2应用最为普遍，称为通用型高速钢。此外，还有高碳高钒、高钒高钴和超硬型高速钢，它们属于特殊高性能高速钢。

为改善碳化物不均匀性，高速钢钢锭采用200～300kg小锭型，这样钢锭凝固快，可减少宏观偏析；或采用扁锭，一般采用630kg锭型，它凝固快，偏析少，共晶细小。由于这些钢锭凝固快，造成的内应力大，必须退火以消除铸造内应力，以防开裂。

以W6Mo5Cr4V2钢钢锭为例进行退火工艺曲线设计。图3－15所示为工艺曲线和计算机计算的钢锭温度变化曲线。图中以某厂2个规格的钢锭为例，钢锭形状是方形的，尺寸分别为300mm和470mm。图中线1为计算机算得的钢锭心部的温度曲线。图中线2是炉温曲线，即施行的工艺曲线。可以看到，在整个工艺热循环过程中钢锭温度的变化情况。钢锭表面和心部的温差不大，几乎与锭心温度重合，所以只标出锭心温度曲线。炉温分2个台阶等温，但是钢锭温度是连续变化的曲线，没有台阶，达到850℃后即刻冷却，缓慢降低到750℃，又接着冷却。在整个热循环过程中，内应力就消除了，同时达到软化的目的。

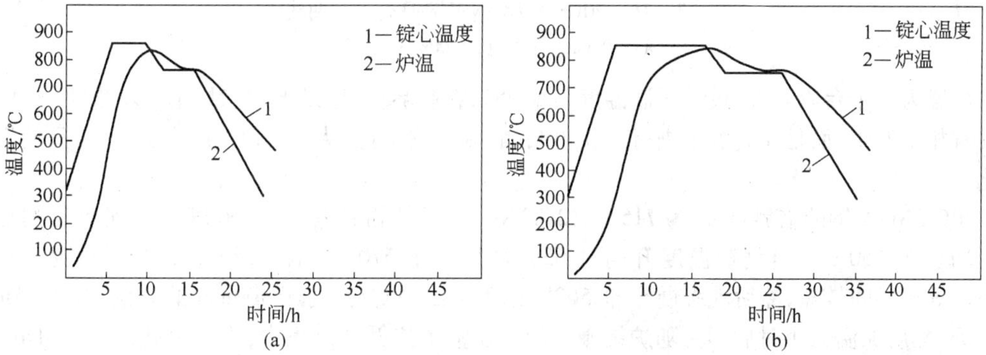

图3－15　高速钢钢锭工艺曲线

(a)300mm方锭；(b)470mm方锭

高速钢钢锭退火一般采用台车式退火炉。装炉后随炉升温，加热速度为50℃/h。当炉温达到750℃以上时，升温速度减慢。此时，由于炉子散热加快，加热速度变慢，另外，由于钢的相变吸收大量的相变潜热，从而使加热速度减慢。

从图3－15可见，炉温曲线和钢锭的温度变化曲线实际上是不一致的。计算表明，钢锭表面温度和钢锭心部温度温差很小，几乎同时达到保温温度。但是，在未达到预定的保温温度就进入降温阶段，实施“零保温”，这正是本工艺的优点。上已叙及，钢锭退火的主要目的是消除内应力。从曲线上可见，加热温度已经达到 800℃，此时可以降温了。在降温过程中，进入曲线的第二个台阶，此时进行组织转变，以便软化钢锭。图 3－15(b)很好地反映了这一过程。

退火温度达到 500℃以下时，可以断电或切断煤气，令炉温自行降低，200℃以下可出炉。从图 3－15 可见，整个退火工艺周期大幅度缩短，470mm 方锭退火时间总计为 35h；300mm 方锭退火时间总计为 25h，既节能又提高了生产率。

3.2.2　高铬镍合金结构钢钢锭退火工艺

高铬镍合金结构钢钢锭的退火软化、去除应力实际上易于进行，以往将工艺复杂化，加热温度高达 950℃，耗能耗时，存在严重缺点，应当摈弃。

以 20Cr2Ni4 为例，进行计算机计算，辅助设计退火工艺曲线，图 3－16 所示为钢锭退火工艺曲线和计算机计算的钢锭心部温度变化曲线。钢锭形状是八角形的，尺寸分别为 570mm 和 900mm。图 3－16 中线 1 为计算机算得的钢锭心部的温度曲线。线 2 为炉温控制曲线，即施行的工艺曲线。可以看到，在整个工艺热循环过程中钢锭温度的变化情况。

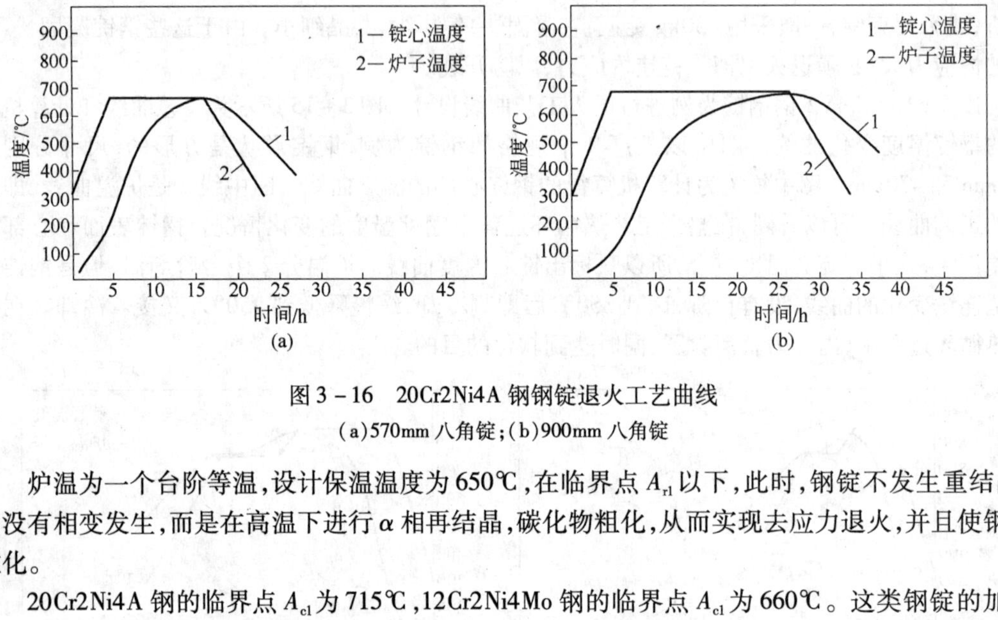

图 3－16　20Cr2Ni4A 钢钢锭退火工艺曲线

(a)570mm 八角锭；(b)900mm 八角锭

炉温为一个台阶等温，设计保温温度为 650℃，在临界点 A_{r1} 以下，此时，钢锭不发生重结晶，即没有相变发生，而是在高温下进行 α 相再结晶，碳化物粗化，从而实现去应力退火，并且使钢锭软化。

20Cr2Ni4A 钢的临界点 A_{c1} 为 715℃，12Cr2Ni4Mo 钢的临界点 A_{c1} 为 660℃。这类钢锭的加热温度均可为 650℃。当钢锭温度升高到 650℃时，对于 570mm 钢锭，约需要 15h 才能升高到 650℃，等温时间较短，然后就缓慢冷却，500℃以下可出炉空冷；对于 900mm 的大钢锭，约 25h 才能热透，然后保温数小时后即可随炉缓慢冷却。在整个热循环过程中，内应力就消除了，同时达到软化的目的。该工艺比旧工艺大大提高了生产率，实现了大幅度节能，操作也比较简单。

属于第二组钢的钢锭，如 20Cr2Ni4A、18Cr2Ni4WA、20CrNi3、30CrMnSiNi2、37CrNi3、35CrNi4Mo、12Cr2Ni4Mo 等均可以采用此工艺[8]。

3.2.3　轴承钢钢锭退火工艺

低合金工具钢、轴承钢等，如 9CrSi、CrWMn、GCr15、GCr18Mo、5CrMnMo 等，均可以采用如图 3－17所示的退火工艺曲线。加热温度 820～850℃，进行部分奥氏体化，得到奥氏体＋残留碳化物的整合组织，将这种组织冷却到 A_1 的温度进行等温退火，可得到球状珠光体组织。既可消除内应力，又可使钢锭软化。

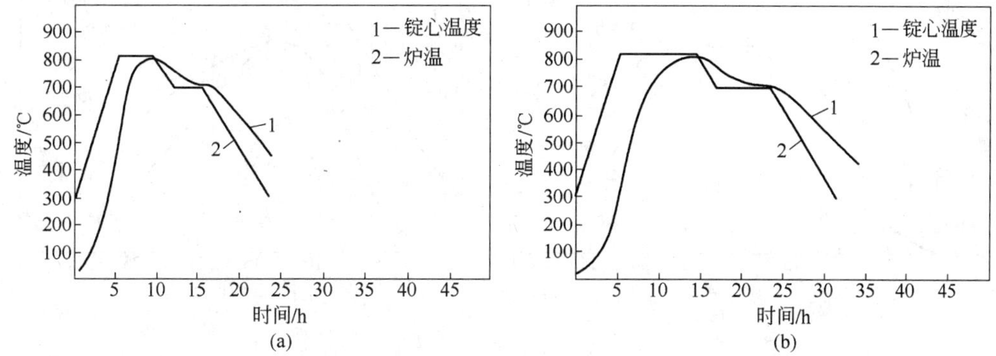

图 3－17 轴承钢钢锭的退火工艺曲线
(a)300mm 方锭;(b)470mm 方锭

这类钢的临界点 A_{c1} 为 710～770℃。图 3－17 所示为轴承钢钢锭的退火工艺曲线。由图 3－18可见,曲线分为 2 个等温台阶,第一个台阶为 820℃,第二个台阶为 680～700℃,锭心温度的变化曲线如图所示。从图 3－17 可见,钢锭心部温度具有最好的温度变化曲线,最节能。

3.2.4 Cr13 型不锈钢钢锭退火工艺

这类钢钢锭的退火工艺是综合利用相变重结晶和再结晶转变来消除内应力并使钢锭软化的,加热温度在 800～850℃,保温后缓慢冷却,保温性较好的台车式退火炉可以炉冷,也可以控制冷却,以 30℃/h 的速度冷却。以 4Cr13 钢为例,计算机辅助设计退火工艺如图 3－18 所示。2Cr13、3Cr13、3Cr13Si、2Cr13Ni2 等均可采用此工艺。

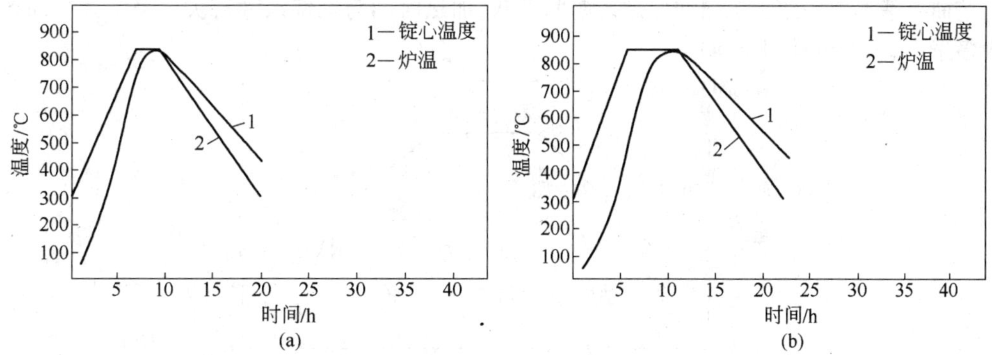

图 3－18 4Cr13 钢钢锭的退火工艺曲线[8]
(a)300mm 方锭;(b)470mm 方锭

从图 3－18 可见,钢锭的实际温度变化如图中的线 1 所示,锭心温度达到 800℃以上时,即可炉中缓慢冷却,可达到消除内应力和软化的目的。

3.2.5 合金结构钢钢锭退火工艺

以 40Cr 钢为例进行计算和设计合金结构钢钢锭的退火工艺,如图 3－19 所示。不同钢种、不同规格尺寸的钢锭,其透烧和保温时间均采用计算机软件进行计算,再结合实际进行整合,以制定合理的工艺参数。

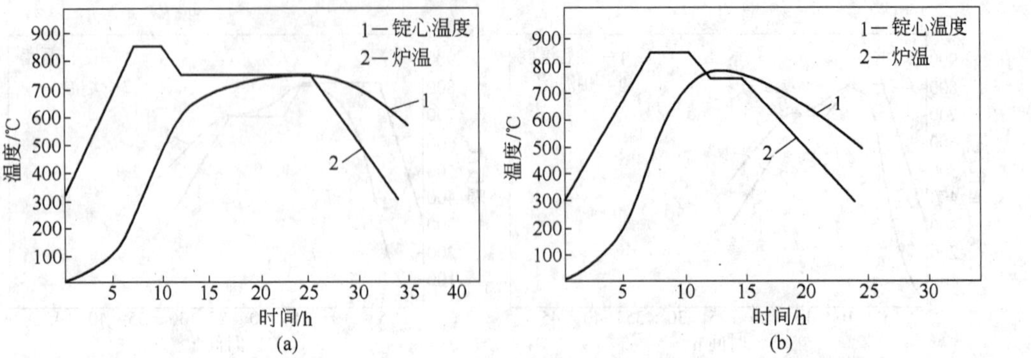

图 3－19　合金结构钢钢锭退火工艺
(a)900mm 八角锭;(b)570mm 八角锭

从图 3－19 中可见,实际控制的炉温曲线如图中线 2 所示,是一个具有 2 个保温台阶的曲线,但是钢锭心部的温度是一条没有台阶的曲线,这正是本工艺的最大特点。第一个保温台阶为 850℃,实际上钢锭在此段时间内仅仅是加快升温,升温速度为 60℃/h。由于合金结构钢碳的质量分数不高,为 0.3% ~0.5%,合金元素含量也不高,加热速度可适当加快,以便缩短工艺周期。第二个保温台阶为 700 ~750℃,基本上属于在 A_{c1} 稍下等温,在此温度发生再结晶或稍有重结晶发生即可消除内应力,并且使钢锭软化。

从图 3－19 中可见,钢锭实际温度在 700 ~750℃有一段等温时间,一般为 5h 左右,这对于去应力退火是足够的。而且对于合金结构钢来说,软化也不成问题。保温后可炉冷,冷却到 300℃出炉,实际上钢锭温度仍然在 500℃以上。

图 3－20 所示为某国的合金结构钢钢锭去应力退火的参考工艺。从图中可见,与我国设计的工艺曲线基本上一致。该曲线中缺乏时间参数,加热时间与钢锭尺寸有关。美国计算加热时间大多采用 25.4mm/h(1in/h)。

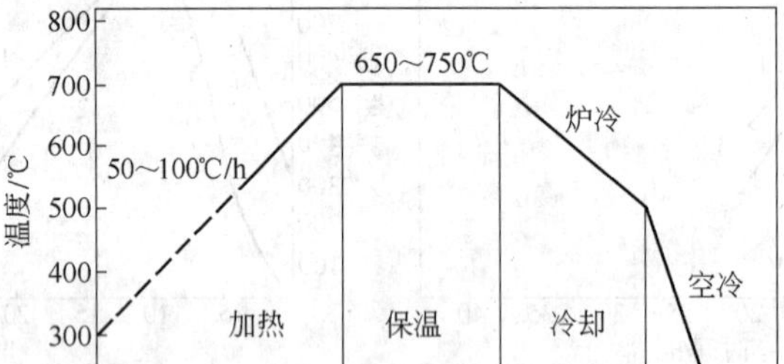

图 3－20　某国的钢锭退火工艺

复习思考题

3－1　钢锭、钢坯退火的目的是什么?

3－2　钢件去应力原理是什么?

3－3　各类钢锭去应力工艺的制定原则是什么? 举例说明。

3－4　钢锭去应力退火工艺的诀窍是什么?

参 考 文 献

[1] 刘宗昌,张羊换,麻永林. 冶金类热处理及计算机应用[M]. 北京:冶金工业出版社,1999.
[2] 刘宗昌,麻永林,等. 钢锭退火工艺现状及工艺参数的合理制定[J]. 包头钢铁学院学报,1990(2):29~44.
[3] 刘宗昌,任慧平,宋义全. 金属固态相变教程[M]. 北京:冶金工业出版社,2003.
[4] 林慧国,傅代直. 钢的奥氏体转变曲线[M]. 北京:机械工业出版社,1988.
[5] 刘宗昌,任慧平. 贝氏体与贝氏体相变[M]. 北京:冶金工业出版社,2009.
[6] 麻永林,刘宗昌,贺友多. 钢锭退火时间的计算机辅助设计[J]. 包头钢铁学院学报,1991(1):36~43.
[7] 刘宗昌,麻永林,贺友多. 钢锭节能退火新工艺研究[J]. 兵器材料科学与工程,1992(3):27~32.
[8] 刘宗昌. 珠光体转变与退火[M]. 北京:化学工业出版社,2007.
[9] 刘宗昌. 钢件淬火开裂及防止方法(第2版)[M]. 北京:冶金工业出版社,2008.
[10] 樊东黎. 热处理技术数据手册[M]. 北京:机械工业出版社,2000.

4 钢的扩散退火

21世纪以来,我国钢产量大幅度提高,已经成为世界第一产钢大国,对钢的质量也提出高洁净性、高均匀性的要求。钢锭、钢坯和钢材的化学成分往往是不均匀的,如带状组织、液析碳化物等对过冷奥氏体的组织转变和转变产物的性能产生许多不良影响,因此,采取各种措施使钢均质化是非常必要的。

扩散退火(均质化退火)是根据各种合金元素在高温下的扩散行为尽可能地减轻钢锭、钢坯内部的显微偏析的工艺方法,如消除枝晶偏析,也称为均质化处理,从而使钢锭、钢坯锻轧后获得比较均匀的组织和性能。但是,应当指出,钢的化学成分是不可能绝对均匀的,微观上是不均匀的,均匀是指宏观上的相对均匀。

定义:为了改善或消除在冶金生产过程中形成的宏观成分不均匀性而实行的退火,称为扩散退火或均质化退火。

冶金厂一般不单独进行钢锭、钢坯的扩散退火。对于偏析不太严重、质量较好的钢锭,扩散退火的改善作用也很小。对钢锭进行扩散退火不如对锻轧后的钢坯进行扩散退火效果好。

将钢锭在加热炉中适当延长均温、保温时间,然后再进行锻造或轧制,这样,既能获得扩散退火的效果,又能缩短生产周期、减少烧损、降低能耗。

扩散退火的目的是:

(1)消除有害气体的危害,如去氢、消除氢致白点;

(2)减轻铸锭中的枝晶偏析,减少或消除钢材中的带状组织;

(3)消除工具钢、轴承钢中的液析碳化物,增加碳化物分布的均匀性。

扩散退火的分类为:

(1)消除工具钢、轴承钢的液析碳化物而进行的退火;

(2)消除合金钢枝晶偏析或带状组织的退火;

(3)锻轧材的去氢、防止白点的退火。

4.1 液析碳化物和消除液析碳化物的退火

4.1.1 液析碳化物

液析碳化物是钢锭凝固时由于选择性结晶而使钢锭中部结晶剩余的钢水中碳含量增高,合金元素含量也增加,钢水中的碳和合金元素富集到了亚稳莱氏体共晶成分,因而从钢水中析出的碳化物,称为液析碳化物,如图4-1所示,图中白亮色区域即为液析碳化物。高碳钢中的液析碳化物是大块的鱼骨状的碳化物,在热加工时,沿着轧向或锻压方向分布,严重危害钢的塑性和韧性,降低钢的强度[1]。

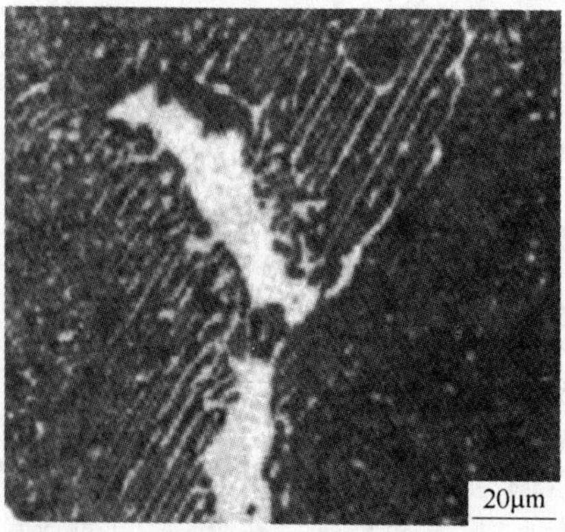

图4-1 轴承钢(GCr15)3t钢锭中心的液析碳化物

在过共析钢中,为什么会出现莱氏体共晶?这是由于钢锭浇注条件不良造成的,如钢水过热、浇注温度偏高、钢锭冷却速度缓慢、锭型不合理等使钢锭心部的钢水局部区域达到共晶浓度，从而出现莱氏体共晶。这种共晶可能发生“离异”现象，即在共晶的地方只保留碳化物一相，这就是液析碳化物。在大钢锭的上部最容易形成鱼骨状液析碳化物。

分析表明，轴承钢中的液析碳化物主要是渗碳体$(Fe,Cr)_3C$组成，此外还有少量的特殊碳化物$(Fe,Cr)_7C_3$。$(Fe,Cr)_3C$中铬的质量分数可达20%，$(Fe,Cr)_7C_3$中铬的质量分数达30%以上。液析碳化物硬度高，脆性大，轴承零件淬火时，易产生淬火裂纹。

用热分析方法测定轴承钢中的共晶碳化物开始熔化的温度为1130℃。大块的鱼骨状液析碳化物可以是二元共晶反应的产物，也可以是三元共晶反应的产物。在轴承钢中形成的液析碳化物是由$(Fe,Cr)_7C_3+(Fe,Cr)_3C$组成的。

钢锭中的莱氏体共晶碳化物在锻造或轧制时可以被压碎并且沿着锻轧方向呈条带状分布，形成带状组织。图4-2所示为H13钢钢坯中心的液析碳化物和带状碳化物形貌，H13相当于我国的4Cr5MoV1Si。图4-2(a)中的白色亮块为液析碳化物(Cr_7C_3)，图4-2(b)为带状组织，黑色带状中的白亮的小块状也是液析碳化物，这是大块的鱼骨状液析碳化物被轧制碎化的结果。

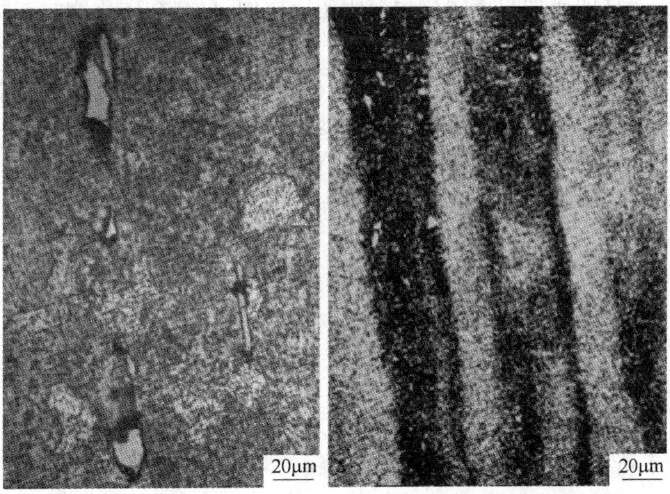

(a) (b)

图4-2 H13钢钢坯中心的液析碳化物和带状碳化物
(a)液析碳化物；(b)带状碳化物

H13钢中的液析碳化物是$(Fe,Cr)_7C_3$型的碳化物，铬的质量分数较高，因此，其电极电位高，不容易被硝酸酒精溶液浸蚀，在光学显微镜下呈白亮色的块状。这种碳化物硬度很高，脆性大，降低钢的韧性，必须予以消除。

4.1.2 消除液析碳化物的退火

降低钢中的枝晶偏析程度，防止莱氏体共晶的形成，这是防止形成碳化物液析的根本措施。生产中采用各种工艺技术消除碳化物液析，如：

(1)采用快速凝固，连续铸锭；采用扁锭，加快钢水的凝固。

(2)在锻造或轧制生产中，采用大锻压比破碎碳化物，然后多次加热扩散，改善液析分布或消除液析碳化物。

(3)采用高温加热、长时间保温，进行扩散退火可以消除碳化物液析。

(4)控制轴承钢中铬和碳的质量分数在中下限；加入少量钒也可以减少液析碳化物。

在冶金厂,钢锭和钢坯中存在液析碳化物时主要是通过扩散退火来消除它。轴承钢中的液析开始熔化的温度为1130℃,所以一般在1250℃加热保温进行扩散退火。

H13钢中的液析碳化物一般加热到较高温度进行扩散退火。在实验室,取液析碳化物试样在1250℃加热2h扩散退火可消除液析。但是在生产中,钢锭或钢坯需要在1250~1300℃加热10~30h才能消除液析碳化物。保温时间要充分,不仅要消除液析碳化物,而且应当使合金元素和碳通过扩散而相对均匀化。

在冶金厂,一般不单独进行扩散退火,而是将钢锭在均热炉中多加热停留一段时间,连铸坯在加热炉中的均温段增加加热保温时间,可消除液析,并且减轻枝晶偏析,减少带状组织。加热温度一般在1250℃以上,保温时间可以根据炉温、工件尺寸等因素试验确定,也可应用计算机辅助设计。如H13钢钢锭,在加热炉中于1270℃均温后增加保温时间10h,然后出炉轧制,检验发现基本上消除了液析碳化物。

在高锰钢中,粗大的碳化物使冲击韧性和塑性降低,甚至使钢变脆。以往为了消除粗大的碳化物常常盲目地提高淬火温度和延长保温时间,致使能耗增加,钢的质量下降。过高的淬火温度促使钢的晶粒长大,而且即使加热使碳化物溶入奥氏体内,也会在碳化物原来所占的位置留下空洞,成为显微裂纹。

铸造模具钢5Cr3Mo2VNb钢铸造后存在粗大碳化物和成分偏析,致使韧性降低。扩散退火后可提高冲击韧性1倍多,并且能够提高弯曲强度。高温扩散退火有利于消除铸造模具钢5Cr3Mo2VNb的偏析,使成分和组织均匀化。5Cr3Mo2VNb钢高温扩散退火工艺的加热温度应为1250~1300℃,保温时间依据工件厚度确定,保温后炉冷至室温。

4.2　钢中的白点和防止白点产生的措施

4.2.1　钢中的白点

4.2.1.1　白点

白点是钢中的氢所引起的一种内部裂纹。在钢的断口上表现为圆形或椭圆形银白色或灰色的斑点。在垂直于白点进行切割的酸浸蚀面上,白点表现为不同长度的细裂纹,所以也称发裂。发裂的厚度极小,一般为几个到十几个微米。白点的数量、长度、方位和白点区域距表面的距离根据钢的化学成分、钢中氢的质量分数和热加工的条件而定。

白点从来不在钢件表面形成,在钢坯或锻件内部含有白点的区域离开钢件表面总有相当一段距离,约50mm左右。

与缩孔和气泡等缺陷不同,白点不是在钢的凝固过程中形成的,而是在锻造、轧制后,当钢坯冷却到比较低的温度(例如150~250℃以下)时才形成。在不少情况下,白点甚至是在钢坯被冷却到室温以后在室温的停留过程中形成的。由于温度的降低,氢在铁素体中的溶解度越来越小,加之在低温下发生贝氏体相变或马氏体相变产生内应力,则可能逐渐形成白点。

白点不是瞬间形成的,而是逐渐形成的,从停轧、停锻到出现白点需要经历一段时间,这段时间被称为白点形成的孕育期或潜伏期。正是由于有孕育期存在,才有可能通过快冷使白点的形成移向更低的温度,直至移到室温。孕育期的长短取决于钢中的氢的质量分数,同时也视钢坯和锻件的厚度而定。孕育期对于制定避免白点产生的缓冷规程和专门的热处理规程有重要的意义。

不同牌号的钢形成白点的倾向性不同。锰的质量分数少于0.7%、碳的质量分数少于0.4%的碳钢,在普通的冶炼和热加工条件下通常不产生白点。在铁素体类钢中一般不产生白点。不过曾有人将硅的质量分数为4%的没有固态相变的变压器硅钢(铁素体类)置于氢气中在1100℃长时间(40h)加热,然后在水中冷却,结果得到了白点。奥氏体钢和莱氏体钢是对白点不敏感的钢。对形成白点比较敏感的钢主要是合金结构钢和一些合金工具钢。在炼钢方法和热加工方法相同的条件下,钢对白点的敏感性与钢中碳的质量分数和合金元素的质量分数有关。一般来说,碳的质量分数比较低的珠光体类结构钢和高合金马氏体类钢(特别是当碳的质量分数高达0.3%~0.5%或以上时)相比,前者对白点的敏感性要小些。碳的质量分数较低的铬钢、锰钢、硅锰钢、铬锰钢、硅钢、铬锰钛钢和铬镍钢属于白点倾向较小的钢。碳的质量分数大于0.3%、铬的质量分数大于1.0%、镍的质量分数大于2.5%的铬镍钢、铬镍钼钢和铬镍钨钢形成白点的倾向性最大。GCr15钢也属于白点敏感性较大的钢。

白点显著降低钢的力学性能,尤其是降低钢的范性和韧性指标。白点破坏了钢的连续性,在钢中起内部缺口作用。在负荷下,白点裂口尖端的应力高度集中并处于三向拉力状态,因而金属的塑性变形比较困难,使钢的范性、韧性降低,它往往是疲劳裂纹的发源地。白点有造成突然事故的危险,因此它是钢材中不允许存在的冶金缺陷。

4.2.1.2 白点的成因

白点形成的原因为:钢中含有足够数量的氢是形成白点的必要条件,内应力的存在具有促进白点形成的作用,因此,过饱和的氢的质量分数是产生白点的"元凶",而内应力是"帮凶"。一般认为:固态钢中含氢过高时,钢显著变脆。

氢以离子或原子形式溶入液态或固态钢中。溶入钢中的氢在固态下形成间隙固溶体,氢原子存在于面心立方和体心立方晶格的间隙处。氢在钢中的溶解度与铁的晶体结构有关,并且随氢的分压力(压强)和温度而异,如图4-3所示[2]。可以看出,当发生固态转变时,氢的溶解度发生突然的变化。在铁的点阵不改变的范围内,随温度的降低,在给定的氢分压力条件下,氢的溶解度将不断降低。在快速冷却情况下,氢来不及析出而成为过饱和的固溶体。被保留在固态钢中的过饱和的氢将不断地从表面向大气中扩散,逸出钢件。同时,氢在钢件内部也在运动,在晶体缺陷处聚集—析出,析出的氢原子结合为氢分子,按下式进行反应:$[H]+[H]\rightleftharpoons H_2$。氢原子结合为氢分子,体积剧烈膨胀,造成巨大的压力。

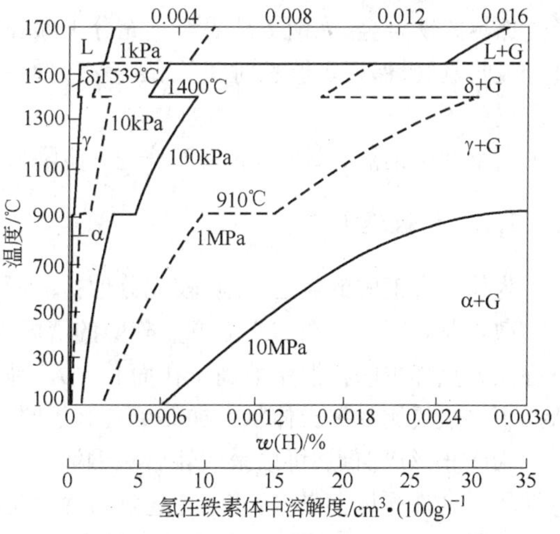

图4-3 氢在铁素体中的溶解度

在300℃以上,氢在空隙中析出和结合为氢分子的过程是可逆的。但是,当钢材温度降低到300℃以下时,氢分子的分解过程实际上将停止,也就是说,此时,氢析出并结合为氢分子的过程是不可逆的,在不可逆析出的情况下,因析出而产生的分子氢的压力也将增加。因此,这时形成白点的危险性加大。

工业用钢要形成白点,除分子氢的压强外,还必须有其他原因所引起的内应力的帮助,这些其他原因所引起的应力包括变形应力、热应力和组织应力。原子氢-组织应力假说的提出者们认为,对形成白点具有最大意义的因素是组织应力。组织应力的产生主要与树枝状偏析所引起的枝干部分和枝间部分发生固态转变的温度和时间不一致有关,其次也与冷却时在钢坯截面上内外温度不同所引起的固态相变时间先后不一有关。单纯的热应力和相变应力对形成白点固然也起作用,然而,在没有热应力和相变应力参加的场合下白点仍然能够形成,因此认为热应力相对于组织应力来说属于次要因素。总之,原子氢-组织应力假说认为固溶于钢中的原子状态的氢使钢失去范性,这对形成白点具有决定性的意义,同时强调了除分子氢压强以外的其他应力来源的必要性和组织应力的重要性[3]。

4.2.2 防止白点产生的措施

防止钢中形成白点的方法包括两个方面:一是设法尽量减少钢液中的氢的质量分数并创造条件使氢气能从钢坯中扩散逸出;二是减小冷却时钢坯中所产生的内应力,特别是组织应力。

4.2.2.1 控制钢水中的氢的质量分数

一般认为锻件的氢的溶解度接近于2~3mm^3/100g铁时不会产生白点(换算为氢的质量分数为1mm^3/100g铁=$0.89\times10^{-4}\%$(质量分数)),即氢的质量分数为$1.78\times10^{-4}\%$~$2.67\times10^{-4}\%$时不产生白点。按照这样的观点,目前的冶炼—真空除气技术可以使钢水的氢的质量分数达到$2.5\times10^{-4}\%$以下,可能不会形成白点。但是这不太可靠,因此需要控制氢的质量分数在$1.8\times10^{-4}\%$以下。对于电炉炼钢和氧气顶吹炼钢,如果不经过真空除气,钢水中的氢的质量分数约为$4\times10^{-4}\%$~$6\times10^{-4}\%$,为使这种合金结构钢成为不形成白点的钢材,必须使钢中氢的质量分数降低到$1.8\times10^{-4}\%$以下[4]。

为了减少钢液的氢的质量分数,必须严格遵守炼钢和浇注的工艺操作规程,尽可能地堵塞使氢进入钢液的来源。如少用或不用锈蚀严重的废钢,使用新焙烧的石灰或经过加热的石灰,使用经过加热的铁合金,炼钢工具要经过充分干燥和烘烤,浇注系统要干燥,钢水温度不可过高以免过分吸收氢气,保证足够长时间的、足够有力的钢液沸腾以有利于脱氢,炉渣不能太稀,终渣要适当黏稠些等。

用氩冲洗钢液、采取真空除气是进一步降低钢液的氢的质量分数的有效措施。

4.2.2.2 扩散退火脱氢

为使固态钢中的氢迅速地、较充分地扩散逸出,通常选择在铁素体状态下的较高温度进行加热扩散除氢。因为氢在体心立方点阵中的溶解度比在面心立方点阵中的溶解度小。而且,氢在体心立方点阵中的扩散系数高于在面心立方点阵中的扩散系数,因此,选择在体心立方的铁素体状态下加热要比在奥氏体状态加热更有利于脱氢。

为防止形成白点,可以采取轧后对钢坯施行缓冷或者进行专门的去氢热处理。对于白点敏感性较小的珠光体钢,轧后使钢坯通过缓冷就足以防止白点产生。在缓冷过程中,钢坯中的氢有机会扩散逸出,同时,缓冷时奥氏体向铁素体+珠光体的转变是在较高温度下完成的,因而,当钢坯冷至250℃以下时,钢坯不会因固态相变而产生组织应力。这样,白点就得以避免。

对于高碳铬钢、铬镍钢、铬镍钼钢和铬镍钨钢的大尺寸钢坯来说,缓冷也将形成贝氏体或马氏体组织,内应力较大,组织中存在大量亚结构,导致氢的溶解度增大,氢难以扩散溢出,则形成白点的倾向增大,因此,在轧(锻)后要立即对钢坯或锻件施行去氢退火,使氢从钢中充分扩散逸出,这样才能避免形成白点。

4.2.2.3 改锻、改轧

对于已经产生白点的钢坯,可以通过改锻或改轧等热加工方法把它们加工成尺寸更小的钢坯或零部件毛坯。因为白点无氧化,无污染,在改锻、改轧过程中可以焊合。改锻、改轧后的小尺寸钢坯需要进行缓冷或退火,这样可以挽救一部分报废的钢材。

4.3 去氢退火工艺设计

合金结构钢、轴承钢、工具钢等钢锭锻轧材或连铸坯轧材常出现白点,从生产中查找白点形成原因也很困难,诸如炉料水分大,未进行真空脱气(VHD)或真空脱气时间不足,一次去碳量不够,锻压比不够,锻轧后空冷时间过长,在缓冷坑中的缓冷时间短,退火等温时间不够,退火冷却太快等,往往难以找出规律。确实,冶金生产全过程的许多环节不当均有可能诱发白点。虽然影响钢中氢的质量分数的因素颇多,但产生白点的诱因却只有两个:(1)氢的质量分数高;(2)内应力大。抓住这两条,搞好脱氢退火,这是防止白点的关键。为避免白点,以往的工艺生产周期一般很长,耗能大,生产率低。因此,研究科学合理的去氢退火工艺具有重要意义。

4.3.1 Fe-H 平衡图及氢在铁中的溶解度

为了科学制定去氢退火工艺,首先要弄清氢在钢中的存在状态。根据 Fe-H 相图(见图4-4),氢在钢中溶解度极小,在 α-Fe 中比 γ-Fe 中的溶解度更小,这有利于氢的扩散溢出。

在905℃以上,钢中氢的质量分数过高时也会析出氢气,以 $\gamma-Fe+H_2$ 状态存在。在905℃以下发生共析转变,析出氢气:$\gamma-Fe \rightarrow \alpha-Fe+H_2$。从图4-3和图4-4中可见,在905℃以下,氢在铁素体中的溶解度约低于 $3\times10^{-4}\%$。氢原子存在于晶格间隙中,也可以在位错、界面等缺陷处存在[2]。

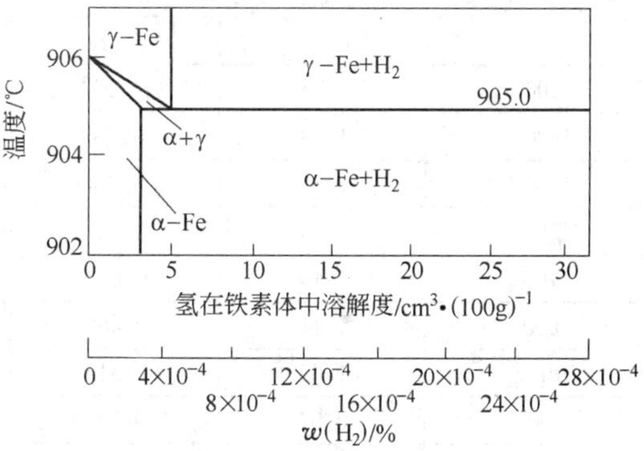

图4-4 101.325kPa 下 Fe-H 相图的一部分

氢在形成白点时的作用实质虽然存在不同的学说,但一般认为氢溶解于钢中使钢失去范性,过饱和的氢在钢中的显微孔隙中造成分子氢的压强,氢气析出时,体积急剧膨胀,聚集在一起,成为一个气泡,撑开孔隙,即形成白点。因此,氢是产生白点的"元凶"。这时若存在内应力,将协助氢撑开孔隙,形成脆性裂缝。因此,内应力是产生白点的"帮凶"。所以,要避免固溶状态的氢变成氢气。氢在铁中各温度下的溶解度见表4-1。

表4-1 101.325kPa 下氢在铁素体中各温度下的溶解度

温度/℃	溶解度/%	温度/℃	溶解度/%
900	2.8×10^{-4}	800	2.544×10^{-4}
700	2.288×10^{-4}	650	2.158×10^{-4}
600	2.032×10^{-4}	500	1.776×10^{-4}
400	1.52×10^{-4}	300	1.264×10^{-4}
200	1.008×10^{-4}	150	0.878×10^{-4}

氢在奥氏体和铁素体中的溶解度均随着温度的降低而急剧变小。图4-5所示为氢在铁素体中的溶解度与温度的关系。不同的合金钢中,氢的溶解度不等,增加镍的质量分数,可以增大氢的溶解度。因此,含镍钢白点敏感性较大。

4.3.2　氢在钢中的扩散

钢中形成白点的氢的质量分数说法不一，有的资料认为，钢中氢的质量分数小于 $1.78\times10^{-4}\%$ 时不产生白点[2]。因此，将氢的质量分数降低到这一数值比较保险。应当将钢中过饱和的氢全部扩散溢出，这是避免白点的最根本的措施。

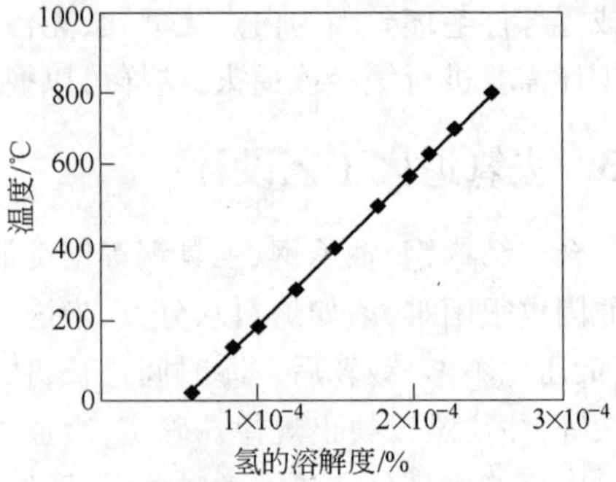

图 4－5　101.325kPa 下氢在铁素体中的溶解度与温度的关系

氢在 α－Fe 和 γ－Fe 中具有不同的扩散系数，表 4－2 为不同温度下氢在 α－Fe 和 γ－Fe 中的扩散系数。可见在 α－Fe 中扩散系数较大[2]，因此，选择具有铁素体的组织中进行脱氢。如选择在铁素体＋珠光体、托氏体、索氏体中扩散，氢的扩散速度较快。当锻轧后冷却得到贝氏体再升温脱氢时，由于贝氏体以铁素体为基体，并且存在大量界面、位错等缺陷，因而有利于加速氢的扩散。

表 4－2　不同温度下氢在 α－Fe 和 γ－Fe 中的扩散系数[5]

温度/℃	扩散系数/$cm^2\cdot h^{-1}$		温度/℃	扩散系数/$cm^2\cdot h^{-1}$	
	α－Fe	γ－Fe		α－Fe	γ－Fe
1500	1.43	1.90	645	0.777	
1400	1.38	1.49	630	0.7665	
1300	1.31	1.19	620	0.756	
1200	1.25	0.90	610	0.7455	
1100	1.19	0.684	600	0.735	0.056
1000	1.11	0.468	500	0.612	0.023
900	1.02	0.313	400	0.497	0.007
800	0.97	0.205	300	0.360	0.002
700	0.84	0.112	200	0.240	
690	0.8295		100	0.008	
660	0.798		50	0.004	
650	0.7875		20	0.001	

在 A_1 以下各温度等温均可以进行脱氢，为了有效地使氢扩散溢出，并充分利用能源，应当科学地选择去氢退火温度。

氢在 α－Fe 和 γ－Fe 中有一定的溶解度，当钢中存在大量缺陷，如疏松、界面、位错等时，氢的饱和溶解度将增大。当氢的质量分数降低到饱和溶解度时，就难以再继续扩散溢出了。

氢在 α－Fe 中的扩散系数 D_α 比在 γ－Fe 中扩散系数 D_γ 大得多。根据资料整理，温度愈低，氢在 α－Fe 中的扩散系数愈大。如：1300℃，$D_\alpha/D_\gamma\approx1$；700℃，$D_\alpha/D_\gamma\approx8$；600℃，$D_\alpha/D_\gamma\approx14$；400℃，$D_\alpha/D_\gamma\approx71$；300℃，$D_\alpha/D_\gamma\approx180$。可见，温度愈低，氢在 α－Fe 中的扩散愈快，图 4－6 所示为氢在 α－Fe 中的扩散系数与温度的关系。

4.3.3　去氢退火工艺设计

4.3.3.1　钢坯的加热与热透[3]

钢坯的去氢退火一般在箱式台车炉中进行，采用煤气加热或电加热。加热速度一般为 50～

100℃/h。由于装炉量较大，一般数十吨，甚至上百吨，因此，难以实现快速加热。而且热透也很耗时，尤其是大锻件，把握热透时间至关重要。热透时间可以应用计算机计算，也可以实际测定。实际测定较为麻烦，因此，目前积累的数据不多。图4－7所示为直径为700mm的34CrMo钢大锻件加热时测定的升温曲线[6]。由图4－7可见，随炉升温，加热约21h，表面和中心均与炉温一致，为热透。

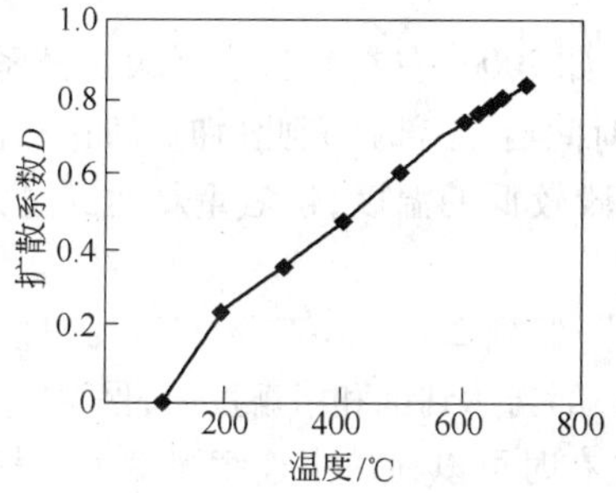

图4－6 氢在α－Fe中的扩散系数与温度的关系

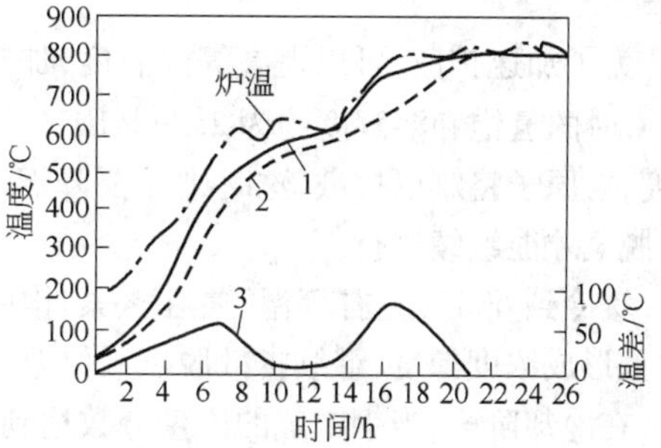

图4－7 34CrMo钢大锻件加热升温曲线
1—距表面25mm；2—中心；3—表面与中心的温差

以铬镍结构钢为例，锻后空冷到400℃，等温后升温到870℃，进行重结晶退火。图4－8所示为直径为600mm的锻件炉温、表面、中心的温度变化和氢的质量分数的变化的计算结果，可见锻件温度与炉气温度的变化规律。以50℃/h速度升温，从400℃升到870℃约需要10h热透。

锻件在各个加热阶段的升温速度原则上均可以提高。由于煤气加热炉的升温速度不可能很快，尽量加快升温速度有利于提高效率。锻件在台车式退火炉中加热速度下不会产生裂纹。如在600～650℃待料后，尽量提高锻件的升温速度。如果采用锻后冷却到300～400℃等温，令其形成贝氏体组织，则之后的升温过程也可以快一些，一般为100℃/h。

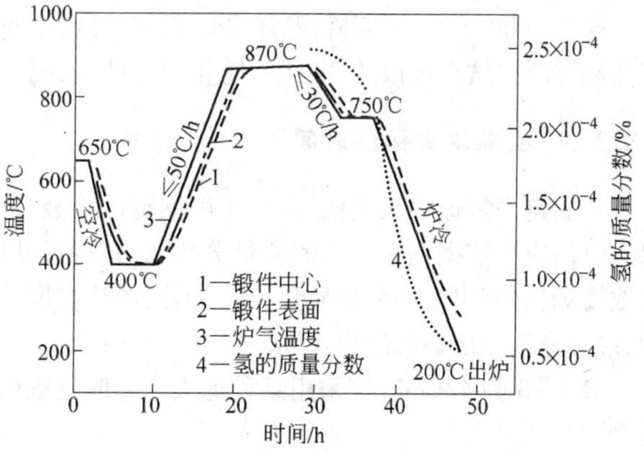

图4－8 锻件炉温、表面及中心的温度变化和氢的质量分数的变化的计算结果

充分利用能源，控制去氢退火的冷却速度，等温后缓冷。

4.3.3.2 等温温度和冷却速度的选择

退火缓冷到150℃时，氢在铁素体中的溶解度仍然约为$0.9\times10^{-4}\%$。电炉炼钢的钢水中氢的质量分数一般为$4\times10^{-4}\%\sim6\times10^{-4}\%$，VHD真空脱气处理后氢的质量分数可以达到不超过$2.5\times10^{-4}\%$。由于不同温度下铁素体中氢的溶解度不同，扩散系数也不等。由于扩散通量$J=-D\frac{dc}{dx}$，所以，氢的去除既与扩散系数D成正比，又与氢在钢中的浓度梯度$\frac{dc}{dx}$成正比。扩散系数D随温度降低而变小。浓度梯度$\frac{dc}{dx}$与氢的质量分数、锻件尺寸和溶解度等因素有关，是个变量。

因此，最好采用分阶段脱氢。

等温阶段：锻轧后空冷到 M_s 点稍上等温（约 300℃），转变为贝氏体组织。具有铁素体基体，此时的铁素体中氢的平衡溶解度约为 $1.26 \times 10^{-4}\%$，处于过饱和状态，开始脱氢。等温一段时间，使锻件表面层脱氢到约 $1.26 \times 10^{-4}\%$，此时与锻件心部形成较大的浓度梯度，造成氢扩散的热力学条件。锻轧材直径愈大，浓度梯度愈小，扩散通量越小，因此，大锻件去氢退火时间较长。

为了加速扩散，可以提高等温温度，加热到 A_1 稍下（如 700℃左右）等温，增大扩散系数 D。700℃时的氢饱和溶解度约为 $2.29 \times 10^{-4}\%$。保温一定时间后，心部达到此值时，即达到饱和溶解度，氢原子将难以扩散，这时则需要降温，冷却到下一段较低的温度，使氢重新达到过饱和状态，脱氢才能继续进行。

缓冷到 600℃左右等温，氢在铁素体中的溶解度约降低到 $2.03 \times 10^{-4}\%$，又达到过饱和状态，且形成浓度梯度，继续扩散脱氢。保温一段时间后，心部当达到饱和溶解度时，保温完毕。

在冷却阶段，当钢中氢的质量分数达到 $2 \times 10^{-4}\%$ 左右时可以在炉中连续缓冷了，缓冷过程将持续脱氢，冷却速度在 15 ~ 40℃/h 范围内控制，冷却到 150 ~ 200℃后出炉空冷。

缓冷是降低内应力的重要措施。通过缓冷将氢的质量分数降低到 $1.8 \times 10^{-4}\%$ 以下，且消除组织应力和热应力，当然就不产生白点了。

这样，不断等温，不断降温，不断降低溶解度，不断保持浓度梯度，则能不断扩散脱氢。因此，等温和缓冷相结合可以达到去氢、防止白点的目的。

4.3.3.3　去氢退火保温时间

在制定去氢退火工艺前，应当了解钢锭的冶金过程，测定钢水中的氢的质量分数。去氢退火保温时间应当依据钢中的氢的质量分数、锻轧材尺寸而定。应用计算机软件可以计算氢在钢中的浓度场，计算出不同氢的质量分数，不同锻轧材尺寸时的去氢退火等温时间[4]。锻轧材尺寸不同，缓冷速度和出炉温度也不同。

表 4－3 为 42CrMo 钢采用某种退火工艺时退火保温时间与钢锭氢的质量分数、工件尺寸的关系。

表 4－3　42CrMo 钢去氢退火保温时间、冷却速度、出炉温度

截面/mm	保温时间 h 按钢锭氢的质量分数分等级/h					冷却速度 /℃ · h^{-1}		出炉温度 /℃
	$\leq 2.5 \times 10^{-4}\%$	$3.5 \times 10^{-4}\%$	$4.5 \times 10^{-4}\%$	$6 \times 10^{-4}\%$	$7 \times 10^{-4}\%$			
≤300	8 ~ 12	15 ~ 22	20 ~ 40	40 ~ 60	45 ~ 70	50		400
300 ~ 500	12 ~ 20	22	40 ~ 60	60 ~ 110	70 ~ 140	40	20	300
500 ~ 800	20 ~ 32	22 ~ 80	60 ~ 180	110 ~ 295	140 ~ 360	30	15	200

为了防止锻件出现白点，实现节能、降耗、提高生产率，需要与时俱进、科学地制定和实施去氢退火工艺。依据固态相变原理，氢在钢中的分布及运动规律，应用计算机软件计算锻件温度场、氢浓度场，按照特殊钢锻件的质量要求，并且结合丰富的实际经验，对锻件去氢退火工艺进行全面整合制定并且设计工艺。其工艺原则主要是：

（1）防止白点，关键是搞好退火保温或缓冷，并以氢的质量分数为第一依据，内应力为第二依据，设计在铁素体状态下的科学去氢工艺。

（2）去氢要贯彻全程概念，充分利用能源，在 A_1 ~ 150℃温度范围内合理安排。

(3)退火保温时间以钢液中的原始氢的质量分数为第一依据,锻轧材尺寸为第二依据,分等级设计。当钢锭中的氢的质量分数在$2.5\times10^{-4}\%$以下时,可以大大简化退火工艺。当锻轧材直径小于200mm时,也可以轧后在缓冷坑中冷却。

(4)等温后要缓慢冷却,一是为了继续脱氢,二是为了避免内应力促发白点。冷却速度根据锻轧材的有效直径在10~40℃/h范围内选择。

(5)去氢退火各阶段的时间参数均可以应用计算机计算,也可以依据经验或实测确定。

4.4　典型钢种的去氢退火

4.4.1　42CrMo钢锻件去氢退火

4.4.1.1　42CrMo钢的物理参数

制定去氢退火工艺要熟悉该钢的临界点等物理参数,透彻了解钢的相变过程。

42CrMo钢的临界点A_{c1}为730℃,A_{c3}为780℃,M_s为360℃。

42CrMo钢的TTT图如图4-9所示[7],其成分为w(C)0.41%,w(Si)0.28%,w(Mn)0.67%,w(Cr)1.01%,w(Mo)0.23%;奥氏体化温度为860℃。其CCT图如图4-10所示[7],其成分为w(C)0.38%,w(Cr)0.99%,w(Mo)0.16%,w(Si)0.23%,w(Mn)0.64%;奥氏体化温度为860℃。

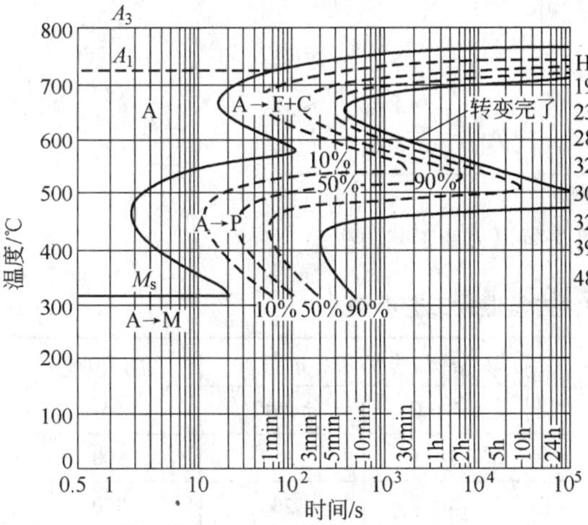

图4-9　42CrMo钢的TTT图

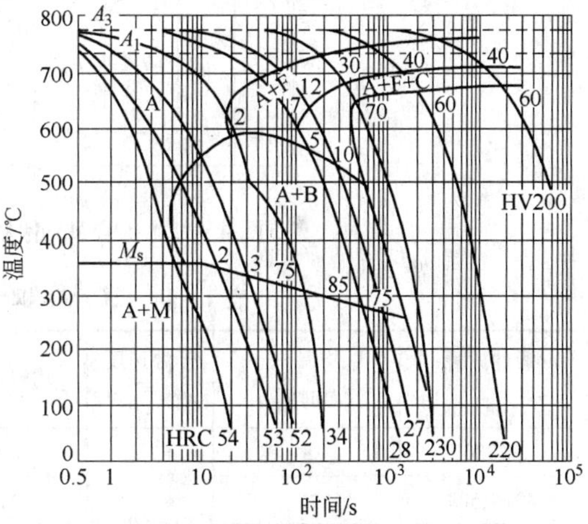

图4-10　42CrMo钢的CCT图

可见,该钢在锻后的冷却过程中,可以发生铁素体+珠光体反应,也可以在较快冷却时发生贝氏体转变。锻后迅速冷却到650℃等温,可以使奥氏体在最短的时间内分解为铁素体+珠光体组织,得到以铁素体为基体的组织,适于去氢退火。若锻后空冷得到贝氏体组织,则需要重新加热到650~700℃之间进行等温退火。

4.4.1.2　42CrMo钢大锻件去氢退火原工艺

图4-11所示为某厂沿用多年的锻后去氢退火工艺曲线。该工艺存在不少缺点,主要是退火周期太长,约89h才能出炉。另外,在600~700℃等温后炉冷到400℃,这一段冷却工艺不正确[3]。

执行本工艺规程,每一炉的退火工艺周期大约为89h。原工艺主要缺点为:

(1)在770~870℃的奥氏体化阶段,加热及保温时间太长,温度高,时间长,浪费能源,影响物流速度；

(2)在650℃时脱氢时间太长，根据计算机计算结果以及以往的实践经验，脱氢时间可以大幅度缩短；

(3)去氢等温后的冷却方式不当(空冷到400℃)，应当改进并且控制冷却速度。

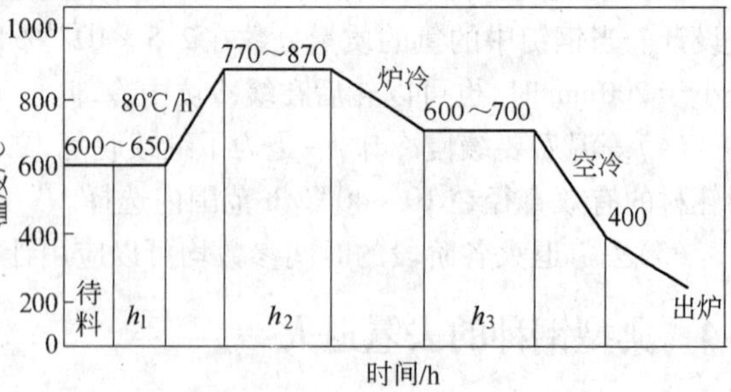

图4-11 42CrMo钢大锻件去氢退火旧工艺

4.4.1.3 42CrMo钢大锻件去氢退火新工艺

42CrMo钢大锻件去氢退火新工艺曲线如图4-12所示。该工艺主要是缩短了工艺周期，提高了物流速度。工艺周期从原工艺的89h缩短为45h。同时大幅度地实现了节能降耗。主要工艺参数见表4-4，可供参考。

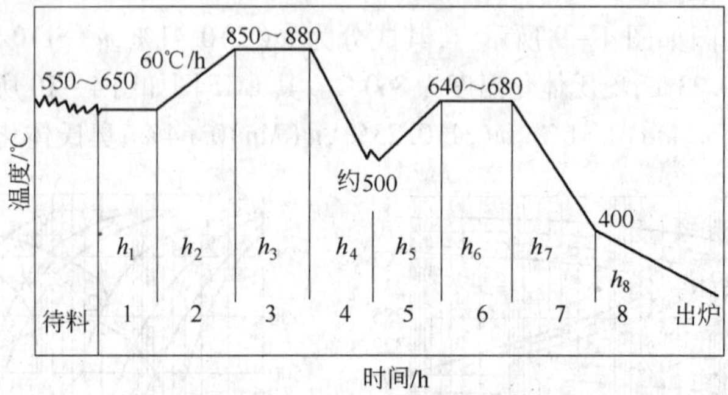

图4-12 42CrMo钢大锻件去氢退火新工艺曲线

表4-4 42CrMo钢大锻件去氢退火工艺参数

锻件截面 /mm	均温+保温时间 h_3	升温速度 /℃·h^{-1}	均温保温 h_6	冷却速度/℃·h^{-1}		出炉温度 /℃
				≥400℃	≤400℃	
≤300	8	≤60	18	50	30	300
301～500	10		23	40	20	250
501～700	14		27	40	20	200
701～800	18		32	40	20	200

注：钢水中氢的质量分数小于2.5×10^{-4}%。

从图4-12可见，大锻件850℃奥氏体化后，出炉空冷，迅速冷却到500℃左右，这一段冷却的目的是控制冷却速度，使锻件冷却到500℃左右，然后升温到脱氢温度进行等温，使之转变为铁素体+珠光体组织。从42CrMo钢的TTT图、CCT图可见，可以获得铁素体+珠光体组织，如图4-13所示，图中看不到片层而发黑色的区域是索氏体或托氏体，托氏体是极细的片状珠光体，只有在电镜下才能看到其片层结构。如果锻件空冷速度稍快时，也可能获得贝氏体组织。在获得以铁素体为基体的组织后，于650℃等温去氢，氢在体心立方的铁素体中扩散较快。

42CrMo钢大锻件也可以在重结晶后空冷到350℃左右等温，使其转变为下贝氏体组织，然后加热到650℃脱氢。

在650℃等温后的缓慢冷却也是很重要的。从表4-4的去氢退火工艺参数可见，在400℃以上的冷却速度为 40～50℃/h，400℃以下的冷却速度为 20～30℃/h。在这样缓慢的冷却过程中，氢在铁素体中的溶解度不断降低，但是氢原子在铁素体中有足够的扩散能力。这些工艺参数为不断去氢提供了热力学和动力学条件。

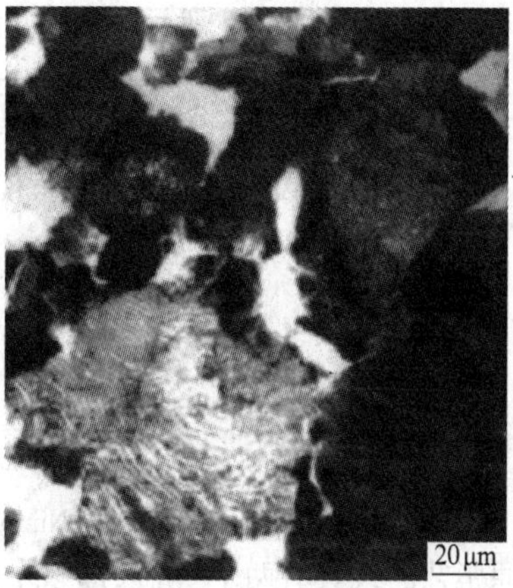

图 4-13 42CrMo 锻件退火后的组织（F+P）

在室温下，氢在铁素体中的溶解度仅仅为 $0.5\times10^{-4}\%$，而在 650℃时，氢在铁素体中的溶解度约为 $2.1\times10^{-4}\%$，如果从 650℃等温后，出炉快冷，那么氢难以从大锻件中扩散逸出，那么冷却后钢中的氢的质量分数仍然是过饱和的，则经过一段时间的放置，仍然会出现白点或氢脆。因此，650℃等温脱氢后需要缓冷。缓冷实际上是分成很多小等温段，分阶段地脱氢过程。只有这样才能将铁素体中的氢的质量分数降低到平衡溶解度的范围，既避免产生白点，又没有氢脆发生。

缓冷是持续脱氢的过程，控制冷却速度，冷却到 150～200℃后出炉空冷，氢在铁素体中的质量分数可降到 $0.8\times10^{-4}\%$ 以下。缓冷是防止产生热应力和组织应力的重要措施，可以消除“帮凶”的影响。

新工艺应用在某厂的工业实践表明，退火质量良好，完全合格。42CrMo 钢退火后的晶粒度为 7.5 级，组织为铁素体+珠光体，退火后测定氢的质量分数为 $0.36\times10^{-4}\%\sim0.57\times10^{-4}\%$，此为氢在铁素体中的平衡溶解度，这样既不会产生白点，也避免了氢脆。

新工艺比旧工艺大幅度节能、降耗，提高了生产率 20%～40%，节能 30%～50%；经济效益也极为显著。

4.4.2 5Cr2NiMoVSi、45Cr2NiMoVSi 等特殊钢锻件去氢退火

5Cr2NiMoVSi、45Cr2NiMoVSi 钢为热作模具钢，钢中由于含有较多的 Cr、Ni 元素，白点比较敏感。钢锭经过锻造，钢坯或模块需要去氢退火+软化退火。原工艺较为落后，耗能大，物流速度低。在冶炼过程中，采用 VD 真空除气，氢的质量分数一般可以低于 $2.5\times10^{-4}\%$，可以大大缩短去氢退火工艺时间。

5Cr2NiMoVSi 钢的化学成分为：w(C)0.47%，w(Cr)1.87%，w(Ni)0.9%，w(V)0.39%，w(Mn)0.49%，w(Cu)0.14%，w(S)0.009%，w(P)0.012%。临界点：A_{c1} 为 750，A_{c3} 为 874，A_{r3} 为 751，A_{r1} 为 623，M_s 为 243。

5Cr2NiMoVSi 钢的去氢+软化退火原工艺曲线如图 4-14 所示。5Cr2NiMoVSi、45Cr2NiMoVSi

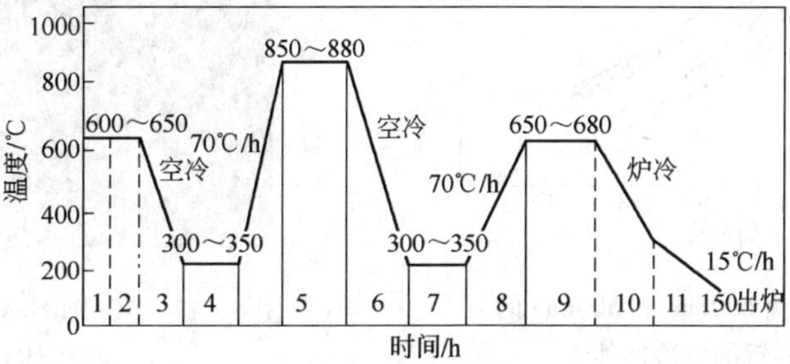

图 4-14 5Cr2NiMoVSi、45Cr2NiMoVSi 钢锻件原退火工艺

钢退火新工艺如图 4－15 所示。

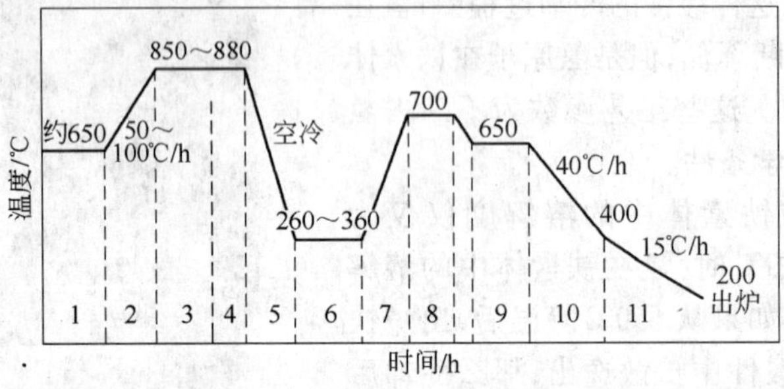

图 4－15　5Cr2NiMoVSi、45Cr2NiMoVSi 钢大锻件退火新工艺

原工艺曲线具有两个"坑"，即整个热循环过程中在 300～350℃有两次等温冷却（曲线中的 4、7 两段），目的是获得贝氏体组织。第一次等温是将锻件转变为贝氏体，然后加热奥氏体化，再空冷冷却到贝氏体区。这种操作在高温下容易发生组织遗传，晶粒存在二次长大的危险，容易产生混晶现象。这种将不平衡的组织（例如马氏体、贝氏体等）反复加热—冷却转变的操作是不可取的。

新工艺曲线上只有一个"坑"。既节能，又提高物流速度，而且不会产生混晶现象。

该钢锻后应当冷却到 300～350℃，等温转变为贝氏体组织，并且尽量使其转变较为彻底，然后加热到去氢等温温度，在 650～700℃之间脱氢。新工艺采用 700℃、650℃分阶段保温，主要是为了不断降低氢在铁素体中的溶解度，为扩散提供热力学条件。等温后要求充分缓冷，400℃以上采用 20～40℃/h 冷却，200～400℃以下采用 15～20℃/h 冷却[3]。

锻件加热奥氏体化后空冷，依据锻件有效厚度，从 860℃冷却到 300℃所需的时间不同，可以通过计算机进行辅助设计，也可以根据某些实测冷却曲线估计。图 4－16 所示为直径为 650mm 和 500mm 的 34CrNiMo 钢的空冷曲线[7]。由图 4－16 可见，该钢锻件直径为 500mm 时，从 850℃空冷下来需要 8h，心部可以冷却到 300℃；对于直径为 650mm 的锻件，冷却到 350℃约需要 9h。此曲线用钢为 34CrNiMo，虽然不是 5Cr2NiMoVSi 钢，但是由于它们的导热系数相近，因此，可以用做参考。即图 4－15 中的曲线第 5 段的时间约为 8～9h，然后适当保温一段时间，令其转变为贝氏体组织。

5Cr2NiMoVSi 钢大锻件退火后得到托氏体组织，尚保留有贝氏体形貌，如图 4－17 所示。晶

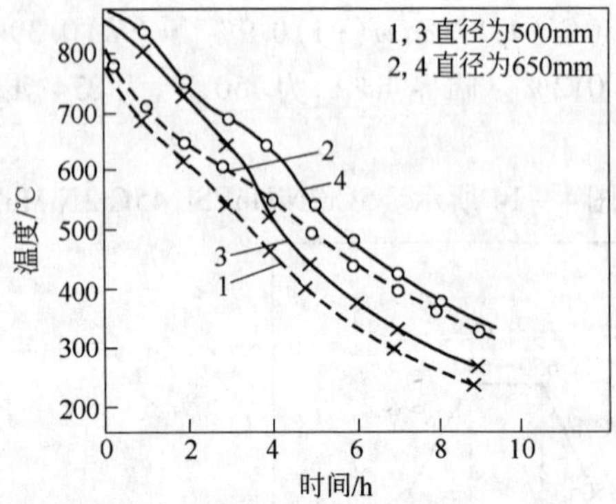

图 4－16　直径为 650mm 和 500mm 的 34CrNiMo 钢的空冷曲线

1，2—距表面 30mm；3—据表面 250mm；4—距表面 325mm

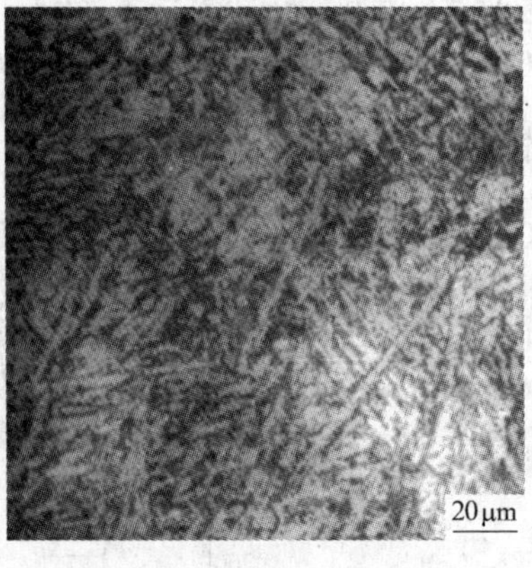

图 4－17　5Cr2NiMoVSi 钢锻件退火后托氏体组织

粒度为6.5级,氢的质量分数为$0.45\times10^{-4}\%\sim0.47\times10^{-4}\%$。

新工艺与原工艺的比较:5Cr2NiMoVSi钢的旧退火工艺处理600mm方坯最长可达226h,约9~10天完成一炉;用新工艺生产比用原工艺生产可以提高生产率40%~50%。

4.4.3 5CrNiMo、5CrMnMo钢锻件去氢退火

4.4.3.1 钢的基本物理参数

5CrNiMo的临界点:A_{c1}为730℃,A_{c3}为780℃,M_s为230℃。5CrMnMo的临界点:A_{c1}为715℃,M_s为225℃。

5CrNiMo、5CrMnMo两种钢均为热作模具钢,成分相近,转变动力学曲线很相似,图4-18所示为5CrNiMo的TTT图。从图4-18可见,5CrNiMo钢过冷奥氏体在650℃能够较快地分解为珠光体组织,应当在此温度范围脱氢。

4.4.3.2 5CrNiMo、5CrMnMo钢锻件退火原工艺

5CrNiMo、5CrMnMo两种钢均为白点敏感的钢种,一般用于生产大型、中型热加工模块。由于锻件尺寸较大,该钢中氢的溶解度较大,脱氢较为困难,一般退火时间较长。图4-19所示为5CrNiMo钢锻造模块退火原工艺。退火周期很长,一般超过120h,生产率低,耗能大。

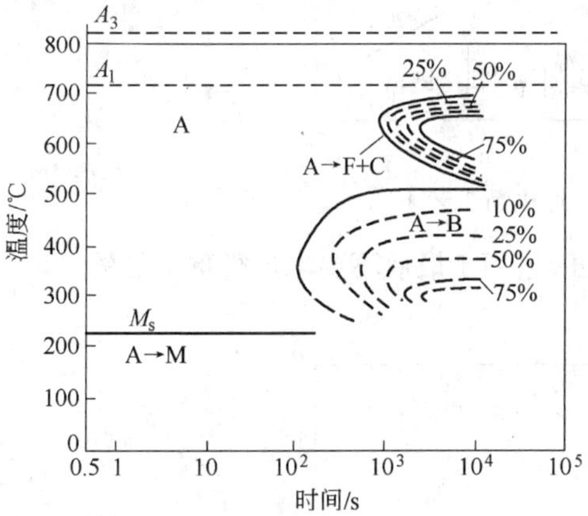

图4-18 5CrNiMo的TTT图

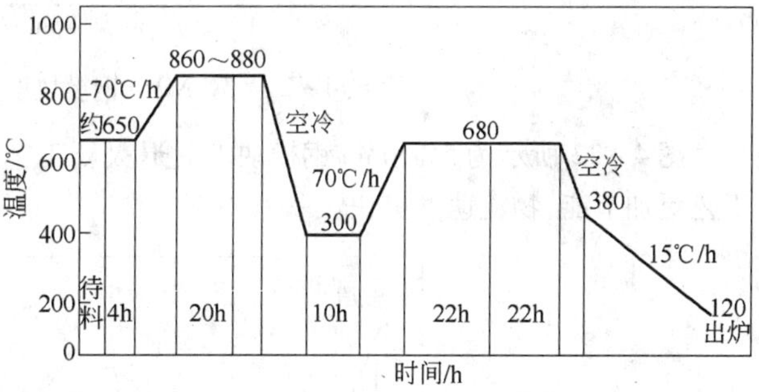

图4-19 5CrNiMo钢模块锻后退火原工艺

4.4.3.3 5CrNiMo、5CrMnMo钢锻件退火新工艺

退火新工艺的设计要点是:

(1)缩短重结晶加热时间;

(2)根据钢的TTT图,可以选择650℃为去氢退火等温温度;

(3)去氢退火等温时间则需要根据钢中的氢的质量分数和锻件的尺寸大小而定;

(4)应用计算机进行加热时间计算。

图4-20所示为计算机辅助设计工艺曲线。

当钢水中的$w(N)<2.5\times10^{-4}\%$时,5CrNiMo钢模块锻后退火新工艺曲线Ⅰ如图4-21所示(适用于锻后需要重结晶者)。当模块尺寸较大,终锻温度较高,锻后的冷却又较慢时,锻件的组织很不均匀,晶粒大小相差较大,并且较为粗大,这时则需要进行重结晶,即加热到A_{c3}以上,重新奥氏体化,得到均匀细小的奥氏体晶粒,再冷却下来,转变为均匀细化的珠光体或贝氏体组织。

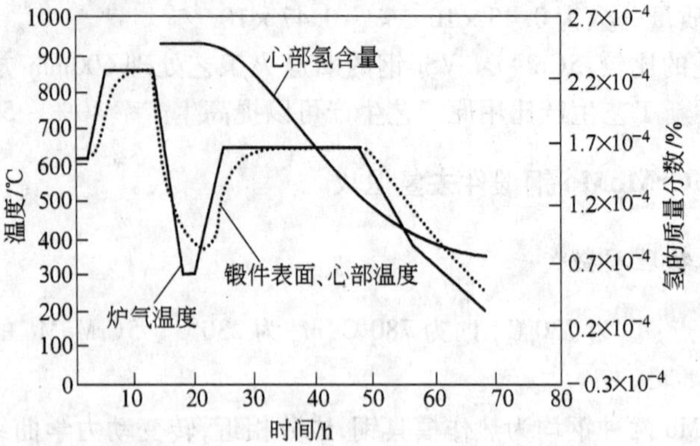

图4-20 5CrNiMo 钢大模块(有效厚度500mm)退火工艺和计算机模拟曲线

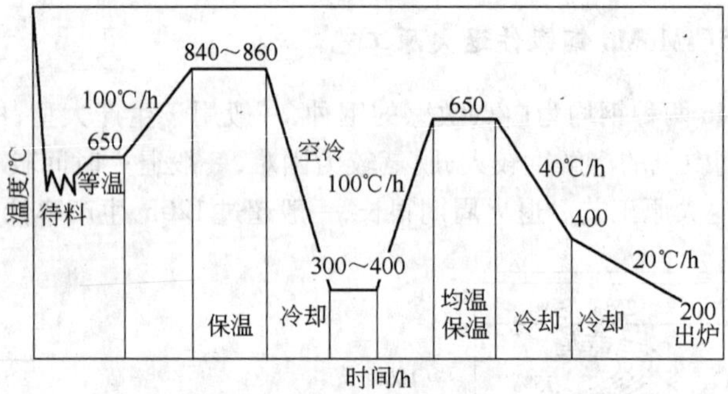

图4-21 5CrNiMo 钢模块锻后退火新工艺Ⅰ

图4-22 所示为5CrNiMo 钢模块锻后退火新工艺Ⅱ,适用于锻后不要求进行重结晶的。该工艺更加节能,物流速度更快。

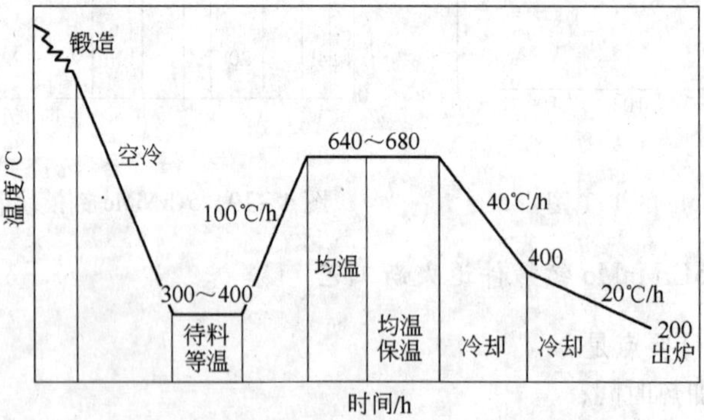

图4-22 5CrNiMo 钢模块锻后退火新工艺Ⅱ

退火后的金相组织如图4-23所示。退火硬度合格,氢的质量分数约为铁素体的平衡溶解度含量,为$0.4\times10^{-4}\%\sim0.5\times10^{-4}\%$。

当锻件冷却较慢时,得到铁素体+索氏体组织,可在此组织状态下脱氢。冷却较快时在300~400℃温度下转变为贝氏体组织,然后升温到650℃,进行脱氢。在此温度下,贝氏体转变为回火索氏体组织,如图4-23(b)所示。

采用新工艺Ⅰ,一炉退火时间约为70h,比原工艺一炉可以节约50h,提高了生产率。

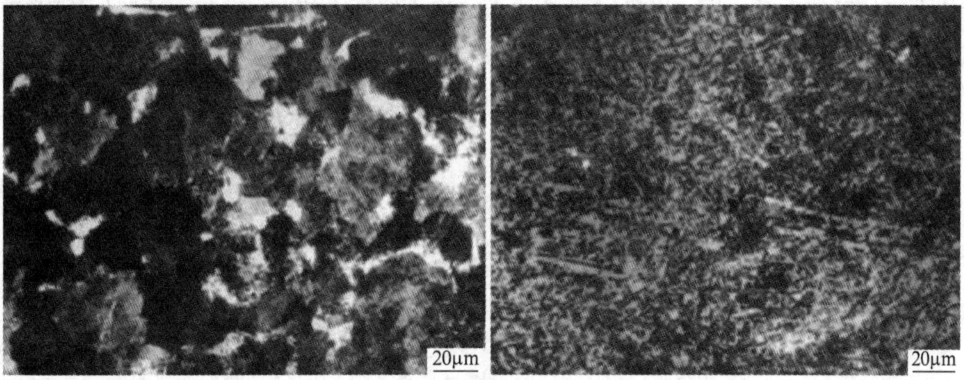

(a) (b)

图 4－23 5CrNiMo 钢锻后退火组织

(a)铁素体＋珠光体；(b)回火索氏体

4.4.4 4Cr5MoV1Si 模具钢锻件退火

4Cr5MoV1Si 钢属于热作模具钢，相当于美国钢号 H13。该钢白点倾向不敏感。钢锭经锻造或轧制后，应当进行去氢＋软化退火。

4.4.4.1 4Cr5MoV1Si 钢退火原工艺

4Cr5MoV1Si 钢大锻件的锻后退火原工艺如图 4－24 所示。该工艺在锻后经过两次重结晶(820～880℃加热相变)是不合理的，去氢退火工艺参数也不恰当。执行该退火工艺曲线，一炉共需要退火时间大约 86h。

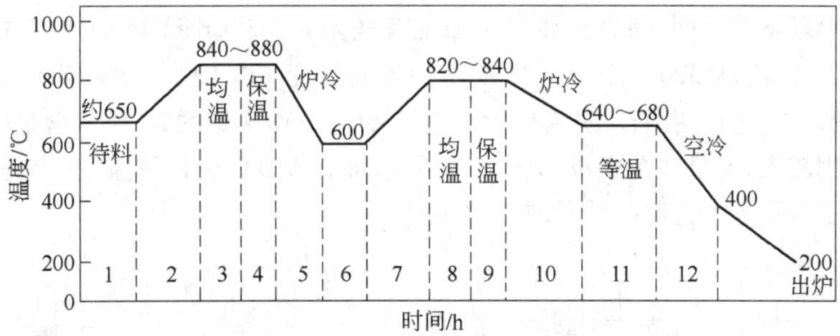

图 4－24 4Cr5MoV1Si 钢大锻件去氢退火原工艺

4.4.4.2 4Cr5MoV1Si 钢退火新工艺

H13(4Cr5MoV1Si)钢锻后主要考虑细化晶粒、均匀组织，锻后采取空冷冷却到 350～450℃，等温待料，令其转变为贝氏体组织。然后缓慢加热重结晶，在 850～880℃进行不完全奥氏体化，然后冷却到 750℃使奥氏体转变为颗粒状珠光体组织，该钢在 750℃时是珠光体转变最快的温度。在此温度下扩散脱氢也很快[3]。

图 4－25 所示为 4Cr5MoV1Si 钢大锻件锻后去氢＋软化新工艺曲线。执行新工艺时，退火一炉只需要大约 48h，比原工艺每炉节约 38h，提高生产率 40% 以上，节能明显，提高物流速度，经济效益也相当显著。

退火后取样定氢，从中心到 $1/2R$ 处均在 $0.32\times10^{-4}\%$～$0.76\times10^{-4}\%$ 范围内变化。此值为

铁素体中氢的平衡质量分数，因此不会产生白点。退火锻件全部进行了超声波探伤检测，没有发现白点。这表明脱氢效果良好。

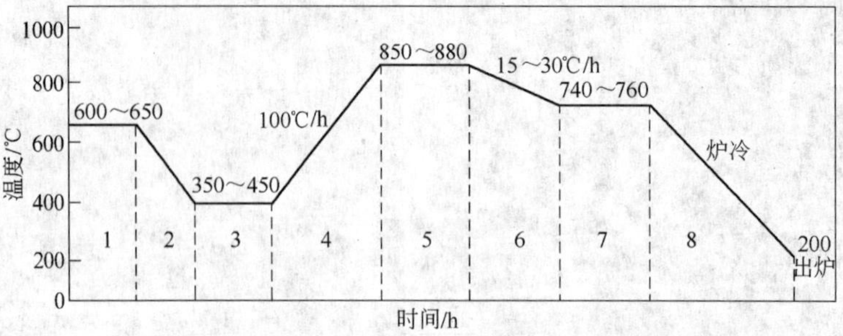

图 4－25　4Cr5MoV1Si 钢大锻件锻后去氢＋软化退火新工艺

试验钢种去氢退火后，硬度检验合格，为 HB179～197，此硬度值适用于冷加工；退火组织良好，获得了粒状珠光体组织，如图 4－26 所示。可见，在铁素体基体上均匀地分布着颗粒状的碳化物，碳化物颗粒尺寸约为 150～780nm。

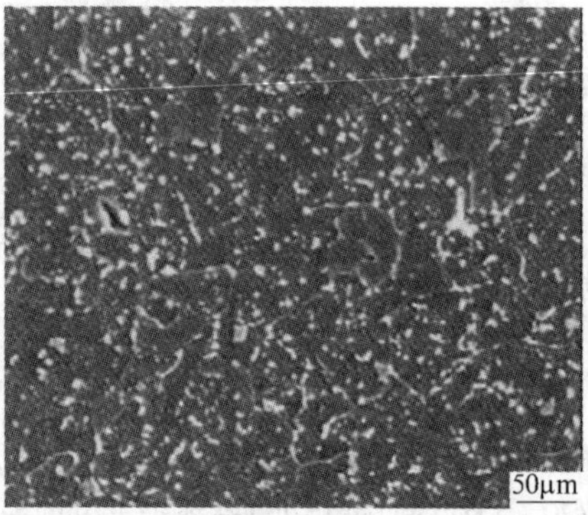

图 4－26　4Cr5MoV1Si 钢大锻件退火组织

4.4.5　35CrNi2Mo、35CrNi3MoV 钢大锻件去氢退火

这种钢是白点非常敏感的钢。钢锭、钢坯、锻轧材的去氢退火极为重要，也是非常耗时、耗能的作业。

4.4.5.1　35CrNi2Mo 钢和 35CrNi3MoV 钢的物理参数

两种钢的物理参数不同，临界点和 TTT 图也有些差异。35CrNi2Mo 钢的数据：临界点 A_1 为 695℃，A_3 为 780℃，M_s 为 320℃，图 4－27 所示为等温转变 TTT 图[7]。35CrNi3MoV 钢的 TTT 图如图 4－28 所示[7]。比较两图，可见有较大区别。35CrNi3MoV 钢的 Ni 和 V 含量较高，对珠光体转变的推迟作用较大，而且在图中没有转变终了线，即在 600℃左右等温，过冷奥氏体难以转变完。这在制定去氢退火工艺时必须考虑。

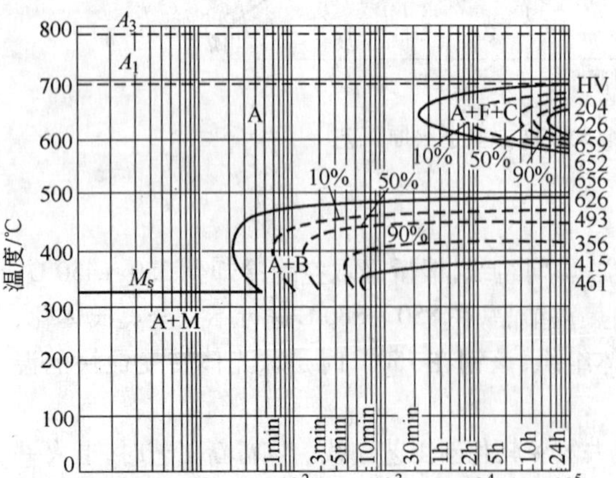

图 4－27　35CrNi2Mo 钢的 TTT 图

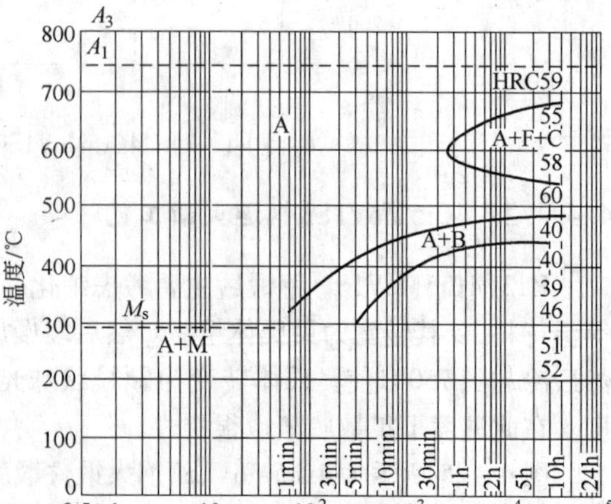

图 4－28　35CrNi3MoV 钢的 TTT 图

4.4.5.2 锻后退火工艺

35CrNi2Mo 钢经过电炉冶炼，电渣重熔，锻造后退火，退火工艺曲线如图 4－29 所示。

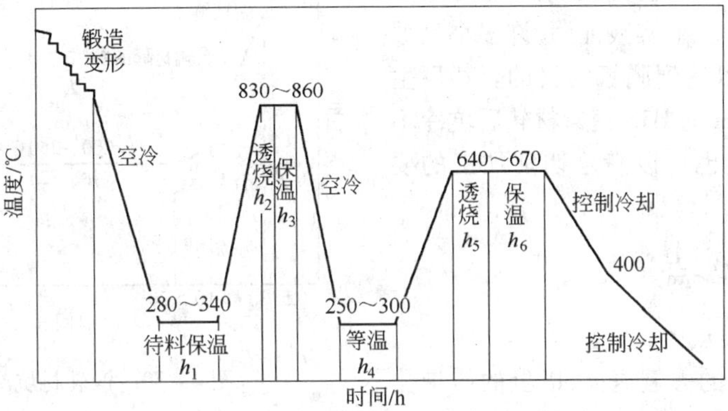

图 4－29 退火工艺曲线

图 4－29 中退火参数的选择原则如下：

(1)待料时间的确定：在中温区待料，中温区在钢的 TTT 图中的贝氏体的“鼻温”～M_s 点之间，待料时间视下贝氏体转变完成的时间而定。

(2)加热速度：根据煤气加热炉的热工特点，一律定为不超过 60℃/h。

(3)奥氏体化均温＋保温时间：

视锻件的最大断面，按 1～2h/in(1in＝25.4mm)的比例在退火温度下进行均温＋保温。例如，断面为 500mm 时，奥氏体化均温＋保温时间约为 20～40h。

按加热时间计算公式 $t=\alpha KD$ 进行计算。空气炉加热系数 α 为 1～1.6min/mm。装炉系数 K 为 1～2，有效厚度为 D(mm)。例如 500mm 的锻件，加热时间(均温＋保温)最长约为 26h。

按装炉量计算，一般为(4～8)＋(0.5～0.6)Q，Q 为装炉量(t)。例如 80t 锻件，加热时间为 50h 左右。显然，这样计算过于保守。

由于大锻件的加热温度与时间具有非线性关系，应用计算机程序计算结果最好。本工艺参考了以往的研究数据。

依据热电偶针孔实测结果确定热透时间，再加保温时间(实测数据较少)。例如，测定直径为 200mm 的锻件(D2 钢)加热到 850℃，锻件中心到温需要 8h。

最后依据各种数据和实际生产经验进行整合，确定合理的热处理参数。

(4)等温脱氢时间：在氢的质量分数不超过 $2.5\times10^{-4}\%$ 时，依据经验数据和以往的研究结果进行整合。必要时应用计算机计算辅助设计。

退火使得贝氏体组织转变为回火索氏体，检验无白点，晶粒度为 7～9 级。退火节能显著，提高了生产率。

4.4.6 锻轧材的坑冷(缓冷)去氢

200mm 以下截面的小型锻轧材也可以不进行 650～700℃ 的等温去氢退火，而是采用堆冷、坑冷、沙冷、箱冷等缓冷工艺，也可以达到消除内应力，降低硬度，脱氢、防止白点的目的。这一般不适用于马氏体钢和贝氏体钢。

锻后坑冷是一种简单特殊的退火工艺。锻轧后的温度一般在 900℃ 以上，置入缓冷坑中并且加盖。有的缓冷坑备有煤气烧嘴。锻轧材从终轧或终锻温度在缓冷坑中缓慢地冷却下来，奥氏体在冷却过程中分解，转变为较为平衡的组织，这是一个特殊的退火过程[3]。

锻轧材在200~300℃温度下一般保温48~72h，150℃以下出坑。轴承钢的缓冷工艺如图4-30所示。工业实践证明，许多小型锻轧材通过坑冷可以达到脱氢的目的。某厂生产的直径为180mm的H13钢棒材轧后坑冷不仅没有白点，硬度也可以满足切削加工的要求。

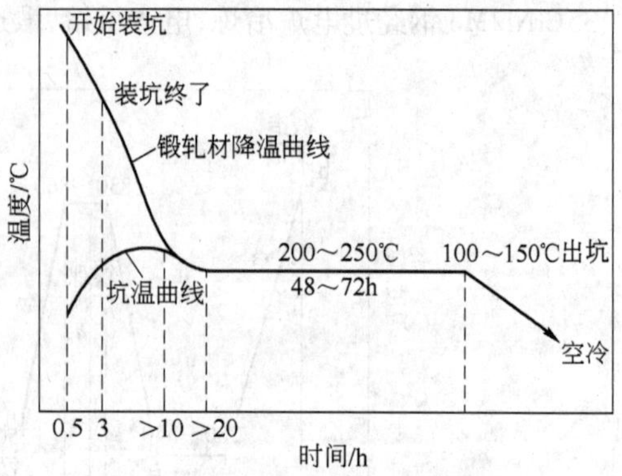

图4-30 锻轧材坑冷曲线

4.4.7 去氢退火要点

去氢退火的要点为：

(1)防止白点的去氢退火，以氢的质量分数为第一依据，内应力为第二依据，设计在铁素体状态下的去氢工艺。

(2)去氢退火要充分利用能源，在A_1~150℃温度范围内合理安排工艺参数。

(3)退火等温时间以钢液中的原始氢的质量分数为第一依据，锻轧材尺寸为第二依据。当钢中氢的质量分数小于$2.5\times10^{-4}\%$时，脱氢等温时间可大幅度缩短。

(4)650℃等温去氢后要控制冷却速度，根据锻轧材尺寸在10~40℃/h范围内选择。

(5)合理选择出炉温度，一般在300℃以下出炉。

4.5 整合去氢退火

100多种合金钢，各厂有30多组退火工艺规范。在保证钢材退火质量的原则下，全面调整退火工艺参数，减少退火工艺曲线种类，简化操作，增加配炉钢种种类，便于组织生产，将大锻件去氢退火工艺进行整体优化。

4.5.1 整合原则

整合原则为：

(1)根据金属固态相变原理，综合不同钢种的物理特性，兼顾改善大锻件组织、去氢、软化等方面的要求，科学合理地制定新工艺，使锻件在加热时获得良好的奥氏体状态，冷却时尽快地、充分地由奥氏体转变为铁素体+碳化物的整合组织。

(2)通过去氢退火，消除锻件产生白点及氢脆的可能性。白点是钢中的氢与应力联合作用产生的。根据钢中无白点的极限氢的质量分数，科学地确定去氢退火工艺参数，缩短工艺时间。

(3)对多种退火曲线进行整合，更新退火工艺参数，达到消除白点，工艺科学、可靠，节能、降耗，便于技术人员操作，提高生产效率。

4.5.2 各组工艺曲线图

根据钢的成分特点，各组工艺整合为4组工艺(见表4-5)。

4.5.2.1 第一组钢退火工艺曲线

图4-31所示为第一组(优质碳素钢、中碳低合金铬钢)退火工艺曲线。这组钢的共同特点是奥氏体化容易进行，过冷奥氏体分解较快，容易在空冷条件下转变为铁素体+珠光体组织。然

表 4-5 退火钢材整合分组

组 别	钢 号
第一组	40Mn、45Mn、50Mn、60Mn、65Mn、70Mn、30Cr、35Cr、40Cr、45Cr、50Cr、38CrA 等
第二组	30CrMo、PCrMo、PCrW、P20、P4410、21CrMo10、15CrMo94、30Mn2（28Mn6）、25CrMnMo、20CrMnMo、20CrMnTi、30Cr2MoV、27SiMn、30CrMnSi、38CrMoAl、34CrMo1A、4145H、25CrNiMo 等
第三组	12Cr2Ni4、20Cr2Ni4、20Cr2Ni4A、S17Cr2Ni2Mo、20CrNi2Mo、18CrNiWA、37SiMn2MoV、40CrNi2Mo 等
第四组	3Cr2W2V、GCr9、GCr15SiMn、GCr15、8Cr3、9SiCr、9Cr2MoV、9Cr2、9Cr、60CrMoV、9Cr2Mo 等

后加热奥氏体化，等温后，炉冷。在 600 ~ 700℃ 脱氢后缓慢炉冷。图中的最高到最低温度范围涵盖了该组所有钢种。具体执行工艺取决于所装炉的钢号，可适当调整[3]。执行该退火工艺，一炉锻件（直径为 600mm）最长需要退火时间约 40 ~ 45h。

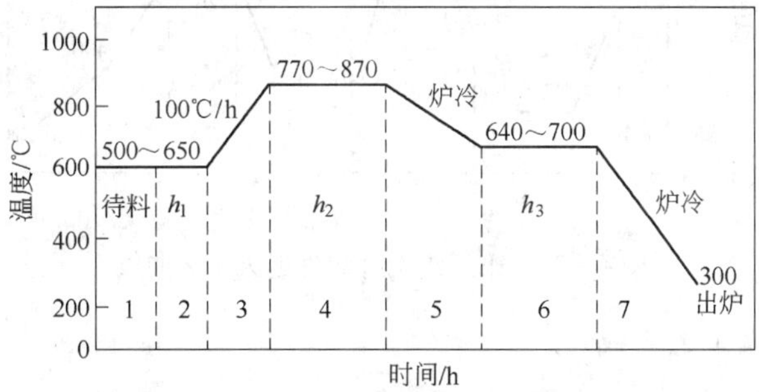

图 4-31 第一组钢种锻件去氢退火工艺曲线

4.5.2.2 第二组退火工艺曲线

图 4-32 所示为第二组钢种锻件退火工艺曲线，可与 42CrMo、5CrNiMo、5CrMnMo 等特殊钢锻件退火工艺同时进行。这组钢大部分是低碳、中碳的铬钼钢，所含合金元素较多。TTT 图中有两个 C 曲线，过冷奥氏体在 500 ~ 600℃ 等温和待料过程中可以转变为铁素体 + 珠光体组织，然后奥氏体化，细化晶粒，均匀组织。然后空冷到贝氏体转变区，等温，使之转变为贝氏体组织。再加热脱氢。退火后可得到 F + P 组织或粒状的回火托氏体组织。执行该退火工艺，一炉锻件（厚度为 600mm）最长需要退火时间约 65 ~ 70h。

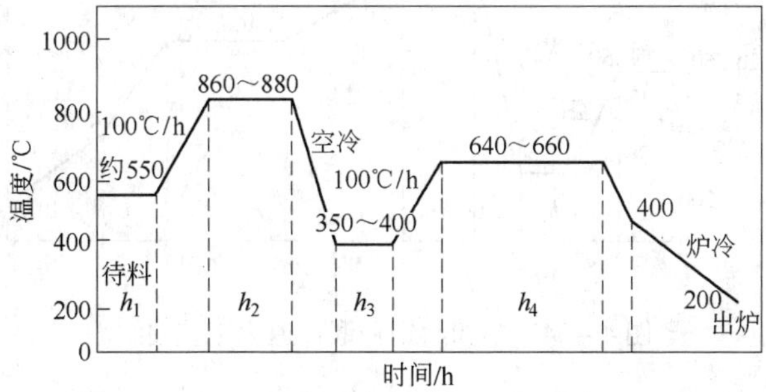

图 4-32 第二组钢种锻件退火工艺曲线

4.5.2.3 第三组退火工艺曲线

图 4-33 所示为第三组钢种锻件退火工艺曲线，可与 45Cr2NiMoVSi、5Cr2NiMoVSi 等特殊钢

锻件退火工艺同时进行。这组钢包括低碳、中碳的铬镍钢、铬镍钼钢，为高镍铬型中合金钢，含合金元素为3%～5%。其TTT图的特点是过冷奥氏体非常稳定，珠光体的转变曲线向右移，而贝氏体的C曲线在左方，是贝氏体钢。在500～650℃待料或等温难以转变为铁素体+珠光体组织，因此，只有空冷使过冷奥氏体在贝氏体转变区进行贝氏体相变，获得贝氏体组织。因此，在去氢退火之前，需要空冷，在350～400℃等温一定时间，转变为贝氏体组织。然后再升温，在650℃脱氢。并且使得贝氏体发生回火转变，得到回火托氏体组织。该钢加热脱氢也需要最长的时间。这是由于铬镍钢中氢的溶解度较大的缘故。高铬镍钢是白点敏感性最大的钢种。执行该工艺，一炉锻件（厚度为600mm）最长需要退火时间约86h。

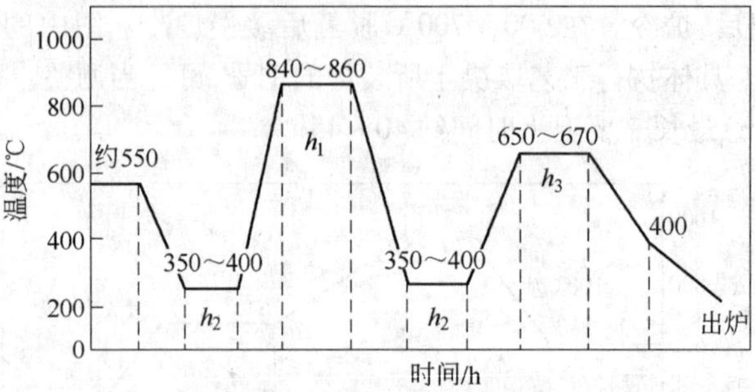

图4-33　第三组钢种锻件退火工艺曲线

4.5.2.4　第四组退火工艺曲线

该组钢包括低合金工具钢、轴承钢，均为高碳钢。这类钢的白点敏感性小。退火的任务主要是软化，使锻造后的不均匀组织得到球化，获得粒状珠光体组织，并随之附带脱氢；重结晶得到不完全的奥氏体状态（含剩余碳化物），以利于珠光体分解为球状珠光体。

图4-34所示为第四组钢种锻件退火工艺曲线。锻后在650℃待料，然后空冷到300℃左右，令其转变为伪珠光体或贝氏体组织，再加热到850～870℃，不完全奥氏体化，然后经过一系列的冷却，得到球状珠光体组织状态。一些冶金厂执行该退火曲线，锻件退火一个周期的时间大约为50h。

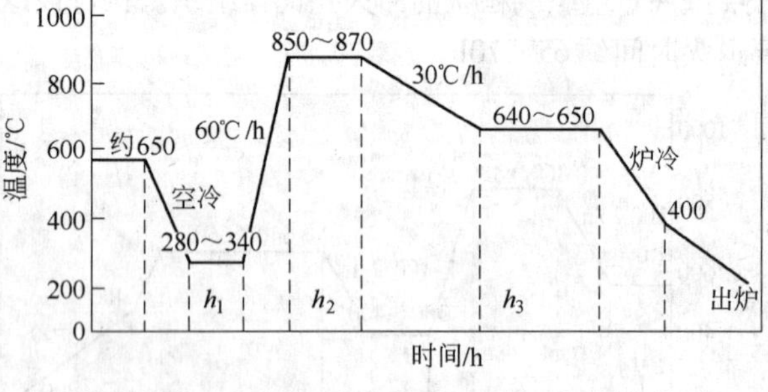

图4-34　第四组钢种锻件退火工艺曲线

复习思考题

4-1　名词解释：扩散退火、去氢退火、白点、液析碳化物

4－2　液析碳化物的形成原因和消除措施是什么？

4－3　防止白点产生的措施有哪些？

4－4　去氢退火工艺参数的确定原则是什么？

4－5　直径为500mm的大锻件去氢退火工艺曲线如何制定？

4－6　各类钢的整合退火工艺（去氢＋软化）的原则是什么？

参 考 文 献

[1] 章守华. 合金钢[M]. 北京:冶金工业出版社,1981:290～299.
[2] 孙珍宝,朱谱藩,林慧国,俞铁珊. 合金钢手册[M]. 北京:冶金工业出版社,1984.
[3] 刘宗昌. 珠光体转变与退火[M]. 北京:化学工业出版社,2007.
[4] 刘宗昌,杨慧,李文学,等. 去氢退火工艺设计及应用[J]. 金属热处理,2003,28(3):51～53.
[5] 刘宗昌,张羊换,麻永林. 冶金类热处理及计算机应用[M]. 北京:冶金工业出版社,1999,64～74.
[6] 樊东黎. 热处理技术数据手册[M]. 北京:机械工业出版社,2000.
[7] 林慧国,傅代直. 钢的奥氏体转变曲线[M]. 北京:机械工业出版社,1988.

5　钢中的带状组织及消除措施

带状组织是铁素体 + 珠光体、铁素体 + 贝氏体、铁素体 + 马氏体在锻轧材中呈带状分布的一种组织，多出现在亚共析合金钢中。这种组织是在两相共存的情况下锻造变形时产生的。

合金结构钢锻轧材中经常产生纤维组织或称带状组织，即铁素体 + 珠光体相间分布的带状组织。带状组织使钢的力学性能具有方向性，使钢的横向范性和韧性降低，也使钢的切削性能变坏，表面加工的洁净度降低。在锻造过程中或零件工作时常易沿铁素体带或两相的交界处开裂。因此，最好是完全消除带状组织，但往往有一定困难，因此，生产上要改善和控制带状组织，一般要求带状组织不超过 2 级。

5.1　钢中带状组织的形貌

热作模具钢 H13、塑料模具钢 P20、合金结构钢 42CrMo 等锻轧材经常出现铁素体 + 珠光体相间分布的带状组织。带状组织使钢的性能变坏，降低 H13 工件的热疲劳性能。因此，研究这些钢的带状组织的形成原因和存在条件，找出消除带状组织的工艺措施具有实际意义。

5.1.1　带状组织的形貌

特殊钢锻轧材中经常产生带状组织[1]，即使是电渣钢中也难以完全避免带状组织。从冶金厂的锻轧材中取样观察，发现各类钢具有不同程度的带状组织。由于带状组织难以完全消除，因此要求控制在 1 ~2 级。图 5 -1 所示分别为 17CrNiMo6 钢（德国钢号，退火态）、23MnNiCrMo 钢（调质态）、42CrMo 钢（锻造后退火）、H13 钢（美国钢号，轧后淬火 + 回火）的带状组织。其中图 5 -1(c)和图 5 -1(d)的带状组织较为严重，带状级别约为 4 ~5 级。

观测表明，图 5 -1 中各白色条带均为贫碳带，黑色条带为富碳带。在贫碳区里主要是铁素体晶粒，而在富碳区，在铁素体基体上分布着较多的渗碳体或特殊碳化物，如图 5 -1(d)中所示，黑色条带中除了$(Fe,Cr)_3C$外，还有液析碳化物 VC。条带状的贫碳带和富碳带相间分布，沿着锻轧方向延伸。

5.1.2　带状组织的成因

带状组织是在冶金厂的生产过程中形成的。一般认为：带状组织是由钢锭的枝晶偏析引起的[1]。钢水在凝固时，由于选择性结晶，在枝干上的成分较为纯净，而在枝晶间富集了较多的碳、合金元素和磷、硫等杂质。钢锭锻轧变形时，枝干和枝晶间被压延而伸长为纤维组织，即形成所谓一次带状组织。用含有 $CuCl_2$ 的试剂浸蚀后在显微镜下观察，则会发现肉眼观察时的那些纤维组织经过放大变成了黑白交替的条带，这称为一次带状组织。黑色条带相当于原树枝状晶的较纯的枝干，白色条带为原来富含合金元素和杂质的树枝间区域。图 5 -2 所示为 42CrMo 钢锻造空冷后的组织。由于锻后冷却较快，过冷奥氏体转变为大量伪珠光体组织（托氏体），带状组织被掩盖，如图 5 -2(a)所示。图 5 -2(b)所示为同一视场的 $CuCl_2$ 试剂浸蚀的结果。

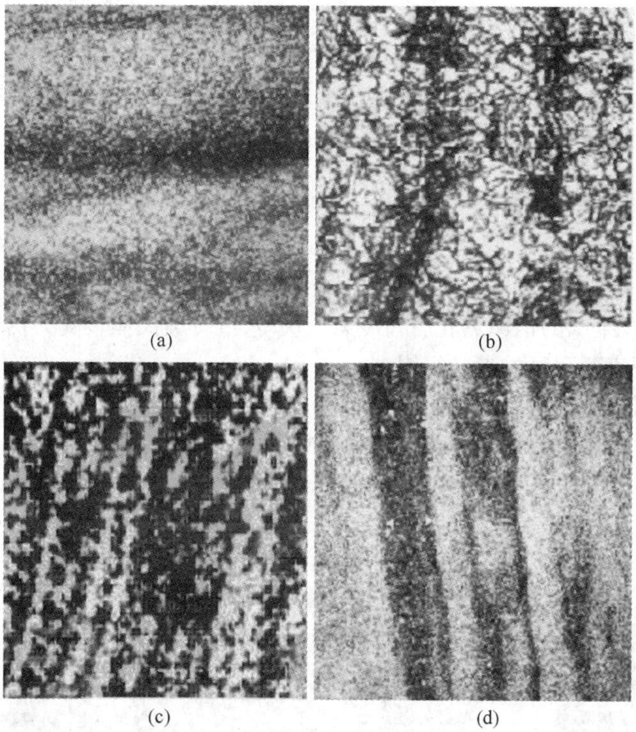

图 5-1 各种钢的带状组织

(a)17CrNiMo6 钢；(b)23MnNiCrMo 钢；(c)42CrMo 钢；(d)H13 钢

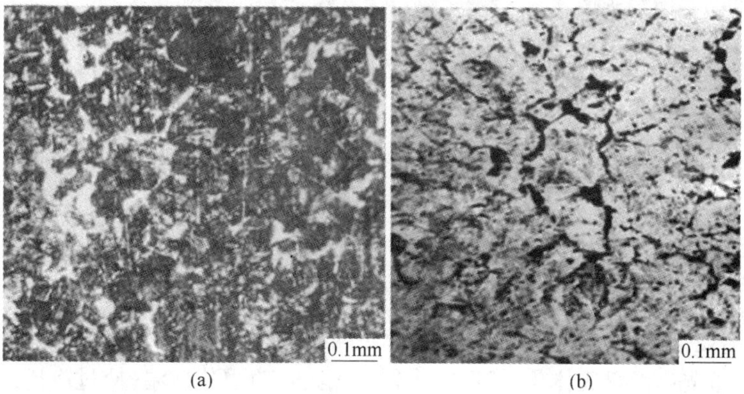

图 5-2 42CrMo 钢锻材的带状组织

(a)硝酸酒精浸蚀；(b)$CuCl_2$ 的试剂浸蚀

热轧低碳、中碳结构钢在缓冷过程中会出现先共析铁素体和珠光体交替相间的显微组织带状，这些不同的组织是固态相变的产物，这种带状组织称为二次带状组织。二次带状组织的形成意味着碳在固态相变中发生了不均匀的重新分布，这称为二次碳偏析。一般所谓钢中的带状组织，也即上述观察到的带状组织即为二次带状组织。将具有二次带状组织的热变形钢试样改用含有 $CuCl_2$ 的试剂浸蚀后在显微镜下观察，则显示出一次带状组织。

只有在一次带状组织的基础上才能形成二次带状组织。一次带状组织难以消除，虽然在高温下或缓冷过程中，碳能够优先达到相对均匀，然而代位原子均匀化十分困难，这些合金元素难以达到均匀状态，尤其是碳化物形成元素阻碍碳原子的扩散，使得碳原子也难以十分均匀。这就是树枝状偏析能够稳定存在的原因。但是，在具有一次带状组织的热变形钢中可以出现二次带状组织，也可以不出现二次带状组织，或形成不明显的带状组织。控制相变条件就可以改变二次带状组织的形貌。例如，当锻轧后冷却速度较快时，可能不出现带状组织或带状组织减轻。

5.1.3 热处理对带状组织的影响

5.1.3.1 正火的影响

将具有一次带状组织的钢棒热轧后在冷床上快冷，过冷奥氏体转变为伪珠光体组织，珠光体数量较多，则难以观察到明显的带状组织。

若将具有明显带状组织的合金钢钢棒试样正火，能够减轻带状组织。例如42CrMo钢锻材试样于880℃加热1h，然后空冷，再观察带状组织时，发现带状组织稍有减轻，如图5-3(a)所示。图5-3(a)所示为硝酸酒精浸蚀后的二次带状组织，图5-3(b)所示为用$CuCl_2$的试剂浸蚀后的一次带状组织。

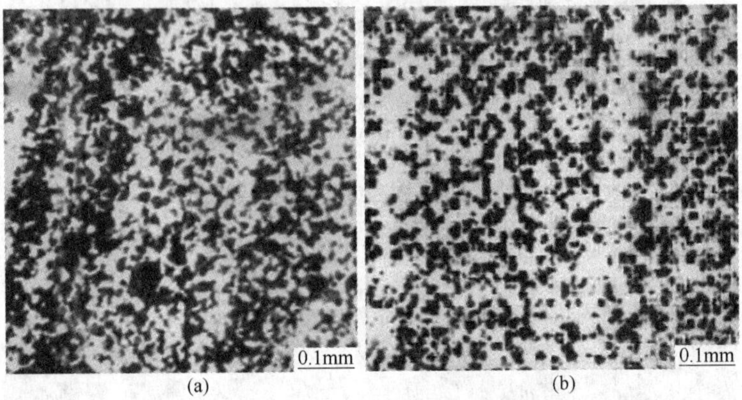

图5-3 42CrMo钢锻材880℃退火后的带状组织
(a)硝酸酒精浸蚀；(b)$CuCl_2$的试剂浸蚀

5.1.3.2 两相区处理可不显示带状组织

为了避免出现带状组织，将42CrMo钢锻材在两相区加热并且随后空冷，具体工艺曲线如图5-4(a)所示。首先高温奥氏体化，然后空冷到A_{c1}稍下(700℃)保温，使过冷奥氏体分解为珠光体组织，然后再缓慢升温到两相区760℃保温，得到奥氏体+铁素体两相组织，接着正火，结果带状组织不见了，如图5-4(b)所示。

在两相区，合金元素发生了两相间的再分配。由于铁素体中固溶碳很少(小于0.02%)，所以碳原子将向奥氏体中扩散。原珠光体条带区现已转变为奥氏体，它是原枝晶，枝晶间含有较多的合金元素，如Cr、Mo，这些铁素体形成元素将向铁素体中扩散。这样，碳的质量分数和合金元素发生了重新分配。碳原子趋向均匀。从760℃空冷时，合金元素来不及扩散，两相区中的奥氏体分解珠光体组织，结果不显示明显的带状组织。

按照这样的加热工艺，在两相区，具有带状组织的合金结构钢碳原子分布趋向于均匀，如果淬火，则得到硬度和强度较为均匀的组织。

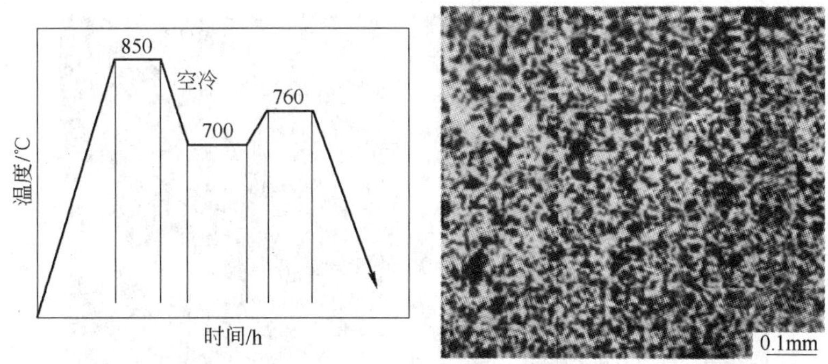

(a) (b)

图 5－4 两相区处理工艺及处理后的金相组织不显示带状组织

(a)两相区处理工艺;(b)处理后的金相组织不显示带状组织

5.1.3.3 完全退火可暴露出带状组织

要测定轧锻材的带状组织级别,需要进行退火。如果存在枝晶偏析,锻轧后快冷可能没有明显的带状组织。若将其于临界点 A_{c3} 以上加热,保温,然后缓慢冷却,则可以显示出带状组织。这时则可以测量其带状级别。如 17CrNiMo6 钢锻材于 900℃奥氏体化 1h,炉冷至 650℃保温 3h,再炉冷至 500℃出炉。将试样制备为金相试样,在光学显微镜下观察,显示明显的铁素体＋珠光体带状组织,获得平衡组织(F＋P),如图 5－1(a)所示。可见,在贫碳条带区中,铁素体晶粒为等轴晶粒,十分细小,黑色区域为索氏体带。在退火加热温度下,在原来的枝晶间,合金元素铬、钼等富集的区域也将富集较多的碳原子,这样的富碳奥氏体区在缓冷过程中将分解为珠光体带。

5.1.3.4 高温扩散退火可以减轻或消除带状组织

如上所述,带状组织是枝晶偏析造成的,因此,只有进行扩散退火才能彻底消除带状组织[1,2]。即加热到 1250～1350℃保温一定时间,然后炉冷到 600℃以下,出炉空冷,这样可以减轻或消除带状组织。在高温下,碳原子的扩散并不困难,但合金元素原子的扩散速度太慢,而且与碳原子有较强亲和力的铬、钼、钒等合金元素,自己扩散慢,还阻碍碳原子的扩散。因此,含有这类合金元素的合金钢钢锭或连铸坯需要较长的时间才能扩散均匀化。

将 42CrMo、17CrNiMo6 钢试样经加热到 1250℃并保温 3h 的均质化处理,基本上能够消除带状组织,退火后评定带状组织级别均为 0～1 级,如图 5－5(a)所示,可见铁素体已经聚集,带状组织不明显,或者没有带状组织。图 5－5(b)所示为将 H13 钢试样进行均质化处理,可见带状组织已经减轻,但并没有消除。

扩散退火的温度上限一般不高于平衡图上的固相线,尽量采用加热温度的上限,以便提高扩散效果。在实际生产中,可以将钢锭或连铸坯在加热炉中于锻轧之前加热到 1250～1350℃,适当延长均温时间,根据钢锭尺寸和钢种的不同,可以延长 5～10h,使其枝晶偏析扩散均匀化,这样即可以消除轧锻材中的带状组织。对于经过锻轧的钢坯,如果枝晶偏析没有完全消除,那么偏析区通过变形延伸,扩散距离已经大大缩短,再进行高温加热时,适当增加保温时间,偏析更容易消除,均质化处理的效果更好。

在冶金厂钢材生产中,往往同一炉次的钢材中带状组织所占的比例不等,有时仅有一小部分钢材中存在带状组织缺陷,如仅 20% 的钢材中发现带状组织不合格。这是由于同一炉次的钢坯或钢锭在加热炉中的加热履历不同,如保温时间不等,有些钢锭刚刚到温就出炉锻轧,而有些钢

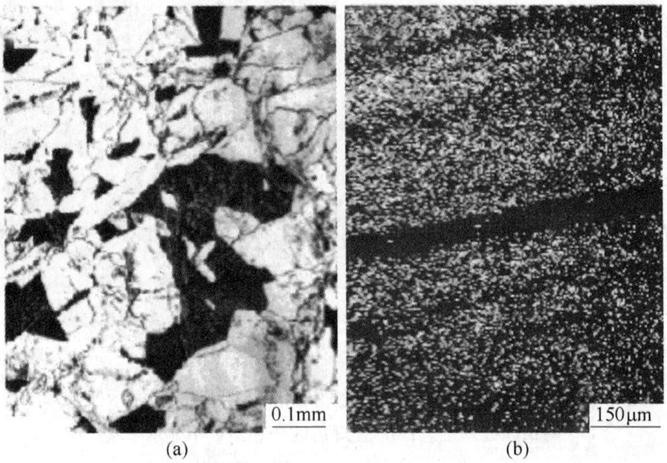

图5－5 轧锻材的扩散退火组织
(a)42CrMo锻材组织1250℃退火；(b)H13轧材钢加热到1250℃退火

锭在炉中的加热时间可能很长，这些钢锭在炉中长时间保温，等于进行了扩散退火，这部分钢材就可能没有带状组织，或者带状组织较轻。

总之，热处理对带状组织的影响是：

(1)合金钢带状组织是由于钢锭、连铸坯的枝晶偏析造成的。相变条件影响带状组织的形貌和级别。

(2)轧锻材正火或热轧后在冷床上快冷，增加了伪珠光体数量，因而带状组织不明显。退火可以获得平衡组织(F＋P)，从而显示出带状组织。

(3)消除带状组织的根本措施是扩散退火。如在钢锭、钢坯锻轧加热时于1250℃以上延长加热时间数小时，即可以消除或减轻带状组织。

5.2 带状组织的形成

5.2.1 带状组织形成的一般认识

结构钢多数为亚共析钢，其锻轧材常常出现带状组织，它是铁素体和珠光体呈现相间分布的带状组织，严重降低钢的横向韧性。某些工具钢锻轧后也出现带状组织。图5－6所示为23MnNiCrMo钢和H13钢的带状组织。

带状组织与钢锭、钢坯结晶时的偏析密切相关。在铸锭结晶过程中，由于选择性结晶形成化学成分不均匀分布的枝晶组织。铸锭、钢坯中的粗大枝晶在锻造、轧制时沿变形方向被拉长，并逐渐与变形方向一致，从而形成碳及合金元素的贫化带(实质上是条)和富化带，贫化带和富化带彼此交替堆叠。在缓冷条件下，先在碳及合金元素的贫化带(过冷奥氏体稳定性较低)析出先共析铁素体，将多余的碳排入两侧的富化带，最终形成以铁素体为主的带；而碳及合金元素富化带(过冷奥氏体稳定性较高)在其后形成以珠光体为主的带，因而形成了以铁素体带与以珠光体带彼此交替的带状组织。成分偏析越严重，形成的带状组织也越严重。

有的资料认为，带状组织与杂质元素偏析有关[3]，具体为：

(1)钢水在结晶时，在枝晶之间富集了磷、硫等杂质，尤其是富集磷的地方阻碍碳的溶解。钢锭锻轧变形时，富磷区被压延而伸长为带状，此带状区的碳的质量分数较低，在热加工后的冷

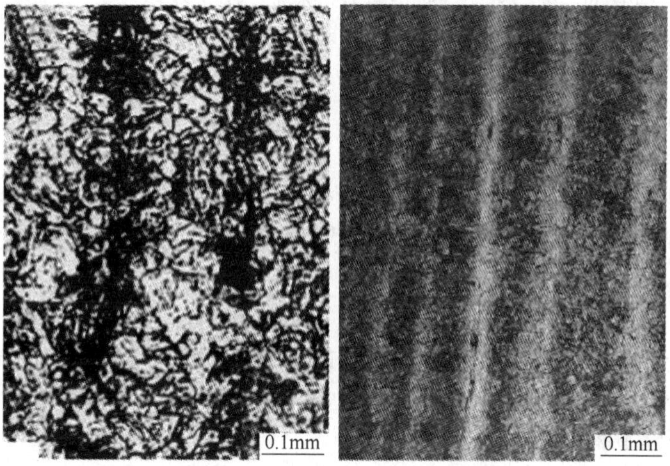

(a) (b)

图 5 - 6 23MnNiCrMo 钢和 H13 钢的带状组织
(a)23MnNiCrMo 钢；(b)H13 钢

却过程中，这些带状区首先析出先共析铁素体。这以后形成的珠光体自然也成为带状。

(2)条状硫化物夹杂也可能促成带状。锻轧形成条状硫化物是先共析铁素体形核的非自发核心，因而容易形成带状铁素体。

然而，目前的冶炼技术及设备可以控制并且降低钢中的硫、磷的质量分数。钢中硫、磷的质量分数很低，可以控制硫的质量分数不超过 0.004%，磷的质量分数不超过 0.010%，但是锻轧材中仍然有严重的带状组织，图 5 - 6 所示的带状组织的钢中杂质元素的质量分数就很低，含硫 0.007%，含磷 0.017%。即使是在电渣钢中，也不免存在带状组织，图 5 - 7 所示为 H13 电渣钢芯棒的带状组织，可见带状较为明显。

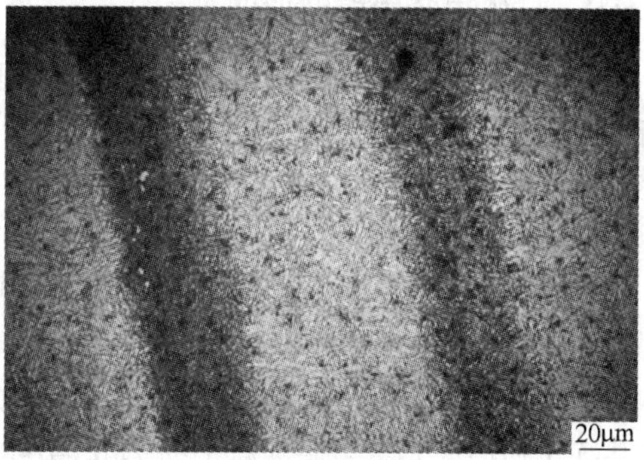

图 5 - 7 H13 电渣钢芯棒(ϕ180mm)的带状组织

5.2.2 原始带状组织和二次带状组织

5.2.2.1 原始带状组织

热变形钢磨片用含有 $CuCl_2$ 的试剂浸蚀后在显微镜下观察，发现肉眼观察时的那些纤维组织经过放大变成了黑白交替的条带，称为原始带状组织。

直径为 30mm 的 38SiMn 钢(w(P)为 0.035%，w(S)为 0.019%)加热到 870℃，然后空冷后，取纵切面，经硝酸酒精浸蚀，显微组织为网状铁素体包围着珠光体，看不到带状组织；但将此试样重新抛光后，用含有 $CuCl_2$ 的试剂浸蚀后，在显微镜下观察则发现原始带状组织。在白色条带中含有延伸了的硫化物(硫化物一般处于枝晶间)。

5.2.2.2 二次带状组织

在缓冷的热轧低碳钢钢材中会出现先共析铁素体和珠光体交替相间的显微组织带状，这些不同的组织是固态相变的产物。把这种带状组织称为二次带状组织。

二次带状组织的形成意味着碳在固态相变中发生了不均匀的重新分布,称为二次碳偏析。如果不加说明,所谓钢中的带状组织是指二次带状组织。

将二次带状组织的热变形钢试样改用含有 $CuCl_2$ 的试剂浸蚀后在显微镜下观察,则显示出一次带状组织。

只有在一次带状组织的基础上才能形成二次带状组织。但是在具有一次带状组织的热变形钢中可以出现二次带状组织,也可以不出现二次带状组织。控制相变条件就可以控制二次带状组织。

5.2.2.3　一次带状组织和二次带状组织的关系

一般来说,硫化物处于树枝间,硅酸盐处于枝晶干。硫化物和硅酸盐可以分别作为枝晶间和枝晶干的标记。

二次带状组织有两种情况:

(1)在铁素体条带中含有硅酸盐,同时在珠光体条带中含有硫化物。即铁素体出现在原枝晶干,而珠光体出现在原枝晶间。这种二次带状的碳的质量分数分布与钢水结晶时碳的树枝状偏析是一致的。称为"顺态"二次碳偏析。

(2)与(1)情况相反,在铁素体条带中含有硫化物,同时在珠光体条带中含有硅酸盐,这就是说珠光体出现在原枝晶干,而铁素体出现在枝晶间。

上述两种情况表明,在固态相变时,碳的质量分数分布发生了逆转,碳原子从枝晶间扩散到了枝晶干。这称为"逆态"二次碳偏析。

5.2.3　二次带状组织的形成

碳原子在奥氏体中的扩散速度比代位原子的扩散速度大得多(相差约10万倍)。在钢水结晶形成钢锭或钢坯的过程中,虽然碳和其他杂质发生偏析富集在枝晶间,但是,在钢锭较高的温度停留或缓冷过程中,碳能够优先达到相对均匀,而代位原子均匀化十分困难,这就是树枝状偏析能够稳定存在的原因。

溶解在奥氏体中的合金元素和杂质元素影响奥氏体的 A_3 温度,有一些元素使 A_3 升高,如Si、P、W、Mo、B等;而另一些元素,如Ni、Mn、Cr(当质量分数低时)等,却使 A_3 温度降低。在奥氏体高温区,钢锭或钢坯中碳原子容易扩散,可以相对均匀,但是这些合金元素难以达到均匀状态,尤其碳化物形成元素阻碍碳原子的扩散,实际上碳也难以十分均匀。

由于提高 A_3 温度的合金元素富集于枝晶间,枝晶间的奥氏体的 A_3 温度比原枝晶干的 A_3 温度高,当这种热变形钢从奥氏体相区冷却时,铁素体将在 $A_3(A_{r3})$ 温度较高的区域先产生。由于铁素体中含有很少量的碳,随着铁素体的形成和长大,碳原子不断向 $A_3(A_{r3})$ 温度较低的奥氏体区域扩散富集,直到温度降低到 A_{r1} 时,这个区域的奥氏体将转变为珠光体组织。

由此可见,在原始带状的影响下,通过奥氏体向先共析铁素体的转变最终形成了铁素体+珠光体带状组织。当钢中锰的质量分数较高而硫的质量分数不很高时,由于锰的枝晶偏析,富集锰的原枝晶间部分与枝晶干相比 A_3 点较低,结果出现"顺态"的二次带状组织。当钢中硅的质量分数、磷的质量分数较高,而锰的质量分数较低时,由于硅、磷的偏析,富集硅、磷的原枝晶间部分与枝晶干相比 A_3 点较高,结果出现"逆态"的二次带状组织。

5.2.4　非平衡冷却枝晶偏析引起的带状组织

钢水在结晶时,树枝状的选择性结晶以及随后的非平衡快速冷却可能也是带状组织形成的原因。根据相图，钢水冷却到熔点以下，稍有过冷度，钢水开始结晶，首先析出δ－铁素体，在δ－铁素体中碳的质量分数较低。在Fe－C合金中，δ－铁素体中最大溶解度为碳0.1%（1493℃）。枝晶干是较为纯净的δ－铁素体，而枝晶之间的钢水中碳的质量分数和合金元素、杂质元素含量逐渐增多，浓度提高，结晶后造成枝晶偏析。为了提高生产率，钢水结晶较快，脱模较早，没有机会进行充分的扩散，钢锭被迅速冷却下来。因此，晶粒中的枝晶干中碳的质量分数低，在冷却后变成铁素体；而枝晶之间碳的质量分数高，合金元素的质量分数也高，冷却后转变为珠光体组织。

具有枝晶偏析的钢锭、钢坯锻轧加热时，一般加热温度为1150～1200℃，热透后即进行锻轧加工变形，若没有充分的扩散均质化时间，锻轧后必然形成带状组织。

锻轧材中一旦形成带状组织，就难以通过普通的热处理方法消除，欲消除亚共析钢带状组织，必须对钢锭或钢坯进行1250～1350℃扩散退火。当然，在钢的成分设计上、钢水浇注、钢锭冷却方面也可以适当调整，以便减轻带状组织的严重程度。

5.3 消除和减轻带状组织的工艺措施

钢中的带状组织是一种冶金质量缺陷。带状组织造成了钢的各向异性，降低了力学性能、切削性能、塑性成形性能和淬透性，淬火后易形成混晶组织和非马氏体组织，使零件淬火变形倾向增大，强韧性降低。

奥氏体中合金元素的质量分数不均匀，将导致其晶粒长大倾向不一，碳化物形成元素的富化区易残留未溶碳化物并且降低碳原子扩散速度，从而抑制晶粒长大，贫化区晶粒则容易长大，所以易出现混晶组织。淬火时合金元素贫化区的淬透性低，易形成非马氏体组织。渗碳淬火时混晶中的粗大晶粒形成粗大针状马氏体。因此，带状组织在常规热处理之后，都具有较低的力学性能。此外，因成分偏析引起膨胀系数和相变前后比容差异增大，这使零件淬火变形增大。

采用常规热处理如球化退火、正火、淬火等不能消除带状组织中合金元素偏析，虽然快冷可抑制碳的不均匀分布，可不出现或减轻带状组织，但重新加热缓冷时又会形成带状组织。

消除带状组织应当采用高温均质化退火。

5.3.1 均质化退火

进行高温均质化退火（扩散退火）即可消除带状组织。试验将合金结构钢加热到1250℃充分保温，然后炉冷到600℃，出炉空冷。经过金相检验，发现带状组织减轻或带状组织不明显，如图5－8所示。

实际生产中，合金结构钢钢锭的加热工艺是固定的，但是对于每一个钢锭来说，实际加热时间不等。在加热到1150～1250℃时，加热时间短的钢锭带状组织可能尚未消除，有的钢锭保温时间较长，带状组织可能轻一些，但是，一般难以保证不产生带状组织。

消除结构钢带状组织最根本的方法是采用1250～1300℃扩散退火。研究表明，在锻轧加热过程中，钢锭在加热炉中，将炉温升高到1250～1300℃，保温时间依据钢锭、钢坯的有效厚度来决定，如轴承钢保持约5～10h（3t锭）即可减轻带状组织或从根本上消除带状组织。

5.3.2 两相区处理

为了减轻锻轧材的带状组织，可采用锻后空冷至A_{r1}转变为铁素体＋珠光体组织，再加热到两相区保温，停留后空冷，这样可以抑制碳的不均匀分布，可不显示或减轻带状组织。此工艺虽然有一定作用，但是较为复杂，操作有一定困难。图5－9所示为两相区处理工艺曲线。在实验

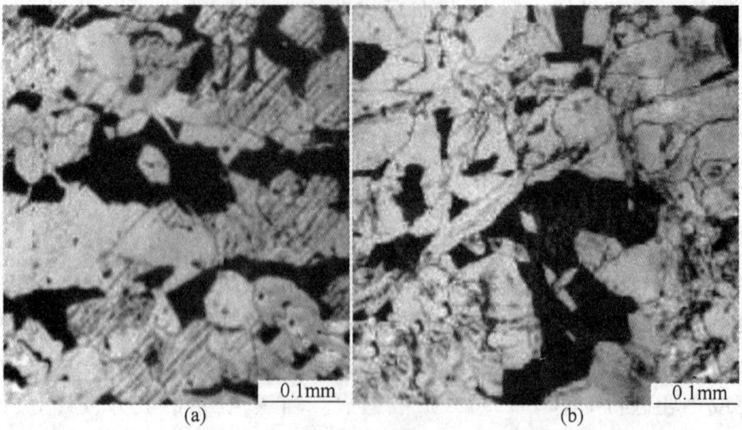

图 5－8　锻材均质化退火组织（F＋P）

（a）42CrMo 锻材组织 1250℃退火 1h；（b）17CrNiMo6 钢 1300℃退火 2h

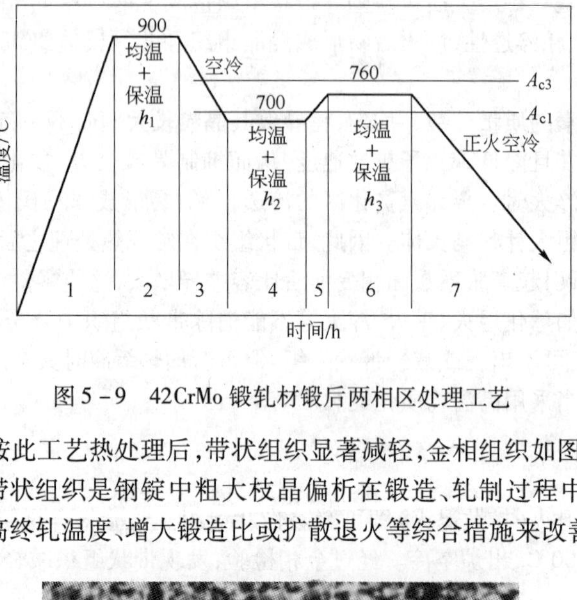

图 5－9　42CrMo 锻轧材锻后两相区处理工艺

室中，将 42CrMo 棒材按此工艺热处理后，带状组织显著减轻，金相组织如图 5－10 所示。

低碳合金钢中的带状组织是钢锭中粗大枝晶偏析在锻造、轧制过程中形成的，可用电渣重熔、增大结晶速度、提高终轧温度、增大锻造比或扩散退火等综合措施来改善或避免。

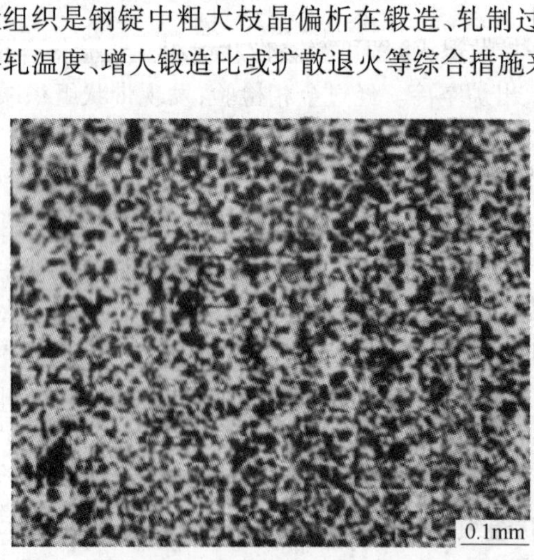

图 5－10　42CrMo 钢经过临界区处理后的组织

复习思考题

5－1　名词解释:带状组织、枝晶偏析

5－2　合金钢带状组织的形成原因是什么?

5－3　形成带状组织的工艺措施有哪些?

参 考 文 献

[1] 刘宗昌,王玉峰,杨慧,等.42CrMo 钢锻轧材的带状组织[J].包头钢铁学院学报,2003,22(4):323～326.

[2] 刘宗昌,张羊换,麻永林.冶金类热处理及计算机应用[M].北京:冶金工业出版社,1999:45～50.

[3] 宋维锡.金属学[M].北京:冶金工业出版社,1980:300～340.

6 锻轧材的软化退火

6.1 锻轧材退火软化机理

为了提高钢材的冷加工性能,必须降低工具钢锻轧材的退火硬度。本节从减少位错运动的障碍物入手,阐述了溶质原子、碳化物形态、数量、分布对硬度的影响,以及减少晶界、相界面积对降低硬度的作用,并以 H13、S5、S7、X45CrNiMo4 等工具钢锻轧材的退火新工艺研究为例,论述工具钢退火软化机理。

近年来国内许多厂家生产了 H13、S5、S7、D2、A6、X45NiCrMo4 等美国、德国工具钢,这些钢材锻轧后有较严格的硬度要求,需要软化退火,以便机械加工。由于缺乏合理的退火工艺参数,往往造成硬度偏高或硬度分布不均,影响了用户使用,因此,研究这些钢的退火软化机理,开发退火新工艺有重大意义。

6.1.1 决定退火钢硬度的要素

退火钢的组织是平衡态或接近平衡态。室温下的组成相一般有铁素体、渗碳体、合金碳化物、金属间化合物等。因此,工具钢退火后的组织是由铁素体(基体)、碳化物(强化相)等各要素构成的整合系统。作为子系统的铁素体、碳化物等又有其组成要素,如铁素体由晶粒、晶界、亚晶界、位错等构成;碳化物由 Fe_3C、VC、TiC、Cr_7C_3、Mo_2C、Fe_3W_3C 等碳化物相组成。各相有不同的晶体结构,晶格又由不同的元素的原子组成。它不是混合系统,而是一个层次性鲜明的整合系统。其硬度取决于各层次要素的有机结合,有序配合,综合作用。

硬度是材料表面不大的体积内抵抗变形和破裂的能力,是此系统抵抗外力压入的综合反映。在压力作用下,位错运动引起变形。而位错的运动存在各类障碍,如零维障碍物溶质原子;一维障碍物位错;二维障碍物界面;三维障碍物异相质点。减少或拆除任一“障碍物”系统都能使钢软化。

不同化学成分的钢,决定其退火硬度的要素是不同的。例如,退火碳素工具钢主要由铁素体和渗碳体两相组成,其硬度主要取决于渗碳体的形态和铁素体晶粒度。H13 钢的退火硬度主要取决于 Cr、Mo、V 的合金碳化物颗粒的数量和弥散度以及基体的状态等。

6.1.2 减少零维障碍物的固溶强化作用实现软化

退火状态的铁素体基本上不含碳,但 Cr、Si、Mn、W、Mo 等合金元素溶入铁素体中形成固溶体,可能改变基体的键合力,引起点阵畸变和位错滑移临界切应力($P-N$ 力)的变化,造成强化效果。相反,若减少零维“障碍物”对位错运动的阻碍作用,则可实现软化。例如,美国耐冲击的硅工具钢 S5,硅的质量分数为 1.75% ~2.25%,锻轧后退火 HB 硬度要求不超过 229,但冶金厂大批生产难以达到。在电炉冶炼时,控制 Si-Fe 合金料的加入量,例如少加入 Si 0.3%,可使基体铁素体的 HB 硬度降低 12,为钢材的软化退火降低硬度创造了有利条件[1];而且减少铁合金的加入量有利于降低成本。

6.1.3 减少一维障碍物的强化作用实现软化

位错在钢的强化和软化中扮演着头等重要的角色。金属流变应力(σ_f)随位错密度(ρ)的增加而提高：

$$\sigma_f = \sigma_0 + k\sqrt{\rho}$$

式中 σ_0, k——有关的常数。

如淬火马氏体中或冷变形钢中位错密度可达 $10^{12}cm^{-2}$，但退火后铁素体中位错密度大大降低，约为 10^6cm^{-2}。因此，退火铁素体的 HB 硬度很低，约为 80。当然，不同状态的钢退火后的位错密度也不一样。所以，充分退火降低基体的硬度，可为整体的软化提供条件。

6.1.4 减少二维障碍物促进软化

晶粒愈细，相界、晶界等界面的面积愈大，阻碍位错运动的二维障碍物愈多，强度愈高。根据霍尔－佩奇（Hall－Petch）公式：$\sigma = \sigma_0 + kd^{-\frac{1}{2}}$，可见，粗化铁素体基体晶粒，将细晶粒变成粗晶粒或粗化碳化物，使片状碳化物粒状化、球化，减少铁素体与渗碳体、碳化物的相界面积，从而可软化钢材。如，碳素钢的细片状珠光体的 HB 硬度可达 300，而粗片状珠光体的 HB 硬度可降到 200 以下。

德国 X45CrNiMo4 钢的退火软化是十分困难的。该钢奥氏体化后炉冷得到的是马氏体＋贝氏体组织，硬度高。这种组织靠在 A_{c1} 以下高温回火是难以软化的。因为马氏体＋贝氏体组织极为细小，难以再结晶，晶界面积大，保持高强度。有人锻后在 680℃退火，等温 70h，HB 硬度仍保持在 270 以上。因此，制定了新的退火软化工艺，首先高温奥氏体化，获得 7～8 级奥氏体晶粒，然后缓慢冷却到 640℃等温分解为粗片状珠光体组织，从而将 HB 硬度降低到 220 左右。满足了用户对钢材软化的要求。图 6－1 所示为 X45CrNiMo4 钢的退火粗片状珠光体组织。

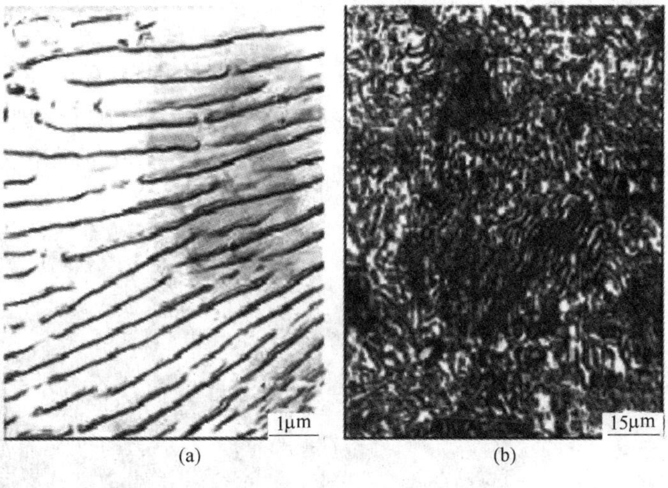

图 6－1 X45CrNiMo4 钢粗片状珠光体

（a）TEM；（b）LOM

6.1.5 削弱三维障碍物的强化作用实现软化

作为位错运动的三维障碍物——第二相质点，弥散度愈高，数量愈多，强化作用愈大。但当钢中碳化物量一定时，使其变成粒状或球状并粗化，则可削弱其对位错运动的阻碍作用，实现软化。

碳化物本身硬度高，与铁素体的相界面为非共格，位错无法使其变形，难以切过，只能饶过该颗粒。因此，碳化物颗粒愈弥散细小，硬化作用愈大。

将 H13 钢试样加热到 860℃保温 2h，分别以 15℃/h、30℃/h、40℃/h、50℃/h 的冷却速度缓冷到 540℃，出炉空冷。利用 S－360 扫描电镜观测退火试样，对二次电子像进行多次测量，用定量金相法计算碳化物颗粒的平均直径和弥散度，得表 6－1。从表中可见，缓冷时的冷却速度愈大，碳化物的弥散度愈高，而直径愈小，硬度愈高。图 6－2 所示为 H13 钢退火后碳化物颗粒平均直径与硬度的关系，可见，随着碳化物颗粒的直径增大，退火钢的硬度逐渐降低，且计算值与实测值大体上相符[2,3]。

表 6－1　不同冷却速度的硬度及碳化物特征参数

冷速/℃ · h^{-1}	HB 硬度	弥散度/10^6 · mm^{-3}	直径/nm
15	186	3518	396
30	204	4281	309
40	209	6111	273
50	212	9059	236

图 6－3 所示为 H13 退火粒状珠光体。H13 钢的退火软化跟上述 X45CrNiMo4 钢的软化比较从工艺到内在机制都有区别，H13 钢加热到 A_{c1s} 以上（850～870℃）进行不完全退火，奥氏体分解为粒状珠光体组织。

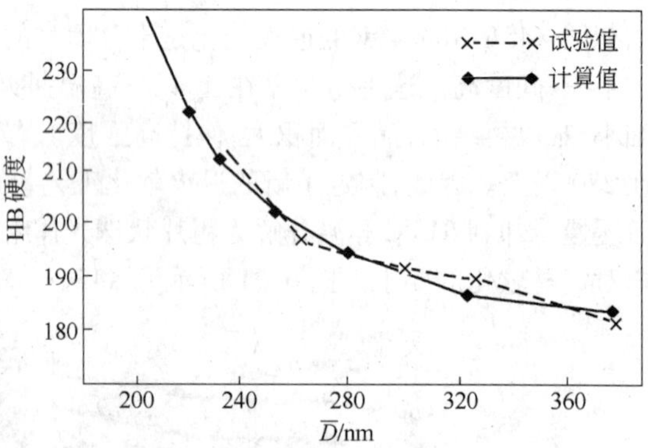

图 6－2　H13 钢退火后碳化物颗粒平均直径（$\overline{D}$）与硬度的关系

研究表明，在 A_1 稍上加热，在 A_1 稍下等温，才能有效地软化。

（1）在 A_1 稍上奥氏体化，由于刚刚超过 A_{c1}，碳化物溶解较少，溶入奥氏体中的碳及某些合金元素含量少，这样的奥氏体稳定性差，较易快速分解；同时，固溶体中碳化物形成元素少，固溶强化作用较小。

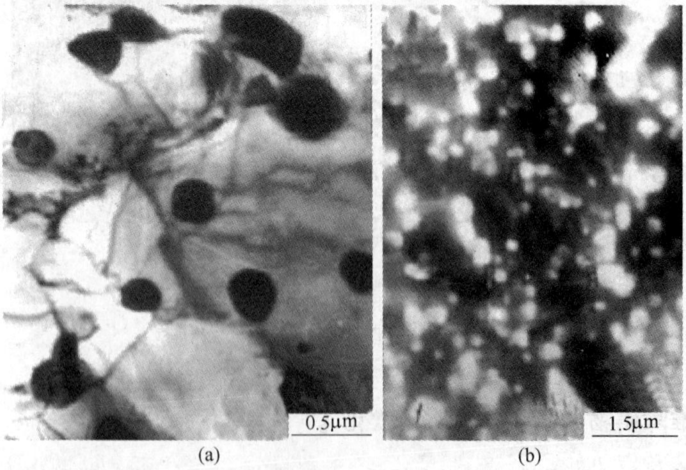

图 6－3　H13 退火粒状珠光体
（a）TEM；（b）SEM

（2）在 A_1 稍下等温分解，过冷度小，形核率低，析出的碳化物颗粒数较少，而且，在此较高温度下，原子扩散速度快，颗粒容易聚集粗化，对降低硬度有利。为此测定了 H13、S7、S5 等工具钢的退火用 TTT 图和 CCT 图，使退火温度与 C 曲线的奥氏体化温度相匹配。

总之：

（1）工具钢退火组织是铁素体基体上分布着碳化物的有机结合体。减少位错运动的障碍物或改变障碍物形态，如控制铁素体中的固溶原子数量、减少相界面积、减少碳化物的数量、使碳化物相颗粒球化或使其他第二相颗粒粗化等，可实现退火软化。

（2）在 A_1 稍上加热，并在 A_1 稍下等温，测定并参照退火用 TTT 图，为软化退火提供更加科学合理的工艺参数，使相变得到有利于软化的组织因素，是有效地降低硬度的工艺措施。

（3）搞好软化退火，注意两个要点：

1）在 $A_1 \sim A_{cm}$ 之间温度加热，使未溶碳化物颗粒聚集，而且控制奥氏体中的碳的质量分数和合金度较低；

2）以 5 ~ 20℃/h 速度冷却，在 A_1 稍下温度等温，使共析分解在较高温度进行完毕，并且使碳化物颗粒充分聚集长大。

6.2　应用退火用 C 曲线

为使工具钢的轧锻材的退火工艺更加科学，达到有效软化的目的，需要采用退火用 C 曲线来制定和实施软化退火新工艺。

6.2.1　退火用 C 曲线和淬火用 C 曲线

工具钢的 C 曲线多为淬火用[3,4]，即测定 C 曲线的奥氏体化温度高，并且与淬火温度相匹配，也即工具钢淬火温度与其测定 C 曲线时的奥氏体化温度相一致。而工模具钢软化退火时奥氏体化温度一般较低，在 A_{c1} 稍上。因此，现有的许多动力学图不能作为软化退火的参数。图 6－4所示为某高速钢的 C 曲线。

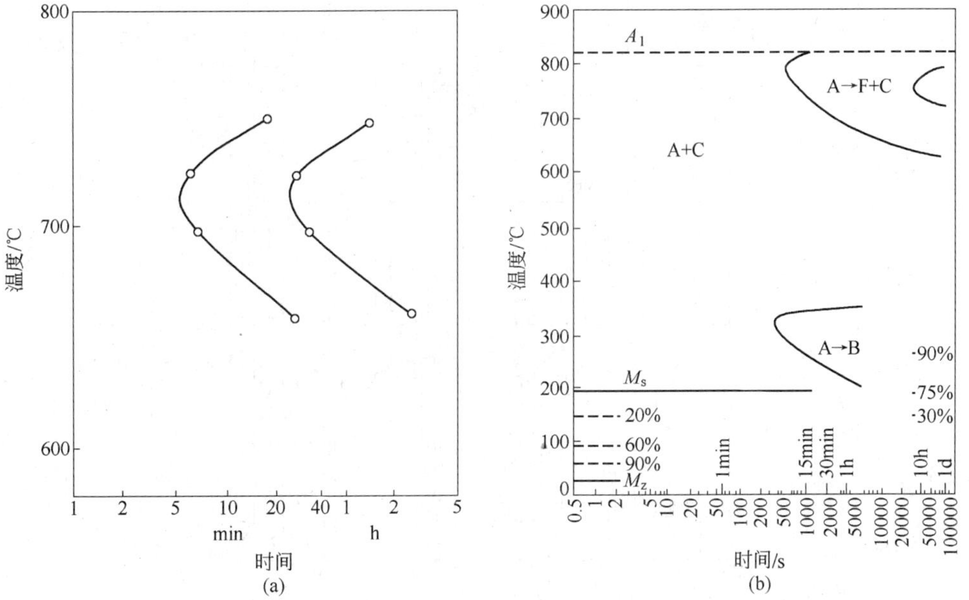

图 6－4　W18Cr4V 钢的 TTT 图[5]

（a）退火用 TTT 图（A_T = 900℃）；（b）淬火用 TTT 图（A_T = 1290℃）

W18Cr4V 高速钢锻轧材退火时的奥氏体化温度一般采用 850 ~ 900℃，图 6 - 4(a) 所示为 W18Cr4V 退火用 TTT 图(A_T = 900℃)，适用于软化退火工艺；而图 6 - 4(b) 所示为 W18Cr4V 淬火用 TTT 图，该钢的奥氏体化温度(A_T)较高，一般为 1270 ~ 1290℃，因此，该图适用于淬火加热，不能作为退火工艺的参数。

6.2.2　退火用 TTT 图和 CCT 图

测得 H13、S7、S5、D2、A6 等工模具钢的 TTT 图和 CCT 图以及 A_{c1}、A_{r1}、M_s 等临界点。各钢的化学成分见表 6 - 2，临界点见表 6 - 3。H13、S7、S5 钢的 C 曲线如图 6 - 5 ~ 图 6 - 8 所示。这些动力学曲线可以作为制定工模具钢轧锻材的等温退火和普通退火工艺的依据。

表 6 - 2　钢的化学成分(质量分数)　(%)

钢种	C	Si	Mn	S	P	Mo	Cr	V
H13	0.34	0.91	0.39			1.34	5.11	0.91
S7	0.52	0.33	0.66	0.005	0.016	1.37	3.26	0.23
S5	0.58	2.11	0.72	0.002	0.018	0.36	0.17	0.22

表 6 - 3　临界点　(℃)

钢种	A_{c1}	A_{r1}	A_{c3}(A_{cm})	M_s
H13	835	770	895	304
S7	780	718	830	230
S5	770	739	835	197
A6	710	680	835	161

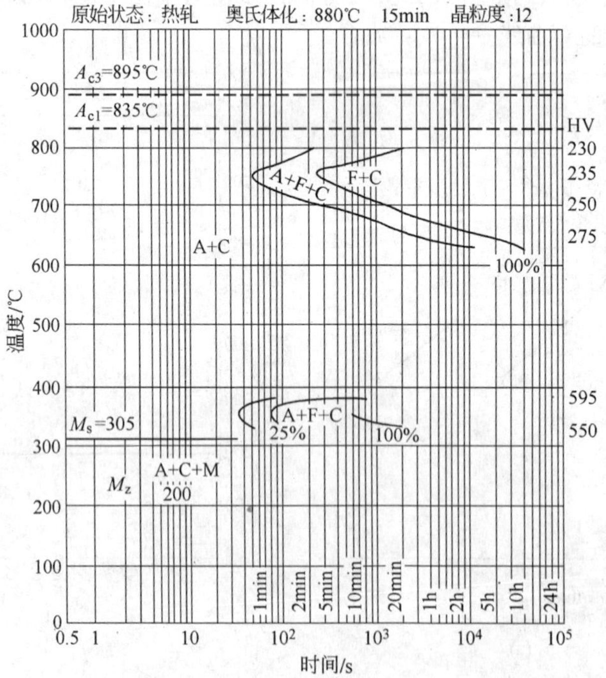

图 6 - 5　H13 钢退火用 TTT 图(A_T = 880℃)

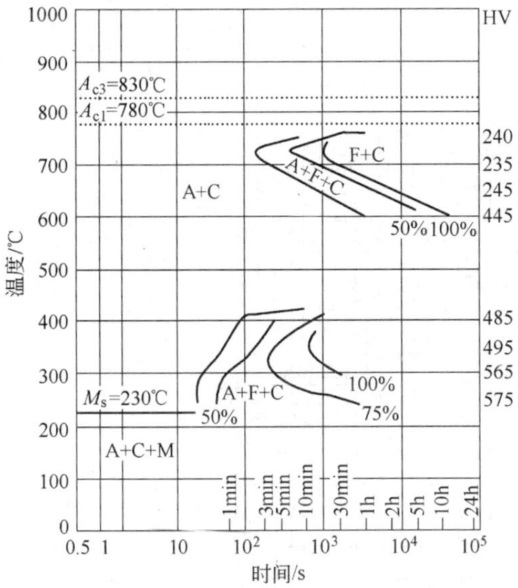

图 6－6 S7 钢的退火用 TTT 图（A_T = 820℃）

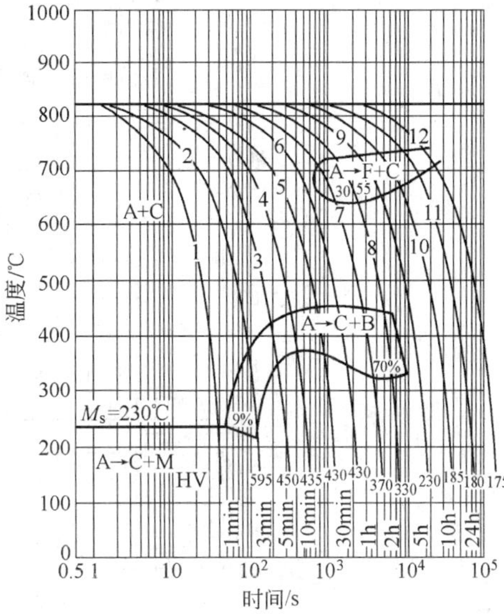

图 6－7 S7 钢的退火用 CCT 图（A_T = 820℃）

6.2.3 退火用 C 曲线与淬火用 C 曲线的比较

《工具钢》[6]一书中列举了 H13、S7、S5 等钢的淬火用 TTT 图，与上述 C 曲线比较有一定差异。

美国坩埚钢公司于 1850℉（1010℃）奥氏体化测得的 TTT 图如图 6－9 所示，与图 6－5 比较，在曲线形状上大体相似，但转变开始线和终了线的位置不同。图 6－5 所示为退火用 TTT 图，是 880℃ 奥氏体化，珠光体转变的"鼻子"温度约为 750℃，珠光体转变的孕育期约为 50s，转变终了时间约为 4min。而 1010℃奥氏体化测得的淬火用 TTT 图中珠光体转变线向右下方移动，"鼻子"温度降为 715℃，珠光体转变的孕育期大为延长，约为 20min，转变终了的时间更长，约为 2.5h。贝氏体转变也被推迟了，而且不见贝氏体转变终了线。若用此淬火用 TTT 图来制订 H13 钢的等温退火工艺，无论加热温度和保温时间都不可取，那将使退火周期太长，硬度也难以降低。

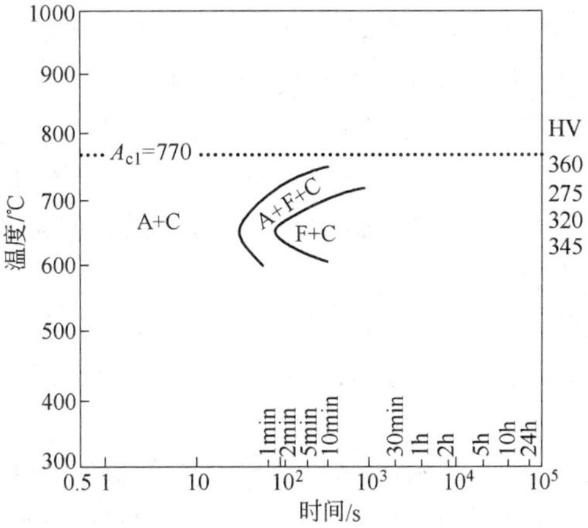

图 6－8 S5 钢的退火用 TTT 图
（珠光体转变部分，A_T = 790℃）

美国 S7 钢（符号 513）相当于我国的 5Cr3Mo1，属于 w（Cr）为 3% ～4% 的热作模具钢，具有较高的韧性和耐磨性。可制造冲头、凿子、热镦模等，抗热冲击韧性优于高钨热作模具钢。退火 HB 硬度要求为 187 ～223。

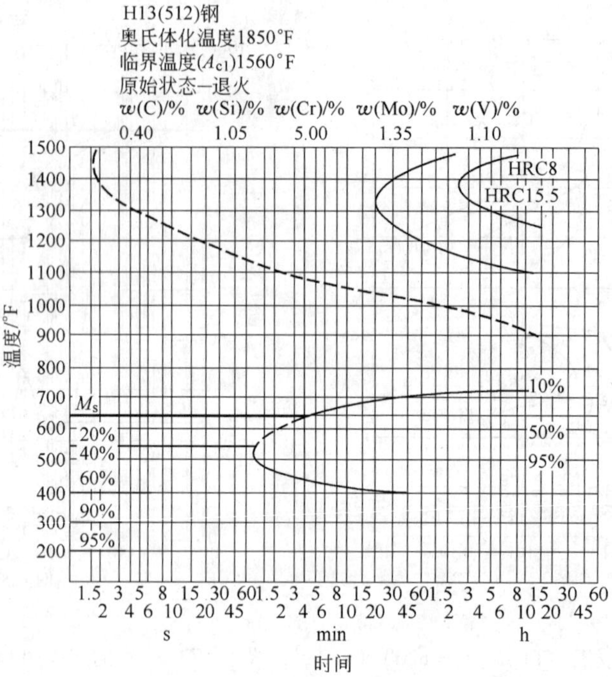

图 6 - 9　H13 的 TTT 图(美国坩埚钢公司)[6]

《工具钢》一书中没有提供其 TTT 图。作者应用全自动相变仪测定了该钢的退火用 TTT 图和 CCT 图。从图 6 - 6 的 TTT 图可见,珠光体转变的"鼻子"温度约为 725℃,其孕育期为 143s,约在 1000s 时结束。当奥氏体化温度提高到 900℃时,珠光体转变线向右下方移动,转变的"鼻子"温度约降为 690℃,其孕育期延长到 400s,转变终了的时间更长,约为 2.2h。图 6 - 6 为等温退火选择最佳温度和保温时间提供了依据。

S7 钢的 CCT 图(见图 6 - 7)是为普通退火提供依据的。从图 6 - 7 可见,CCT 图较 TTT 图向右下方移动,这说明在连续冷却时过冷奥氏体将在较低的温度下、较长的时间后才发生珠光体转变。如以 30℃/h 连续冷却时,转变开始温度为 727℃,其孕育期为 3.1h,转变终了温度为 690℃,经历的时间为 1.23h。

S5 钢是美国 310 系列硅工具钢,主要成分为:w(C)0.55%,w(Si)2.0%,w(V)0.2%,w(Mo)0.4%。可以制造耐冲击工具。S5 钢的退火用 TTT 图见图 6 - 8,奥氏体化温度为 790℃。

《工具钢》一书中列出了 S5 钢的淬火用 TTT 图,如图 6 - 10 所示,主要成分为:w(C)0.6%,w(Mn)0.75%,w(Si)1.9%,w(Cr)0.25%,w(Mo)0.3%。奥氏体化温度为 900℃。

比较 S5 钢的退火用 TTT 图(见图 6 - 8)和 S5 钢的淬火用 TTT 图(见图 6 - 10),可见,按照退火用 TTT 图,在 650℃等温,过冷奥氏体约 2min 即可完成共析分解,转变为珠光体组织。但是按照图 6 - 10,于 650℃等温退火,则需约 2h 才能转变为珠光体组织。

6.2.4　轧锻材退火新工艺

依据新的退火用 C 曲线和临界点,采用计算机辅助设计了大型轧锻材退火新工艺。生产实践表明,新工艺保证了退火质量,实现了节能和提高生产率的目的。

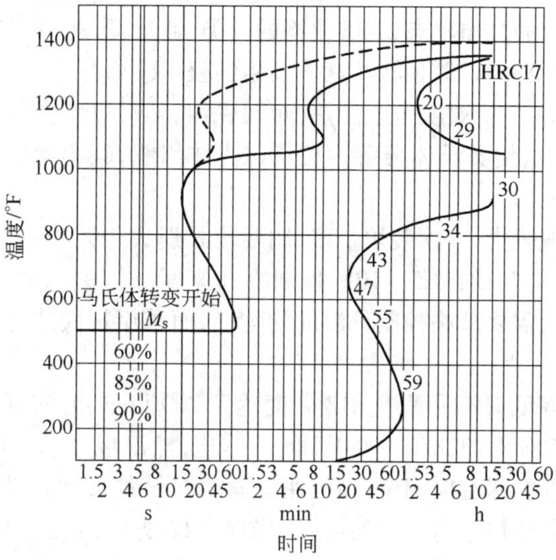

图 6－10　S5 钢的淬火用 TTT(A_T = 900℃)[6]

H13 钢退火新工艺：根据临界点 A_{c1} 为 835℃，确定加热温度为 850～860℃，退火保温时间按炉型及锻件尺寸采用计算机辅助设计，保温后以 20℃/h 速度冷却到 550℃后炉冷。获得球状珠光体组织，HB 硬度为 180～220。比原工艺退火温度降低，保温时间缩短，效果好。

S7 钢退火新工艺：选择 820℃奥氏体化，700℃等温一定时间后以 30℃/h 炉冷，得 HB 硬度为 230；也可以采用普通退火，于 820℃奥氏体化后，以 15℃/h 速度冷却到 500℃以下炉冷。

S5 钢退火新工艺：加热到稍高于 A_{c1}(770℃)得到 A + M_3C 两相状态，随后缓冷得粒状珠光体。生产中于 780℃奥氏体化，然后以不超过 15℃/h 的速度冷却，获得不超过 229 的 HB 硬度。

所有使用的退火热透时间和保温时间均可用计算机辅助设计，且与生产实际相结合，整合时间参数。实践表明，H13 等钢的退火新工艺保障钢材退火质量，且节能显著，提高了生产率。

6.3　典型钢种锻轧材的软化退火

特殊钢锻轧后的大型锻轧件一般需经退火，而且往往与去氢退火合并进行。以往，这些大锻件的退火工艺技术陈旧落后，能耗大，生产率低，冶金质量难以保证。应用特殊钢中的相变规律，退火软化机理，并应用计算机技术辅助设计工艺参数，开发了锻轧材一系列退火新工艺。

6.3.1　H13 钢大型锻轧材软化退火新工艺

H13 钢为美国热作模具钢钢种，也可以做超高强度钢制造飞机构件，相当于我国的 4Cr5MoV1Si 钢。为便于机械加工，首先对钢材或工具毛坯进行以降低硬度为目的的球化退火处理。目前，国内外资料中介绍的 H13 钢 TTT 曲线的奥氏体化温度较高，不适用于制定 H13 钢球化退火工艺。为了制定合理的 H13 钢球化退火工艺，需采用该钢退火用 TTT 曲线，才能有效地实现退火软化。

H13 锻轧后需要退火软化，原工艺往往采用两段式工艺退火，即加热到 890℃，冷却到 680℃等温，两段保温总时间长达 50h 以上。退火能耗大，生产率低，更主要的是退火硬度偏高，且分布不均，难以满足用户要求。

为开发退火新工艺，应用工具钢退火软化机理，研究表明，影响工具钢退火硬度的首要因素是碳化物在铁素体基体上的分布状态，如碳化物的种类、数量、形态、分布、大小等；其次是铁素体基体成分和组织形态，如条片状、等轴状铁素体及粗细程度[3,7,8]。

依据退火用TTT图，在A_{c1s}温度稍上加热，短时保温，然后以缓慢的冷却速度冷却到TTT图的珠光体“鼻温”附近等温，使奥氏体分解为粒状珠光体组织，碳化物呈现颗粒状，HB硬度降低到200以下。

冶金厂的退火炉一般较大，一次装炉量多，用两段式退火工艺难以操作，可以改用一段式退火。加热温度选择在A_1稍上，加热5～10h，控制冷却速度，以10～25℃/h速度冷却到550℃以下出炉。应用台车炉退火需要严格控制炉温的均匀性，而采用辊底式退火炉进行连续退火效果较好。

该工艺能够有效地降低HB硬度，使HB硬度达到200以下，并实现了节能，经济效益明显。如H13钢锻件，锻后350℃入炉，850～880℃奥氏体化，然后以小于30℃/h的冷却速度冷却，500℃以下出炉。加热时间、保温时间（h_1、h_2）用计算机按锻件尺寸辅助设计。图6－11所示为H13钢锻轧材的退火工艺曲线。退火后的组织如图6－12所示，可见，在铁素体基体上分布着白色颗粒状的是含铬的碳化物，主要是Cr_7C_3。

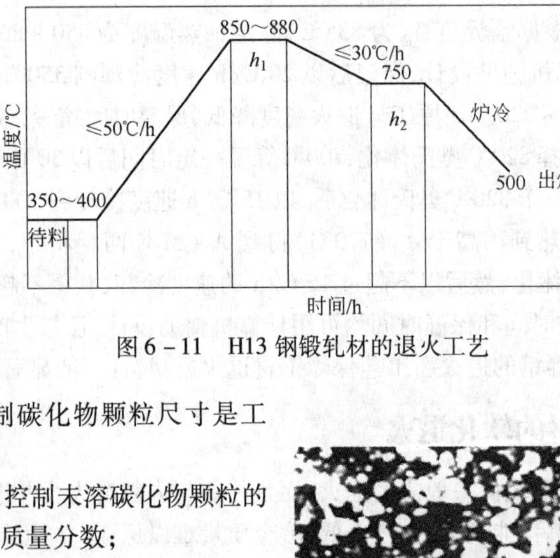

图6－11　H13钢锻轧材的退火工艺

为实现软化，控制碳化物颗粒尺寸是工艺的关键：

（1）奥氏体化时，控制未溶碳化物颗粒的数量和奥氏体中碳的质量分数；

（2）缓慢冷却（5～20℃/h），使未溶碳化物颗粒长大；

（3）在A_1稍下保温，使奥氏体分解，并且使碳化物聚集长大。

（4）碳化物颗粒直径控制在500～1000nm或更大一些，退火HB硬度为180～200。

图6－12　H13钢锻轧材的退火组织（SEM）

6.3.2　X45CrNiMo4钢锻件的退火软化

X45CrNiMo4是德国工具钢，它是优良的高强、高韧性的模具钢。该钢锻后退火软化十分困难。该钢加热奥氏体化后，由于奥氏体中溶入大量的Cr、Ni、Mo等合金元素，尤其是含有大量的镍，致使奥氏体极为稳定，即使采用一般的台车式退火炉退火，保温后炉冷，仍然得到马氏体+贝氏体组织。因此，不能采用普通退火工艺或者锻后采用在A_{c1}以下低温退火（高温回火）来软化。

为了确定退火工艺参数，测定了该钢的临界点A_{c1s}=697℃，A_{c1f}=739℃。该钢由于含镍量较高，因此，临界点较低。资料中40CrNi4Mo钢的临界点A_{c1s}=688℃，A_{c1f}=750℃，与本实测结果相近。

该钢锻轧后缓冷，得到极细小的板条状马氏体加条片状贝氏体组织，HB硬度较高（大于300）。某厂在680℃退火，等温70h，HB硬度仍保持260以上，难以降到240以下。采用不完全退火、循环退火均不能有效地软化，其铁素体组织极为细小，长时间等温也难以再结晶，界面积大，硬度很高。

此外，该钢含有碳化物形成元素Cr、Mo，阻碍碳原子扩散，阻碍碳化物颗粒的聚集长大，使碳化物保持为极为细小的颗粒状态，它强化铁素体基体，阻碍硬度的降低。

研究表明，欲使该钢软化，必须粗化珠光体组织。为此，改变退火软化工艺，首先于860℃高温奥氏体化，获得7～8级奥氏体晶粒，然后缓慢冷却到620～640℃等温一定时间，即可分解为粗片状珠光体组织及少量的类珠光体组织。由于在500倍显微镜下能看到珠光体的片层，属于粗片状珠光体，HB硬度被降低到220以下。满足了用户对钢材软化的要求。图6－13所示为X45CrNiMo4钢退火得到的片状珠光体组织。

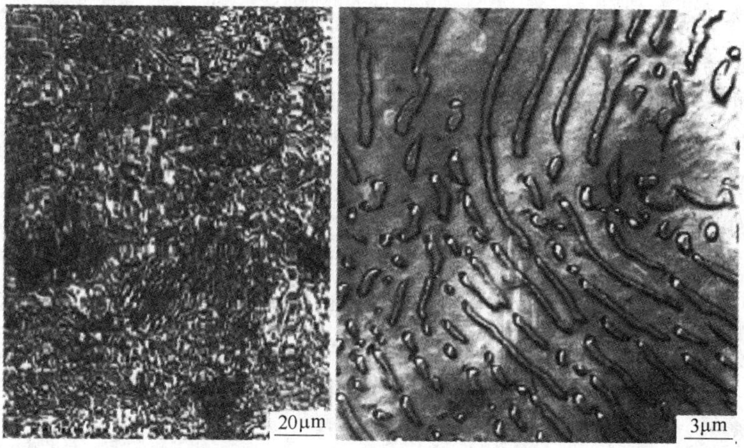

(a) (b)

图6－13 X45CrNiMo4钢的退火珠光体组织
(a)LOM；(b)TEM

该钢的软化退火没有像其他工具钢一样采用不完全退火工艺，而是采用了完全退火，即完全奥氏体化，而且要使晶粒尽量大一些（6～8级即可），不要超细晶粒。主要是为了得到粗片状珠光体组织。一般来说，粗片状珠光体的HB硬度约为200，细片状珠光体的HB硬度为300以上，极细的托氏体组织HB硬度可达400以上。

应当指出，该钢退火软化较为困难，退火工艺的温度参数范围狭窄，一般台车式退火炉难以准确控制炉温，退火硬度难以降低，也难以均匀。生产这种钢材需要配备炉温均匀，计算机准确控制温度的炉子，并且要严格控制炉温。

6.3.3　23MnCrNiMo 煤机链条钢锻轧材的退火软化

6.3.3.1　23MnCrNiMo 煤机链条钢

23MnCrNiMo 煤机链条钢主要用于制造煤矿设备的各种牵引链。它要求具有高强度、高的疲劳强度、良好的冷弯性能以及一定的韧性。以往多从国外进口，国内研究很少。为使钢材退火 HB 硬度均匀合格，达到 180 ~ 210，应获得均匀的细粒状珠光体组织，以便淬火后中温回火达到链条的性能要求。

该钢生产工艺为：精炼，浇注，钢锭脱模后低温红送，在均热炉中加热，然后开坯连轧，连续退火。钢的化学成分标准与德国的 23MnCrNiMo54 相同，与日本煤机链条钢也一致。

23MnNiCrMo 钢的主要成分为：w(C)0.25%，w(Mn)1.52%，w(S)0.007%，w(P)0.017%，w(Ni)0.97%，w(Cr)0.31%，w(Mo)0.50%。

临界点测定结果为：A_{c1} 715℃，A_{c3} 785℃，M_s 355℃，B_s 510℃。

6.3.3.2　23MnCrNiMo 钢的退火工艺

23MnNiCrMo 钢锻轧后空冷为贝氏体 + 少量马氏体组织，属于贝氏体钢，这类钢的退火软化宜采用淬火后高温回火工艺。即采用 880℃奥氏体化后空冷，得到贝氏体组织，再进行 8 ~ 12h 长时间的高温回火，使贝氏体中析出碳化物，α 相发生回复，再结晶，得到铁素体加粒状碳化物的组织。

该钢的过冷奥氏体在珠光体转变区长时间难以分解。因此，不能采用奥氏体化后的等温退火或普通退火的方法。退火可分为两种方式：

（1）轧后加热到相变点以上保温，然后空冷，再高温回火（低温退火）；

（2）轧后空冷，转入连续退火炉中，于 680℃退火 10 ~ 12h，使贝氏体 + 马氏体组织经高温回火转变为粒状珠光体组织。

退火工艺如图 6 - 14 所示。图中的 h_1、h_2、h_3 为保温时间，根据钢材尺寸和炉况等参数而定。从图可见，首先在 860℃奥氏体化，有利于改善轧态组织缺陷，然后在空气中冷却得到贝氏体组织，接着在 680 ~ 700℃高温回火，可以得到粒状珠光体（回火索氏体）组织。退火后 HB 硬度为 180 ~ 210。

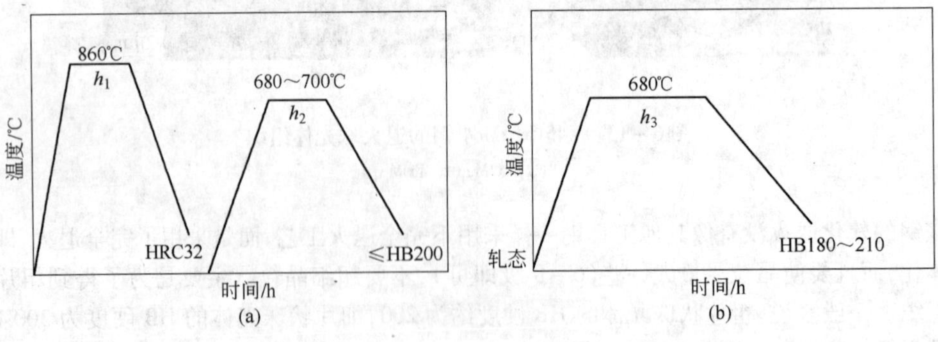

图 6 - 14　23MnNiCrMo 钢锻轧后退火工艺

(a) 工艺 1；(b) 工艺 2

考虑到该钢轧材沿轧向分布着带状组织，即先共析铁素体带和碳化物带，它将影响横向性能，尤其是冲击韧性会被不同程度地降低，为提高冲击值，最好进行高温扩散退火。但是，轧后的棒材不能再进行扩散退火。这种情况下可以进行正火，随后退火，带状组织就可以稍加改善。

轧后空冷得到的贝氏体组织经680℃高温回火，应得到回火索氏体组织，但是，若保温时间短则得到回火托氏体组织，如图6－15所示。这是由于该钢中的Ni、Mo、Cr等元素强烈地阻碍α相的再结晶，碳化物颗粒也难以聚集长大的缘故。

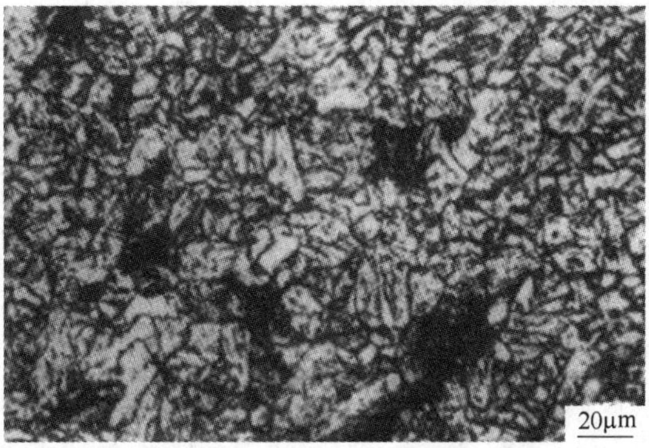

图6－15 23MnNiCrMo钢回火托氏体组织（LOM）

6.3.4 模具钢5Cr2NiMoVSi大锻件的退火软化

5Cr2NiMoVSi是国产热作模具钢，锻后原退火工艺如图6－16所示。该工艺能够完成锻后退火的目的，可获得良好的组织和硬度，已经应用多年。但是有些缺点，即耗能、耗时。该工艺除了待料时间外，其余各段时间相加，总时间可达200多小时，约9天才能完成一炉生产，物流速度太慢，生产率低，需要改进。

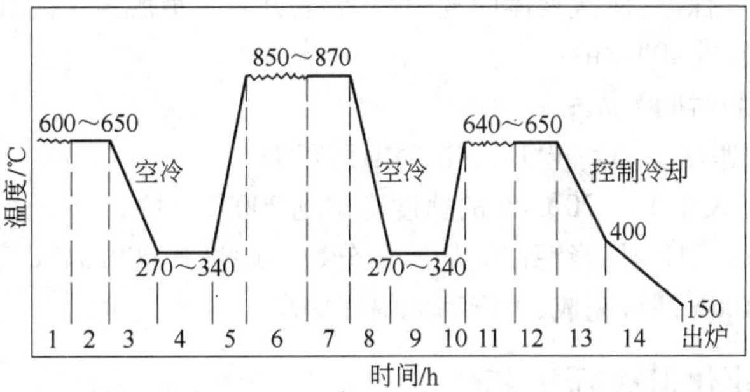

图6－16 5Cr2NiMoVSi锻件原退火工艺

该钢的临界点为：A_{c1} 750℃，A_{c3} 874℃，A_{r3} 751℃，A_{r1} 623℃，M_s 243℃。

5Cr2NiMoVSi钢的TTT图如图6－17所示，仅测得贝氏体转变区的动力学曲线，可见，在200～450℃范围内奥氏体转变为贝氏体组织，而且转变不完全。

为了提高这类钢的冶金质量和降低能耗，提高生产率，炼钢时采用真空除气，控制氢的质量分数在0.00025%以下。热处理工艺将大大简化。新工艺曲线如图6－18所示。

图6－18中曲线各段的工艺参数说明：

（1）约350℃待料后保温2～4h；

（2）升温，速度不超过60℃/h；

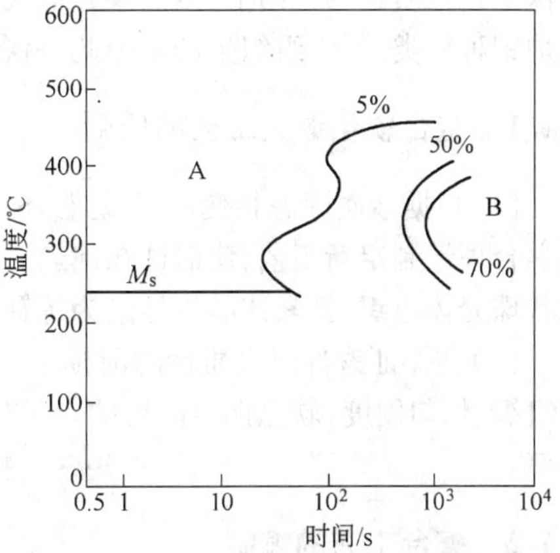

图6－17 5Cr2NiMoVSi钢的TTT图
（奥氏体化温度为980℃，晶粒度为10级）

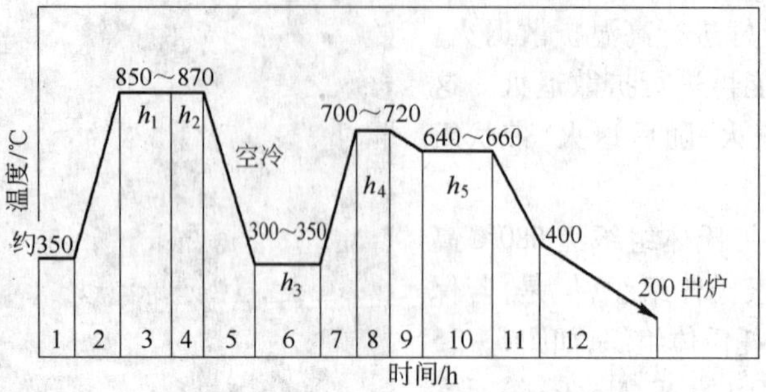

图 6-18 5Cr2NiMoVSi 锻件退火新工艺

(3)在 870℃均温,时间为 h_1(图中 h_1、h_2、h_3、h_4、h_5 各时间参数均因锻件尺寸、钢锭氢的质量分数而异);

(4)在 870℃温度的保温时间一律用 2h;

(5)空冷到 300~350℃,令奥氏体冷却到贝氏体组织转变区,进行贝氏体转变;

(6)在 300~350℃贝氏体区令奥氏体等温分解为贝氏体组织,等温时间为 h_3;

(7)升温,以不超过 100℃/h 的速度升温;

(8)在 720℃均温+保温,使铁素体回复—再结晶,并且扩散脱氢,保温时间为 h_4;

(9)炉冷,速度不超过 40℃/h;

(10)在 650℃保温,时间为 h_5;

(11)以 30℃/h 的速度冷却到 400℃,要求温度均匀;

(12)从 400℃以下采用 15~20℃/h 的速度冷却到 200℃出炉。

全部工艺过程共分为 12 段,当钢锭氢的质量分数不超过 0.00025% 时,厚度为 501~600mm 的大锻件只需要 90~100h 即可完成,生产率大幅度提高。

6.4 各组钢锻件软化退火新工艺

对 45Cr2NiMoVSi、5Cr2NiMoVSi、H13、5CrNiMo、5CrMnMo 等 30 多种钢的软化退火工艺规范,在保证退火质量的原则下,全面调整退火工艺参数,减少退火工艺曲线种类,以便简化操作,增加配炉钢种种类,便于组织生产。因此,将各种钢锻件的退火工艺进行了整合。

6.4.1 整合软化退火工艺的原则

(1)根据金属固态相变原理,综合不同钢种的物理特性,兼顾改善大锻件组织、软化等要求,科学合理地制定新工艺,使锻件在加热时获得良好的奥氏体状态,冷却时尽快地由奥氏体转变为粒状珠光体组织,铁素体晶粒尽量为等轴状,碳化物颗粒尽量粗化。

(2)在保证锻件退火质量的前提下,对多种退火曲线进行整合,更新退火工艺参数,达到均匀组织、均匀硬度、软化钢材的目的。工艺科学、可靠,节能、降耗,便于技术人员操作,提高生产效率。

6.4.2 整合工艺的编制

根据各钢种的临界点、奥氏体等温转变曲线、锻件尺寸、温度场、实际加热冷却曲线、生产经验等数据资料综合确定退火工艺曲线。主要考虑以下几方面:

(1)缩短奥氏体化保温时间。大锻件加热奥氏体化主要是为了细化和均匀锻造组织。在保证奥氏体化后,以渗碳体和其他碳化物充分溶解及奥氏体成分大致均匀为原则,保温时间不必过长。

(2)缩短过冷奥氏体相变阶段的保温时间。实践和理论表明,不同的钢种,在珠光体或贝氏体转变温度区域,组织转变完成的时间不同。根据钢的 TTT 图,可以大体上确定组织转变完成的时间,从而确定透烧后的等温时间。尤其是根据奥氏体向贝氏体转变的时间来确定等温时间。应尽量缩短等温时间,以便提高生产率。

(3)软化和脱氢的整合。大锻件的退火既要考虑软化,又要兼顾脱氢,尤其是那些白点敏感的钢种。

(4)调整加热、待料、冷却等工序的参数,尽量缩短工艺周期。通过对原工艺各钢种的全面综合分析,将特殊钢大锻件退火工艺进行了整体优化。将 100 余种钢的大锻件退火工艺整合为 11 个大组制定新工艺。在生产中,可以根据实际生产的具体钢种将工艺参数做适当的调整。

6.4.3 各类钢的整合工艺曲线

6.4.3.1 第一组退火工艺规范

适用钢种:30 号、35 号、40 号、45 号、50 号、16Mn、20Mn、25Mn 等钢号。钢水精炼后需经真空除气,控制氢的质量分数不超过 $2.5\times10^{-4}\%$。该组锻件退火工艺曲线如图 6-19 所示。

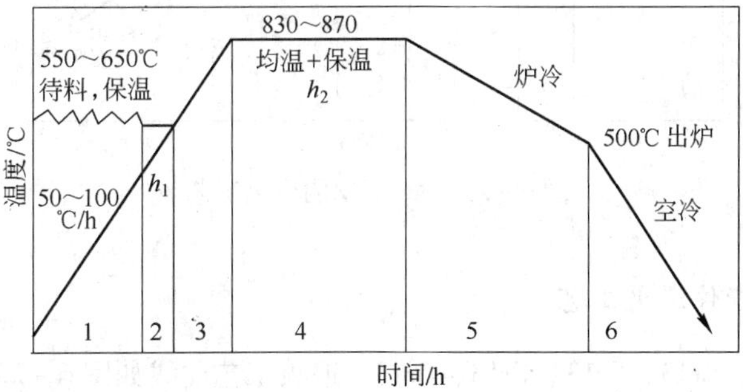

图 6-19 45 号、20Mn 钢大锻件退火工艺

处理 30 号钢、35 号钢、40 号钢、45 号钢、50 号钢时,奥氏体化温度取下限;处理 16Mn、20Mn、25Mn 时,奥氏体化温度取上限。无论冷热锻件,可按炉子功率升温,升温速度一般为 40～100℃/h,700℃以下升温较快,在临界点范围升温很慢,不要强制快速升温。图中均温+保温时间 h_2 根据锻件尺寸而定。如厚度为 500mm 的锻件 h_2 为 10h 左右。

6.4.3.2 第二组钢锻件退火工艺

适用钢种:T7、T7A、T8、T8A、T9、T9A、T10、T10A;65 号、70 号、75 号、65Mn、70Mn。钢水经真空除气,氢的质量分数不超过 $2.5\times10^{-4}\%$。工艺曲线如图 6-20 所示。图中工艺时间根据锻件尺寸和炉况而异,可用计算机计算(以下各工艺同此)。

6.4.3.3 第三组锻件退火工艺

该退火工艺规范适用钢种:A6、S5、L6(美国钢号),分别相当于我国钢号 A6(70Mn2CrMo)、

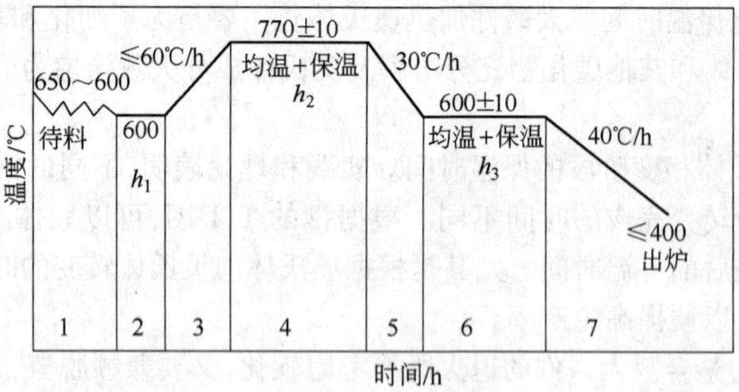

图 6－20　T8、65Mn 等钢的软化退火工艺

S5(55Si2MoV)、L6(70CrNiMo)。国内有生产。

美国的该钢中小型锻件退火温度和 HB 硬度分别为：A6 退火温度 730～750℃，HB 硬度 217～248；S5 退火温度 760～800℃，HB 硬度 192～233；L6 退火温度 760～790℃，HB 硬度 183～212。

我国生产的这些钢的大锻件退火工艺如图 6－21 所示。

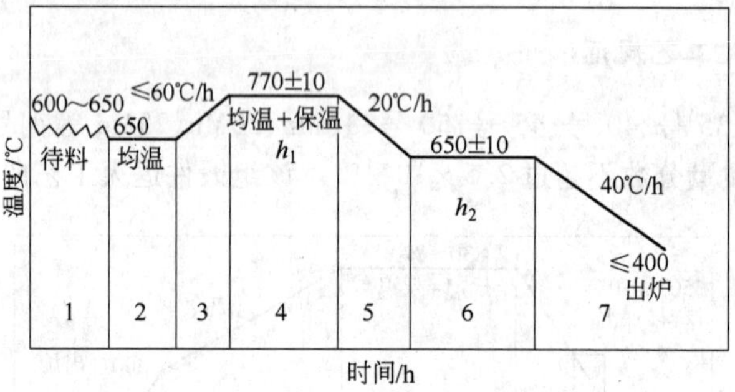

图 6－21　A6 等钢的退火工艺

6.4.3.4　第四组钢锻件退火工艺

该工艺适用钢种：1Cr13、2Cr13、3Cr13、4Cr13。退火工艺曲线如图 6－22 所示。

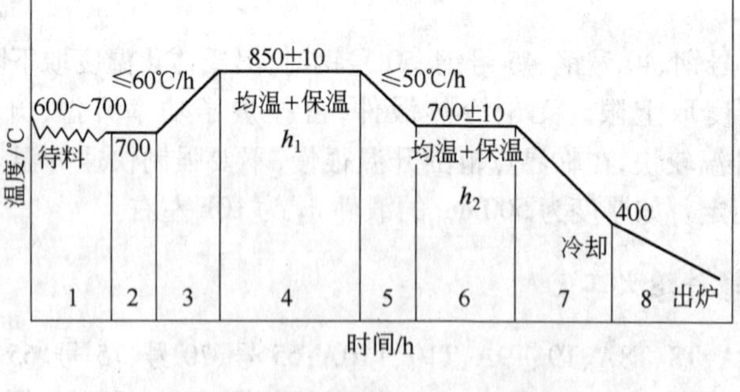

图 6－22　铬不锈钢退火工艺曲线

6.4.3.5　第五组钢锻件退火工艺

该退火工艺规范如图 6－23 所示。适用钢种：30Cr、50Cr、38CrA、35Cr、40Cr、45Cr、38CrAl、

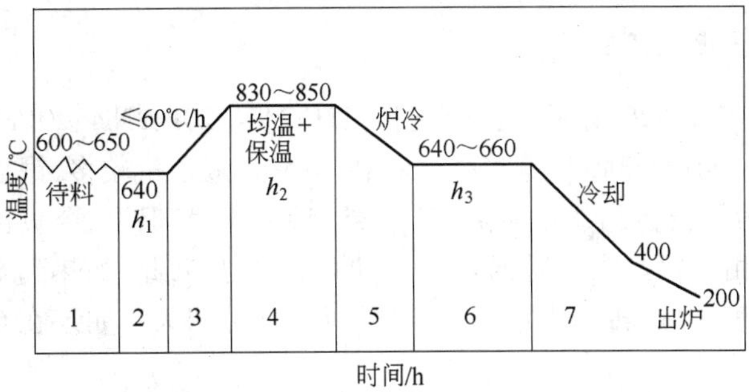

图 6-23 铬合金结构钢锻件退火工艺

50Mn。这些钢锻后冷却到650℃左右等温待料，令其转变为铁素体+珠光体组织。然后重新加热奥氏体化，使晶粒均匀细小，再等温转变为F+P组织，实现软化。

6.4.3.6 第六组钢锻件退火工艺

该钢退火工艺规范如图6-24所示。适用钢种：30CrMo、35CrMo、42CrMo、PCrMo、PCrW、P20（美国）、21CrMo10（德国）。

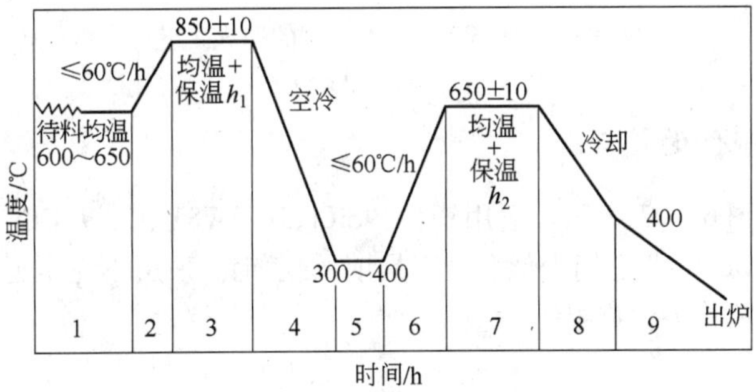

图 6-24 合金调质钢锻件退火工艺

6.4.3.7 第七组钢锻件退火工艺

该钢锻件退火工艺如图6-25所示。适用钢种：25CrMnMo、20CrMnMo、20CrMnTi、30Cr2MoV、27SiMn、30CrMnSi等。

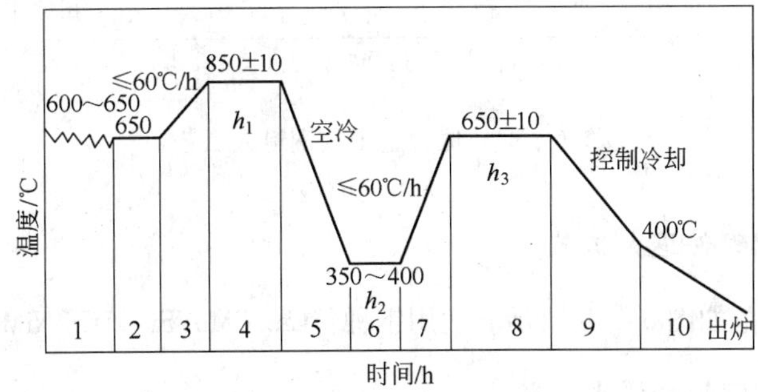

图 6-25 20CrMnTi，等钢的退火工艺曲线

6.4.3.8 第八组锻件退火工艺

退火工艺规范如图6－26所示。适用钢种：12Cr2Ni4、20Cr2Ni4、20Cr2Ni4A、S17Cr2Ni2Mo、20CrNi2Mo、18CrNiWA、34CrNi3MoV等。这类钢中，铬镍元素含量较多，锻后空冷到380～420℃等温待料，令其转变为贝氏体组织。然后，升温到650～680℃保温，令贝氏体转变为索氏体组织，即可软化。但是，由于钢锭锻造后钢坯中的组织不均匀，因此，加热到840℃进行一次正火。正火空冷到贝氏体温度区域，转变为贝氏体，再长时间高温回火。如果在650℃回火，硬度难以降低，则提高回火温度。

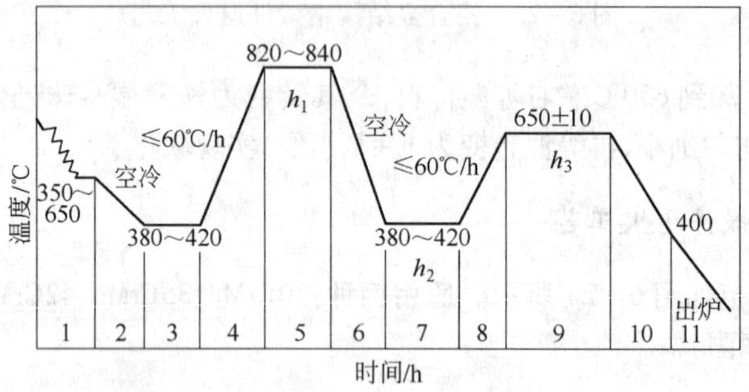

图6－26 20Cr2Ni4等钢的退火工艺

6.4.3.9 第九组钢锻件退火工艺

退火工艺规范如图6－27所示。适用钢种：9SiCr、3Cr2W8V、GCr9、GCr15SiMn、GCr15、8Cr3、9Cr2MoV、9Cr2、9Cr、9Cr2Mo。它们为低合金工具钢、轴承钢。采用不完全退火实现软化，得到铁素体基体上分布着颗粒状碳化物组织。

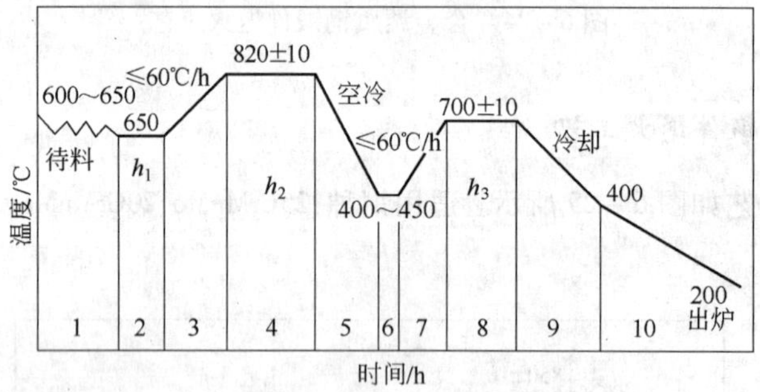

图6－27 低合金工具钢退火工艺

6.4.3.10 第十组钢锻件退火工艺

锻件退火工艺规范如图6－28所示。适用钢种：5Cr2NiMoVSi、45Cr2NiMoVSi、H13。

6.4.3.11 第十一组钢锻件退火工艺

锻件退火工艺规范如图6－29所示。适用钢种：60CrMoV、37SiMn2MoV。

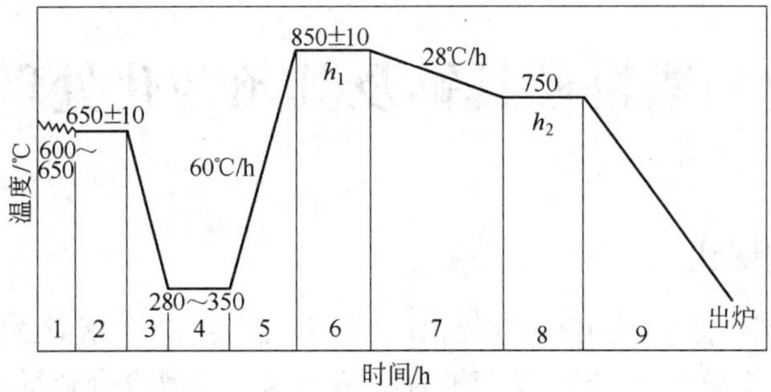

图 6-28 H13 等钢的退火工艺

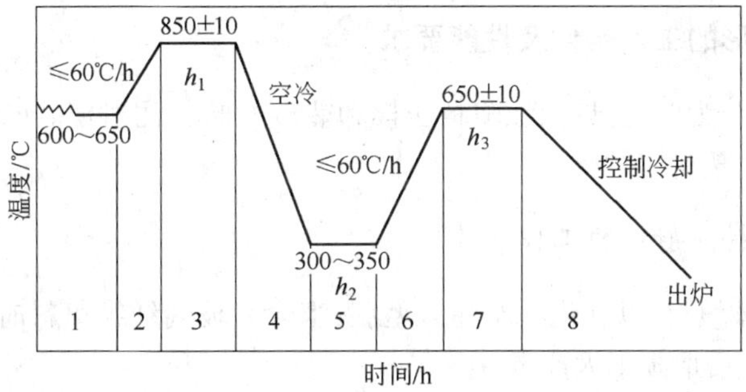

图 6-29 60CrMoV 钢的退火工艺

复习思考题

6-1 轧锻材退火软化的机理是什么?

6-2 退火用 TTT 图的特点是什么?

6-3 工具钢软化退火工艺如何制定?

参 考 文 献

[1] 刘宗昌,张羊换,麻永林. 冶金类热处理及计算机应用[M]. 北京: 冶金工业出版社,1999:70~80.

[2] 刘宗昌,李文学,等. 钢的退火软化机理[J]. 包头钢铁学院学报, 1998(3):178~182.

[3] 刘宗昌. 珠光体转变与退火[M],北京: 化学工业出版社,2007.

[4] 刘宗昌,李文学,高占勇,等. H13 钢 A_1 稍下转变动力学及相分析[J]. 兵器材料科学与工程, 1998, 21(3):33~36.

[5] 冶金部钢铁研究总院,第一机械工业部科学研究院. 合金钢手册[M]. 北京:中国工业出版社,1964.

[6] [美]G. A. 罗伯茨, R. A. 卡里. 工具钢[M]. 徐进,姜先余,等译. 北京:冶金工业出版社, 1987: 117~280.

[7] 高占勇,刘宗昌,等. 冷却速度对退火软化的影响[J]. 包头钢铁学院学报, 1998(3): 183~186.

[8] 高占勇,刘宗昌,等. 碳化物对 H13 钢退火软化的作用[J]. 包头钢铁学院学报, 1998(3): 186~190.

7　塑料模具钢及其预硬化处理

7.1　塑料模具钢现状

近年来，随着塑料制品生产的迅速发展，对于与塑料制品生产相适应的模具钢的要求越来越高。国外对塑料模具用钢研究、开发、生产极为重视，从碳素钢到低合金钢、马氏体时效钢，形成了塑料模具专用钢系列。如美国的 ASTMA 681—84 标准中的塑料模具钢 P 系列包括 7 个钢号，如 P20、P21 等。瑞典 ASSAB 公司的塑料模具钢有 5 个钢号，如 718。我国研发的塑料模具钢新钢种有 3Cr2NiMo、253CrNi3MoAl、5NiSCa、0CrNi6MoVTiAl、4Cr2Mn2NiMoV、S50C 等。

7.1.1　塑料制品成形的工作条件及性能要求

塑料制品成形模分为两类：热固性塑料压模和热塑性塑料注射模。P20 和 718 模具钢应用广泛，主要用于热塑性塑料注射模。

7.1.1.1　热塑性塑料注射模的工作条件

(1)通常不含固体填料，以软化状态注入型腔，当含有玻璃纤维填料时，对型腔有较强的磨损作用，但受热、受压、受磨损不太严重。

(2)有的塑料含有氯及氟，在压制时放出腐蚀性气体，侵蚀型腔表面。

7.1.1.2　热塑性塑料注射模的主要失效方式

(1)表面磨损。由于塑料中含有无机填料，模具型腔磨损，表面粗糙度恶化，需要不断抛光，多次抛光后，型腔尺寸超差从而失效。

(2)表面侵蚀。塑料中含有的氯、氟元素受热分解析出 HCl、HF 等腐蚀性气体，侵蚀模具表面而失效。

(3)塑性变形。模具持续受热，在压力作用下发生塑性变形而失效。

(4)断裂。塑料制品成形模的形状复杂，在凹角、薄边等处容易造成应力集中而开裂。

7.1.1.3　性能要求

(1)抛光性，型腔表面要求光滑，抛光成镜面。

(2)型腔表面具有良好的耐磨性、抗蚀性。

(3)耐热性，在 250℃左右长期不软化、不氧化。

(4)良好的强韧性，长期工作不变形、不断裂。

根据上述要求，模具钢应当进行调质处理，即淬火 + 高温回火。应当淬火得到马氏体组织，然后回火成回火托氏体或回火索氏体组织。

7.1.2　塑料模具钢钢材的选择及要求

塑料模具钢钢材的要求是：

(1)有足够的硬化深度和心部的强韧性。力学性能：抗弯强度 $\sigma_{bb} \geq 2000$MPa，冲击韧性不小于 50 ~ 60J/cm^2；心部 HRC 硬度为 28 ~ 32。

(2)切削性能好，组织细密，均匀，夹杂物少。在切削时加工硬化倾向小，加工残余应力小。

(3)镜面加工性能好，易于抛光成镜面。

(4)工艺性能好，有足够的淬透性。

(5)中、小型模具能在盐浴中淬火硬化；大、中型模具可以预硬化或成形后表面强化。

塑料模具钢采用的钢种很多，如 20Cr、12CrNi3A、T10、T7、9Mn2V、9CrWMn、5CrNiMo、5CrMnMo、4Cr13、40Cr、Cr2、GCr15 等。我国研制生产的塑料模具钢有 3Cr2NiMo 钢(P4410)、25CrNi3MoAl 钢、5NiSCa 钢、PSM 镜面塑料模具钢(0Ni3MnCuAlMo)以及 PCR 耐蚀塑料模具钢(0Cr16Ni4Cu3Nb)等。从国外引进的有 P20、718 钢。3Cr2NiMo 钢是 3Cr2Mo(P20)的改进型，相当于 718 钢。

随着塑料制品日益广泛应用，对产品质量要求越来越高，对塑料模具钢的要求也越来越高，因此，新型高质量塑料模具专用钢应运而生。

7.1.3 热塑性塑料注射模具钢的组织和硬度

7.1.3.1 组织状态

此类塑料模具钢一般经油淬、水淬、硝盐浴，也有采用风冷淬火的。淬火得到马氏体组织或贝氏体组织，然后经高温回火得到回火索氏体或回火托氏体组织。据检验，德国某公司的 718 钢具有粒状索氏体组织。均匀细小的粒状索氏体组织预硬化硬度均匀，对于模具的光刻加工和镜面加工而言是最佳组织。根据电子显微分析，P20、718 钢在淬火为马氏体后，于 640℃ 回火得到的是回火托氏体，而不是回火索氏体。

7.1.3.2 钢材硬度

塑料模具的工作硬度要求不等，如压制加有无机填料的塑料时，采用 HRC 硬度 56 ~ 60；软质塑料注射模要求采用 HB 硬度 280 ~ 320。据检测，德国某公司在我国市场上销售的预硬化 718 钢同截面的 HRC 硬度差值可达 4 ~ 5。目前，718 钢在我国得到普遍的应用。热处理对 P20 钢的力学性能有显著影响。加热到 850℃ 淬火，HRC 硬度可达 52 ~ 54，高于 900℃ 时奥氏体晶粒开始粗化；在 640 ~ 680℃ 回火，可得 HRC 硬度为 28 ~ 32。

国内外对塑料模具钢进行了广泛的开发，种类很多。除了大量应用的 P20、718 钢外，还有易切削塑料模具钢、高淬透性塑料模具钢、节能的贝氏体塑料模具钢等。

总之，塑料模具钢的成分特点是中碳低合金钢；热处理特点是预硬化处理；使用组织特点为回火托氏体或回火索氏体。

7.2 P20、718 钢的淬透性

P20 塑料模具钢在冶金厂需要进行预硬化处理，即淬火 + 高温回火。一般采用油淬，大锻件需要采用水淬 + 油冷，以便淬火成马氏体或贝氏体组织。这与该钢的淬透性有关，即与钢的相变动力学曲线和动力学图有密切的关系。但 P20 钢的 TTT 图在国内外资料和有关手册中甚少，《工具钢》[1]一书中有一幅陈旧的 TTT 图，因此，有必要对 P20 钢的 TTT 图重新测定。

7.2.1 P20 钢等温转变 TTT 图

应用 ForMaster - Digital 全自动相变膨胀仪测定了 P20 钢奥氏体的等温转变动力学图。测得

P20 钢的等温转变图如图 7－1 所示。为了便于比较，将《工具钢》一书中的 P20 钢的 TTT 图也列出（见图 7－2）。

比较两图，可见它们有不少区别：

（1）图 7－1 中没有先共析铁素体的析出线。金相检验表明，在铁素体＋珠光体相变温度范围内均得到珠光体组织，没有先共析铁素体组织。

（2）图 7－1 中珠光体鼻温处的孕育期约 40s；而图 7－2 的珠光体转变鼻温处的孕育期约 6min。

（3）图 7－1 中贝氏体相变的鼻温为 400℃，孕育期约 5s；而图 7－2 的鼻温处的孕育期几乎为 0。

（4）图 7－1 测定了 P20 钢的临界点为：M_s336℃，A_{c1}763℃，A_{c3}815℃；但图 7－2 中没有标明临界点。

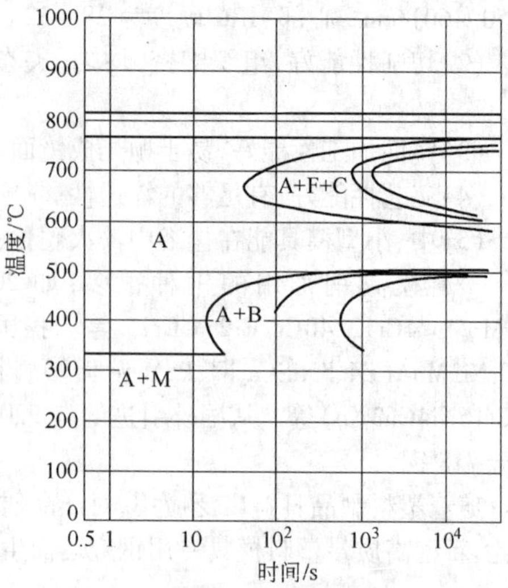

图 7－1 P20 钢的 TTT 图

（5）在图 7－1 中，在珠光体和贝氏体相变之间存在一个较宽的河湾区；而图 7－2 中珠光体转变区和贝氏体转变区是紧密相互连接的。

图 7－2 的测定时间在 20 世纪中叶，由于当时测定条件所限，测定结果不甚完善，缺点较多：此图没有标明测定用钢的成分，也没有标明马氏体点和其他临界点；没有标明各区域存在的组成相或组织；贝氏体转变开始线鼻温的孕育期为 0。对于这类成分的钢其贝氏体转变的孕育期为 0 是少见的。用此图分析 P20 钢的等温转变有困难，难以作为热处理的可靠依据。

从图 7－2 还可以看到，图中左上方有一条虚线，该虚线已经延伸到 790℃ 以上（注：A_{c1} 为 745℃），应当是先共析铁素体的析出线。实际上此线不存在。

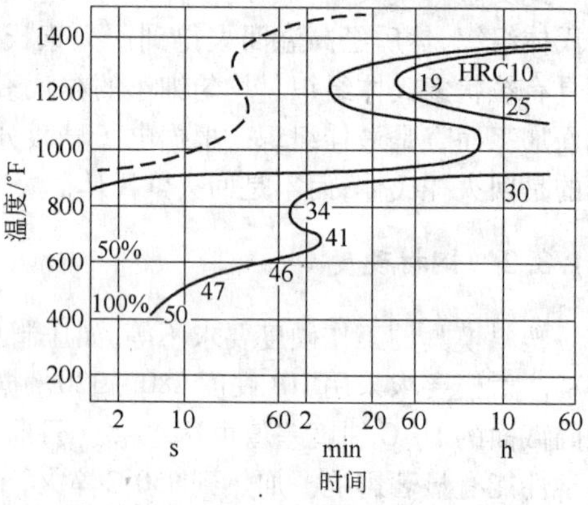

图 7－2 《工具钢》中 P20 钢的 TTT 图[1]

7.2.2 P20 钢等温转变产物的组织结构

采用 ForMaster－Digital 全自动相变膨胀仪中测定 TTT 图使用的试样，将试样抛光，用硝酸酒精腐蚀后进行金相观察。发现在河湾区上部等温得到珠光体或托氏体组织，没有得到先共析铁素体；在河湾区下部到贝氏体的“鼻温”（约 400℃）等温后得到粒状贝氏体组织；在 400℃ 至 M_s 点之间等温得到下贝氏体组织。下贝氏体的光学金相组织十分细小，难以分辨细节，在电镜下可以较为清晰地观察到下贝氏体组织的形貌，如图 7－3 所示。可见，下贝氏体形貌为条片状，下贝氏体条片中分布着碳化物，经衍射分析测定为 Fe_3C。一个下贝氏体条片被渗碳体分隔成许多小块，这些小块为铁素体亚条片，或称亚单元。在亚单元中还存在高密度的位错。从图 7－3（b）中的贝氏体条片中也可以看到渗碳体和高密度位错、亚条片等精细结构的分布情况。从图 7－3（a）和（b）均可以看到渗碳体显然分布在下贝氏体亚单元的界面上，渗碳体大多不贯穿 α 相条片，在条片的界面上析出渗碳体。

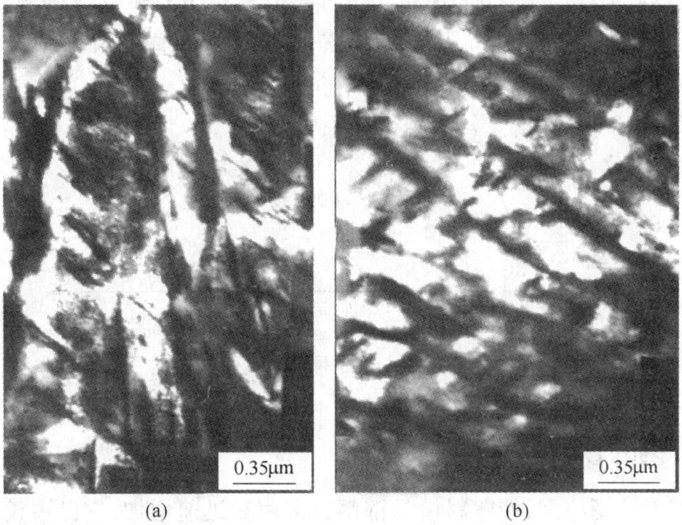

图 7－3　P20 钢的下贝氏体组织（TEM）

7.2.3　718 钢等温转变 CCT 图

图 7－4 所示为塑料模具钢 718 钢（35Cr2NiMo 钢）的 CCT 图。该钢合金元素含量较多，主要为了提高淬透性。从其连续冷却转变图可见，珠光体转变线已经严重右移，空冷时得不到珠光体组织，可得到贝氏体＋马氏体组织。该钢淬透性比 P20 钢好，可以制造较大截面的塑料模具。

718 钢（35Cr2NiMo）和 P20 钢（35Cr2Mo 钢）均具有白点敏感性，其钢锭锻后需经去氢退火，

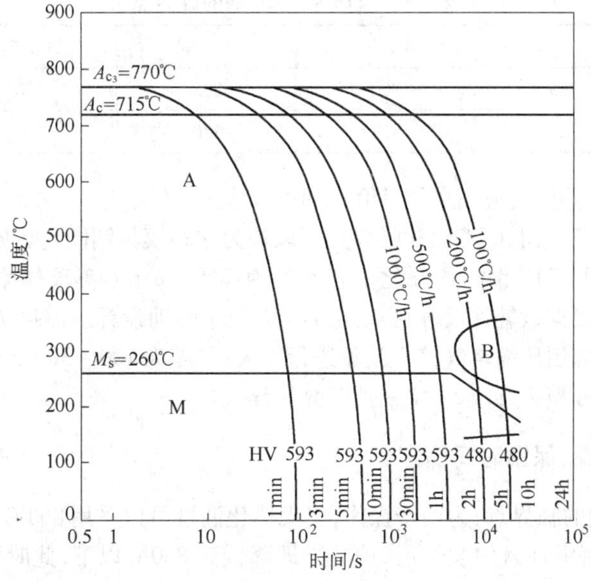

图 7－4　718 钢的 CCT 图

然后加工为大型模块，进行预硬化处理。在第 6 章中，采用第六组钢种锻件整合后的去氢退火工艺曲线。如果单独处理 718 钢（35Cr2NiMo 钢）和 P20 钢（35Cr2Mo 钢）的锻件，可以采用如图 7－5所示的工艺，其中时间参数 h_1、h_2、h_3 根据锻件尺寸、炉况等因素确定。

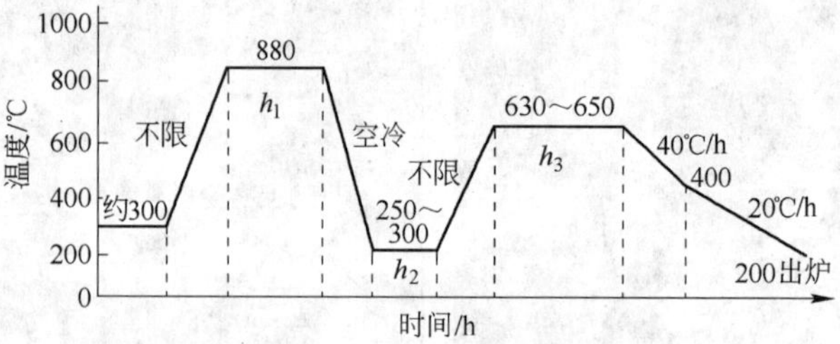

图 7－5　塑料模具钢锻件热处理工艺

7.3　塑料模具钢的预硬化处理

塑料制品的日益广泛应用，使塑料模具钢钢材需用量迅速增加，它已占模具钢总量的 50% 左右。因此，对塑料模具钢的工艺性能和使用性能也提出了较高的要求，新型高质量塑料模具专用钢于是应运而生，如 P20、718 钢（分别为美国及瑞典钢号），同时，对钢材的冶金质量的要求也越来越高。目前，该钢的组织、性能研究文献尚少。本节主要叙述 P20、718 钢的预硬化工艺[2]。

根据对塑料模具钢的性能要求，应当进行调质处理，即淬火＋高温回火。首先淬火成马氏体组织或者马氏体＋贝氏体组织，然后回火成回火托氏体或回火索氏体组织。目前，这一热处理是在冶金厂进行的，即锻造成大型模块后进行淬火＋回火，达到所需要的硬度要求，钢材到机械厂后加工成模具，不再进行调质热处理。所以，在冶金厂进行的调质处理也称为预硬化处理。

718 钢、P20 钢分别相当于我国牌号 35Cr2NiMo 和 35Cr2Mo，两种钢的临界点测定结果见表 7－1。

表 7－1　718 钢、P20 钢的临界点

钢号	A_{c1}/℃	A_{c3}/℃	M_s/℃	A_{r1}/℃	A_{r3}/℃
P20	755	800	335	660	740
718	725	819	280		

据此，预硬化的加热温度应当采用 850～880℃为宜。

第 7.2 节叙述的 TTT 图、CCT 图和临界点可以作为塑料模具钢制定热处理工艺参数的依据。

生产实践表明，P20、718 钢的预硬化工艺参数为：860～880℃奥氏体化后淬火，630～650℃回火。加热时间参数根据锻轧件尺寸可以用计算机程序辅助设计。厚度为 100mm 以下的模具扁钢可以采用油淬或应用压缩空气淬火装置进行淬火；厚度为 100～300mm 的大、中型锻件采用油淬或水淬＋油冷双液淬火，或水＋空＋油三介质淬火。

7.3.1　奥氏体化均温、保温时间确定

根据 P20、718 钢的临界点，为便于操作，奥氏体化温度可以采用 860℃。首先将台车炉加热到 880～900℃，然后将锻坯入炉装炉后，炉温立即降低到 860℃以下，此时可按炉子最大功率升温（也可随炉升温）。当指示仪表达到奥氏体化温度时，开始计算均温时间。均温时间取决于锻坯的尺寸和装炉量。当从炉子火孔目视锻坯的颜色与炉膛火色一致时，均温结束，开始计算保温

时间。

均温+保温时间可以按经验确定,也可用计算机计算。锻坯加热时间见表7-2。近年来,热处理工作者普遍认为,传统的加热时间计算法偏于保守。如 ϕ100mm 的 40CrNiMo 钢淬火加热时间实际上只有 70min。有人建议:厚度大于 100mm 时,按 20min/25mm 计算。那么,300mm 厚的锻坯加热只需 4h。锻坯热透后的保温时间一律为 2h。

表7-2 模块锻坯加热时间

锻坯厚度/mm	200	300	400	500	600	700
加热时间(经验值)/h	8	12	16	20	24	28
热透时间(计算值,随炉加热)/h	7	9	11	13	15	16

7.3.2 淬火介质和淬火冷却方法

大型塑料模具钢锻件淬火工艺曲线如图7-6所示。该工艺较为复杂,操作有一定难度。空冷时必须控制锻坯表面温度不低于 650~700℃,空冷到所需温度的时间可以从计算图上查找,如图7-7所示。

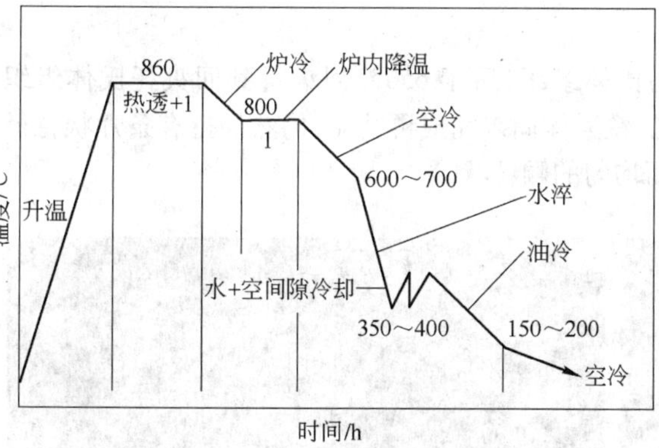

图7-6 大型塑料模具钢锻件淬火工艺曲线

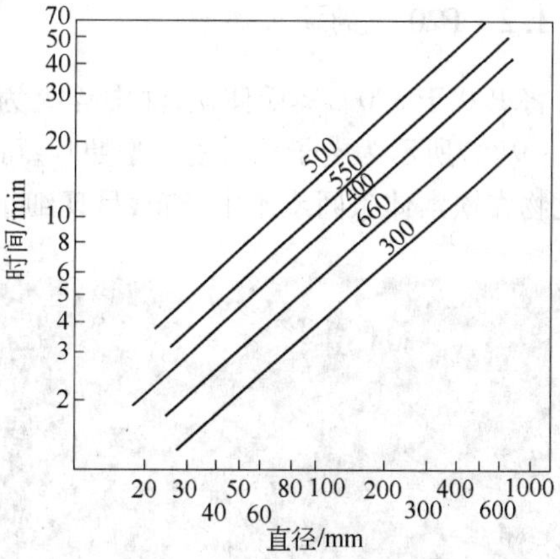

图7-7 锻坯从850℃空冷到指定温度的时间计算图

7.4 P20、718 钢预硬化的组织

7.4.1 P20 钢的预硬化组织

P20 钢淬透性较差,大型锻件淬火时表层得到马氏体组织,而心部往往得到珠光体+贝氏体+马氏体的整合组织,在随后的高温回火中,表层的马氏体和心部的贝氏体经历不同的转变,转变产物也不尽相同。

7.4.1.1 P20 钢的淬火组织

将 P20 钢于 870℃奥氏体化 2h,然后于 500℃等温淬火 2h。得到上贝氏体及少量马氏体组织,如图7-8所示。HRC 硬度为 43,比油中淬火硬度低[3~5]。

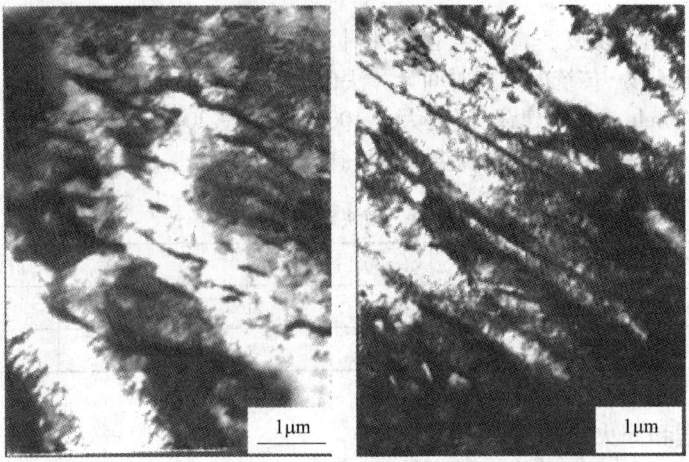

(a)　　(b)

图 7－8　P20 等温上贝氏体和板条状马氏体(TEM)
(a)上贝氏体;(b)板条状马氏体

7.4.1.2　P20 钢的回火组织

将 P20 于 870℃奥氏体化,油中淬火为马氏体组织,后于 650℃回火得到回火托氏体组织。图 7－9(a)所示为电子显微镜复型照片,可见,铁素体尚未完成再结晶,仍然保持有条片状特征,碳化物在铁素体条间或条中分布,呈现细小而均匀的颗粒状。

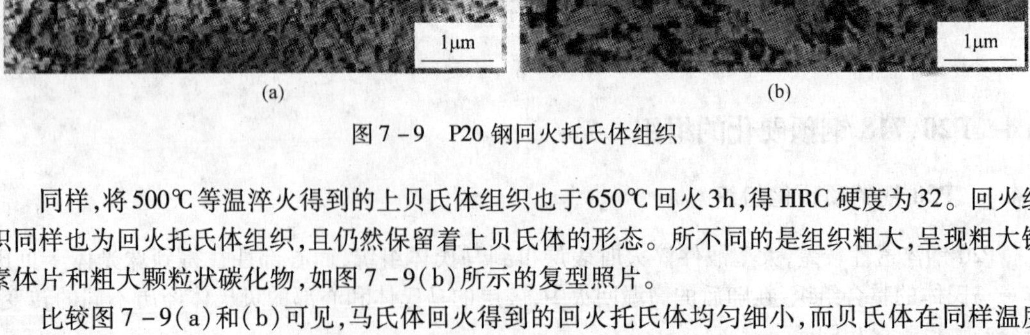

(a)　　(b)

图 7－9　P20 钢回火托氏体组织

同样,将 500℃等温淬火得到的上贝氏体组织也于 650℃回火 3h,得 HRC 硬度为 32。回火组织同样也为回火托氏体组织,且仍然保留着上贝氏体的形态。所不同的是组织粗大,呈现粗大铁素体片和粗大颗粒状碳化物,如图 7－9(b)所示的复型照片。

比较图 7－9(a)和(b)可见,马氏体回火得到的回火托氏体均匀细小,而贝氏体在同样温度下回火得到粗大的回火托氏体组织不均匀。测定 HRC 硬度,贝氏体回火后组织硬度偏低,平均低 5。

7.4.1.3　P20 大型模块的淬火＋回火组织

将 2000mm×200mm×200mm 大型模块采用水＋油双液淬火,再在 640℃回火,取样在电镜下观察,发现表层没有完全得到马氏体组织,存在少量下贝氏体。模块心部没有淬透,与表层组织不相同,得到上贝氏体+珠光体的整合组织,回火后仍然保持着上贝氏体及极细珠光体的组织特征。

根据 P20 钢的成分和 CCT 图进行分析,P20 钢的淬透性不如 718 钢(相当于 35Cr2NiMo)好。根据 P20 的顶端淬火曲线,当其整个截面的淬火 HRC 硬度不超过 50 时,可求出淬火临界直径为:在激烈搅拌的水+油双液淬火的情况下,临界直径约为 150mm。

即使采用水淬+油冷技术,200mm 厚方坯模块也难以淬透,所以心部不能得到完全的马氏体+贝氏体组织。而且表层也有下贝氏体,心部则得到上贝氏体+珠光体组织。从 CCT 图可见,当小于临界冷却速度(约 v_k = 50℃/min)时,冷却过程中先发生珠光体转变,后转变为贝氏体。

贝氏体和马氏体在同样温度下高温回火均得到回火托氏体,但组织形态不同,硬度当然也不同。贝氏体回火时与马氏体的回火转变不同,贝氏体在 640℃ 回火时,原有的碳化物不断长大,并且聚集粗化。由于铬、钼等合金元素的阻碍作用,贝氏体铁素体(BF)尚未完成再结晶,仍然保留着贝氏体铁素体的条片状形貌,因此得到粗大的不均匀的回火托氏体组织。

马氏体在回火时则发生一系列的分解和转变过程,碳化物从 α 相中析出,α 相中的高密度位错减少,发生回复过程,但是也没有完成再结晶,仍然保留着细小的板条状特征,且均匀细小,因此,640℃ 回火后的组织仍属于回火托氏体。

上贝氏体+珠光体的整合组织粗大,硬度较低,回火后得到的回火托氏体也粗大,耐蚀性和抛光性均会有所降低。为了获得细小均匀的回火托氏体组织,淬火时应当淬透。P20 钢适合制造有效厚度小于 100mm 的塑料模具,以便在预硬化时淬透。大尺寸的模块应当采用淬透性较好的 718 钢、4410 钢制造。

综上所述,P20 钢淬火冷却速度不足时,将得到上贝氏体+珠光体的整合组织,淬火硬度和回火硬度均偏低。贝氏体和马氏体在 640℃ 高温回火均得到回火托氏体。马氏体在高温回火过程中发生 α 相回复,但尚未完成再结晶,组织细小,得到均匀细小的回火托氏体组织。

7.4.2　718 钢预硬化组织及硬度

718 钢于 850℃ 奥氏体化后水淬,得到马氏体组织,HRC 硬度为 56。淬火后回火,测定 HRC 硬度为 32～35。

采用水淬、油淬、空冷分别可得到马氏体、马氏体+贝氏体、贝氏体等不同的组织,硬度也不等。回火后的硬度随着温度的提高而不断降低。根据预硬化处理要求的 HRC 硬度为 28～32。淬火后的硬度、组织不同,则采用的回火温度也不同:水淬得马氏体组织(见图 7-10),HRC 硬度高达 56,需要在 640～680℃ 回火,这是最理想的。但是若淬火得到马氏体+少量贝氏体的整合组织,其 HRC 硬度偏低,大约在 40～50 之间波动,为了保证要求的 HRC 硬度为 28～32,则需要适当降低回火温度[6]。

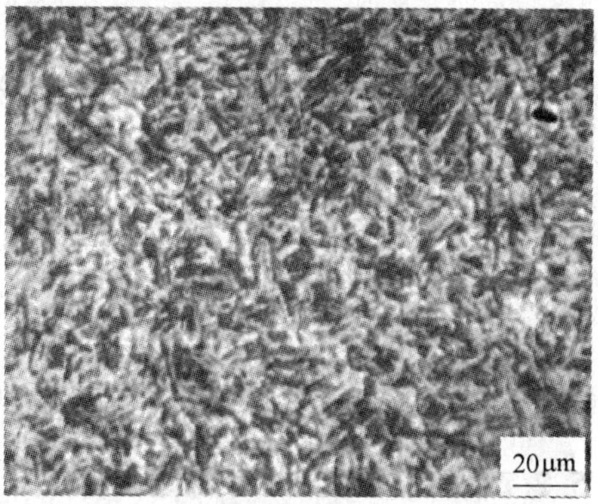

图 7-10　718 钢淬火马氏体组织(OM)

718 钢油淬得板条状马氏体组织,等温淬火得上贝氏体组织,回火后均得到回火托氏体组织,由 α-Fe和渗碳体组成,铁素体仍然具有条片状形态,尚未完成再结晶。碳化物呈细小短棒状,并按一定位向分布，衍射测定碳化物有 Fe_3C。

718 钢同样于 850℃ 奥氏体化，若进行炉冷则得到上贝氏体为主的组织，然后于 640℃ 回火也得到回火托氏体组织，由 $\alpha-Fe$ 和渗碳体组成，仍然保留着上贝氏体形态的痕迹，如图 7－11 所示。从 7－11(a) 可以看到沿奥氏体晶界两侧形成的上贝氏体形貌的痕迹。碳化物较为粗大，是由于在回火时贝氏体中的原有渗碳体不断长大的缘故。

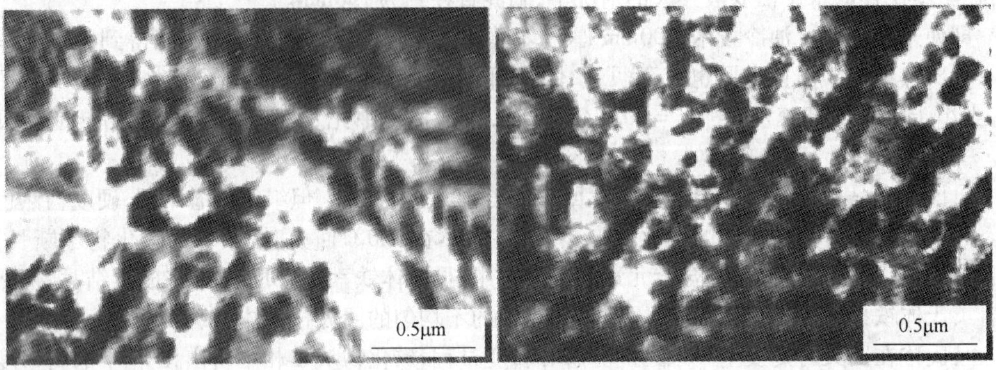

(a)　(b)

图 7－11　718 钢上贝氏体回火后的组织回火托氏体

7.5　大型锻坯的淬火

P20、718 钢塑料模具钢大型锻件的淬火冷却在水槽及油槽中进行，淬火冷却工艺操作比中小件困难得多。

7.5.1　P20、718 钢锻坯的分类

P20、718 钢锻坯按方坯表面积(S)和体积(V)之比分为三类：第一类，S/V 小于 0.16 时为大型锻坯；第二类，S/V 为 0.16～0.22 时为中型锻坯；第三类，S/V 大于 0.22 时为小型锻坯。

这个分类方法主要是由锻坯中心的冷却速度决定的。锻坯表面积的大小，决定了在淬火介质中散热面积和散热速度的大小；而体积的大小决定了钢坯热涵的多少和向淬火介质放出热量的大小。表面积与体积的比值愈小，锻坯中心的冷却速度愈小，锻坯中心冷却到终冷温度所需时间愈长，截面温差愈大，淬火应力愈大。为使锻坯淬火后得到马氏体＋贝氏体均匀的组织，调质后得到均匀的索氏体组织，同时又不产生淬火裂纹，必须根据锻坯的表面积与体积之比确定不同的淬火工艺。

7.5.2　奥氏体化均温、保温时间确定

7.5.2.1　奥氏体化温度

根据 P20、718 钢的临界点，奥氏体化温度一律采用 860℃。

7.5.2.2　均温、保温时间确定[6]

首先将加热炉升温到 880～900℃，然后将锻坯入炉，炉温会立即降低到 860℃ 以下，此时可按炉子最大功率升温(也可随炉升温)，当指示仪表达到奥氏体化温度时，开始计算均温时间。

均温时间取决于锻坯的尺寸和装炉量。当从炉子火孔目视锻坯的颜色与炉膛火色一致时，均温结束，开始计算保温时间。

均温+保温时间可以按经验法确定，即按锻坯有效厚度每25mm加热1h进行计算。热透时间也可用计算机计算。锻坯在台车退火炉中的加热时间参见表7-2。

可见，按经验确定加热时间，呈线性关系，时间较长。用计算机计算值较好。锻坯热透后的保温时间一律为2h。表7-2中参数仅供生产中参考。

7.5.3 淬火介质和淬火冷却方法

7.5.3.1 淬火介质

大型塑料模具钢锻坯的淬火要求整个截面获得马氏体组织，或者马氏体+贝氏体的整合组织，以便达到预硬化目的，获得良好的综合力学性能。但又要减少淬火内应力，防止淬火开裂。在马氏体转变区应慢冷，在珠光体转变区应快冷。如P20钢在400~600℃之间需要快速冷却，718钢可以慢一些冷却。淬火介质可以采用水、空气、油。

为了淬火各阶段具有理想冷却速度，大型锻坯不采用单一的淬火介质，而是综合采用几种介质分阶段冷却。

大型锻坯采用"空+水+油"和"炉+空+水+油"双液淬火，以便使锻坯淬火为马氏体组织。对于718钢来说，奥氏体很稳定，可在炉内降温后再空冷，即在加热炉内从奥氏体化温度降温到750~800℃，保持1h左右，然后出炉，按空+水+油方式淬火。

为了避开贝氏体转变的"鼻子"，使锻坯得到马氏体或马氏体+少量贝氏体组织，必须水冷。水中冷却的时间应计算。在避开贝氏体"鼻子"后则该用油冷。

"水+空"介质的间隙冷却法：第一次水冷使锻坯表面层冷却到M_s点以下，随后提出空冷，空冷时间每次不少于0.5min，以锻坯表面层的温度不超过回火温度为限。

大型锻坯淬火方式的特点是：(1)大型锻坯采用空气预冷或炉内降温，水—油双液淬火法，符合理想的冷却曲线。(2)在水冷期间，采用水—油介质间隙冷却，可避免淬裂。

7.5.3.2 空冷、炉内降温+空冷

P20钢的珠光体"鼻子"较短，不宜空气中预冷，应尽快入水并且转油中冷却。而718钢奥氏体有较好的稳定性，可以空冷预冷，对于大尺寸锻坯，为了防止淬火开裂，也可以炉中降温，然后出炉空气中预冷。炉内降温对淬火硬度、组织、性能没有影响。

空冷时必须控制锻坯表面温度不低于650~700℃，以保证锻坯中心温度不低于750~800℃。

空冷到所需温度的时间需要查相关数据和计算。例如厚200mm的锻坯从850℃冷却到700℃约需6min。

在确定空冷时间时，尚需根据具体实际进行调整。

7.5.3.3 锻坯中心冷却到规定温度的时间

锻造方坯在空冷降温后，采用"水+油"双液淬火法。当锻坯中心在水中冷却到350~450℃后，再转入油中冷却，以防止奥氏体分解为上贝氏体组织。

为了防止产生淬火裂纹，施行间隙冷却。对于大、中型锻坯应适时从水中提出，进行空冷。空冷的次数为：大型锻坯进行2次，中型锻坯进行1次。空冷的时间为：大型锻坯1~2min，中型

锻坯0.5～1min。对于大中型锻坯，第一次入水冷却的时间应为3～4min，以保证锻坯的冷却效果。

对于P20大中型锻坯，应先在水中冷却3～4min，然后转入油中。对于小型锻坯，必须进行水+油双液淬火，先放入水中使锻坯中心冷却到350～400℃，然后再放入油中冷却。

复习思考题

7-1　什么叫做预硬化处理？

7-2　塑料模具钢的组织、性能特点是什么？

7-3　塑料模具钢预硬化处理工艺的特点是什么？

参考文献

[1] [美]G. A. 罗伯茨，R. A. 卡里．工具钢[M]．徐进，姜先余，等译．北京：冶金工业出版社，1987：117～280.

[2] 刘宗昌，高占勇，马党参，孙久红．718塑料模具钢的组织及预硬化[J]．特殊钢，2002，23(2)：43～46.

[3] 刘宗昌，于健，宋义全，等．P20钢的相变动力学曲线[J]．特殊钢，2003，24(4)：16～18.

[4] 于键，宋义全，刘宗昌，等．P20塑料模具钢的回火组织与硬度[J]．包头钢铁学院学报，2003，22(1)：42～44.

[5] 刘宗昌，郝少祥，于键．P20塑料模具钢的组织与抛光性能[J]．特殊钢，2004，25(5)：19～22.

[6] 刘宗昌．珠光体转变与退火[M]．北京：化学工业出版社，2007.

8　钢材的粗晶组织及消除措施

8.1　混晶组织及消除

合金钢构件在热处理时，往往出现由于锻、轧、铸、焊而形成的原始有序的粗晶组织。带有原始马氏体或贝氏体组织的钢，再重新加热时常出现组织遗传和混晶现象。出现这种现象时，会降低钢的韧性，导致产品不合格，危害严重。因此，研究钢的组织遗传性和混晶组织及其防止措施具有重要意义。

8.1.1　粗大奥氏体晶粒的组织遗传

在热处理生产过程中，由于加热不当而造成实际晶粒粗大的现象，称为“过热”。钢件加热过热了再淬火，会得到粗大的马氏体组织，降低钢的力学性能。

将粗晶有序组织加热到高于 A_{c3} 温度，可能导致形成的奥氏体晶粒与原始晶粒具有相同的形状、大小和取向。这种现象称为钢的组织遗传[1]。

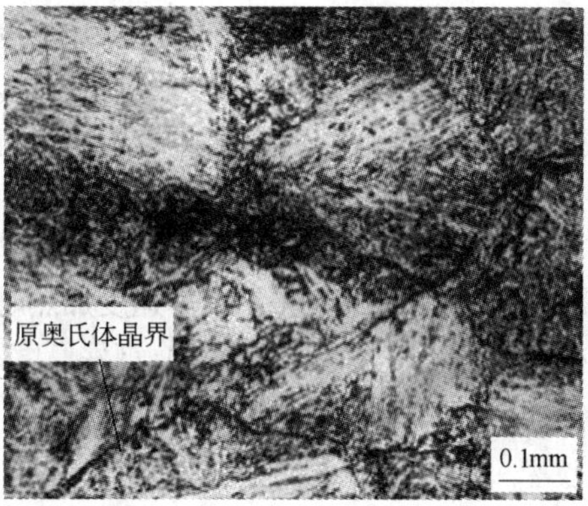

图 8－1　34CrNi3MoV 钢的粗大奥氏体晶粒

在原始奥氏体晶粒粗大的情况下，若钢以非平衡组织（如马氏体或贝氏体）加热奥氏体化，则在一定的加热条件下新形成的奥氏体晶粒会继承和恢复原始粗大的奥氏体晶粒。图 8－1 所示为 34CrNi3MoV 钢的粗大奥氏体晶粒。可见，在放大 100 倍的情况下，原奥氏体晶粒很粗大，测定为 1 级，晶粒内形成的贝氏体组织也很粗大。

8.1.1.1　晶粒异常长大的驱动力

如果将粗晶有序组织继续加热，并延长保温时间，还会使晶粒异常长大，出现细晶粒（5～8 级晶粒）和粗晶粒（1～4 级晶粒）共存的现象，即造成混晶现象。应当指出，生产中，钢中的晶粒往往是不均匀的，大的晶粒可能有 5～6 级，小的晶粒可达 7～8 级，但是这同属于细晶粒等级，这时虽然晶粒大小不等，但不宜于称混晶。

混晶是晶粒异常长大造成的。异常长大时晶界移动的驱动力为：

$$P = -\frac{\mathrm{d}G}{4\pi R^2 \mathrm{d}R} = \frac{2\gamma}{R} \tag{8-1}$$

式 8－1 表明：由界面能提供的作用于单位面积晶界的驱动力 P 与界面能 γ 成正比，而与界面曲率半径 R 成反比。力的方向指向曲率中心。当晶界平直时，$R=\infty$，则驱动力等于零。界面能 γ 越大，驱动力越大。如果界面处溶入降低界面能的合金元素，那么，驱动力变小，则界面移动速度减小。界面曲率半径 R 越小，驱动力 P 值越大。

在 3 个晶界交点处，为了保持界面张力平衡，必须保持 3 个交角均为 120°，晶界必将凸向大晶粒一方，出现曲面晶界，那么将有驱动力 P 作用于晶界，促使晶界移动。如果没有大于 P 的阻力,那么晶界将向小晶粒推进。结果是大晶粒不断长大,小晶粒逐渐变小,直至消失,即大晶粒吃掉小晶粒,使晶粒粗化。图 8－2 所示为高纯度含铜低碳钢铁素体组织的混晶现象,可见铁素体大晶粒吞吃小晶粒,这是由于该钢中除含铜元素外,其他杂质元素极少,缺乏阻碍晶界移动的因素,因此铁素体大晶粒肆无忌惮地吞噬小晶粒,造成在某一保温时刻特大晶粒与细小晶粒共存的现象。

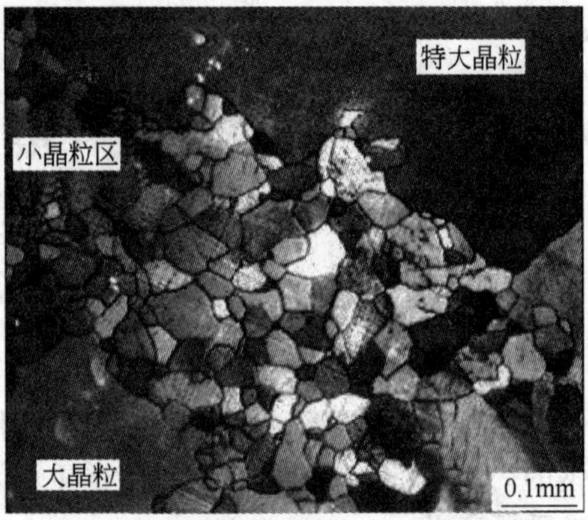

图 8－2　高纯度含铜低碳钢铁素体组织的混晶现象(OM)

8.1.1.2　影响钢组织遗传的因素

调质处理之前,如果钢的原始组织为非平衡组织,如马氏体、回火马氏体、贝氏体、回火托氏体、魏氏组织等,这些组织中尚保留着明显的方向性,则容易出现组织遗传。合金化程度越高,加热速度越快,越容易出现组织遗传性。

原始组织是影响组织遗传的重要因素。同一种钢原始组织为贝氏体时比为马氏体时的遗传性强;原始组织为魏氏组织时也容易出现组织遗传;原始组织为铁素体＋珠光体组织时,一般不发生组织遗传现象;对于原始组织为非平衡组织的合金钢,组织遗传是一个普遍的现象。

加热速度也影响组织遗传。合金钢以非平衡组织加热时,采用慢速加热或者快速加热均容易出现组织遗传,只有采用中等速度加热时才有可能不发生组织遗传。加热速度可以试验确定。但在实际生产中,由于炉型不同、钢件厚度不等,控制加热速度较为困难。

导致旧奥氏体晶粒遗传的根本原因在于旧奥氏体与马氏体之间存在着严格的晶体学位向关系。

8.1.2　35CrNi3MoV 钢锻件产生混晶的原因

产生混晶的主要原因是组织遗传,将粗晶有序组织加热到高于 A_{c3},可能导致形成的奥氏体晶粒与原始晶粒具有相同的形状、大小和取向。35CrNi3MoV 钢钢锭在去氢退火之前要进行锻造加工。在实际锻造生产中,停锻温度多在 900℃以上,一般锻后晶粒较为粗大,并且组织不均匀,得到贝氏体＋马氏体＋残留奥氏体的整合组织。

锻件空冷到 300～400℃,随后再加热去氢退火,如图 8－3 中的工艺曲线所示。从图 8－3 中可见,锻后空冷必获得粗大贝氏体组织,以这种粗大的非平衡组织加热奥氏体化,在 860℃进行重结晶,加热时间较长,新形成的奥氏体晶粒继承了原始粗大的晶粒。然后第 2 次空冷到贝氏体

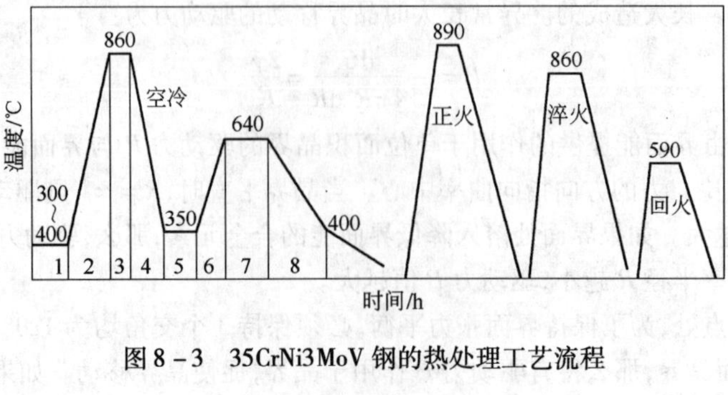

图 8－3　35CrNi3MoV 钢的热处理工艺流程

转变区。接着以贝氏体状态进行去氢退火，在640℃保温，对于该钢来说，不可能完成贝氏体铁素体的再结晶，仍然是具有条片状铁素体的不平衡组织。在去氢退火后，又一次加热到890℃，高温加热后正火，又一次得到贝氏体组织。然后又以贝氏体组织加热奥氏体化，加热淬火＋回火，即调质处理。以非平衡组织加热淬火是不允许的，是错误操作。

上述反复以非平衡组织加热后淬火，转变为贝氏体等非平衡组织，是该钢锻件混晶和组织遗传的原因。

粗大的奥氏体晶粒经过空冷冷却到350℃，目的是正火细化晶粒。但是，由于该钢属于贝氏体钢，在350℃等温时，粗大的奥氏体晶粒经过空冷得到了粗大的贝氏体组织，再重新加热到640℃保温脱氢，虽然氢的含量可以降低到$1.8\times10^{-4}\%$以下，不会产生白点，但组织仍然较为粗大，而且还保留着贝氏体条片的方向性，贝氏体铁素体并没有再结晶，实际观察为回火托氏体组织。

再以此种有序的方向性明显的粗晶组织进行正火，又一次得到粗大贝氏体组织。接着进行调质处理，将粗大的贝氏体组织加热奥氏体化，则造成组织遗传。在加热保温过程中，将回复原来粗大的奥氏体晶粒。由于大锻件加热保温时间过长，奥氏体晶粒发生了异常长大现象，大晶粒吞噬小晶粒，结果是造成了混晶。

去氢后进行机械加工，最终热处理为正火＋调质处理。调质后进行金相检验时发现调质处理后的晶粒度很不均匀，发现混晶现象，如图8－4所示。晶粒度级别为：4级约占70%，8级约占30%。由于混晶现象，各项力学性能指标均不能满足使用要求，需要退火，阻断组织遗传，重新调质处理，克服混晶现象。

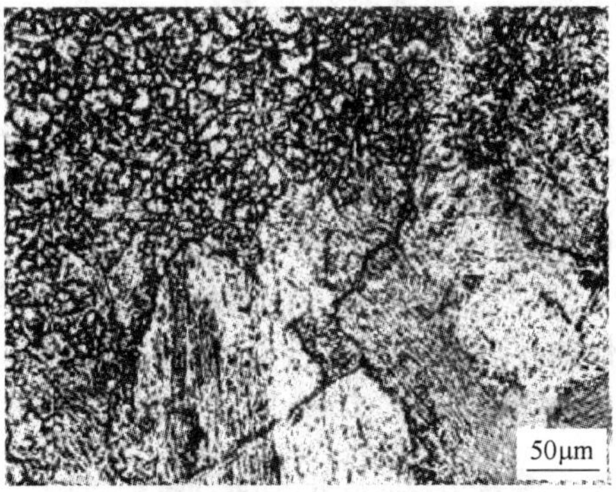

图8－4　34CrNi3MoV钢调质处理后的混晶组织

8.1.3　防止混晶的工艺

合金钢的组织遗传在生产实践中较为常见，钢的合金化程度越高，越容易在钢中出现组织遗传性。原始组织也是影响组织遗传的重要因素，通常原始组织为贝氏体组织遗传性较强，因此，必须将原始的非平衡组织转变为平衡组织。

工业试验表明，采用完全退火、不完全退火、A_1温度稍下的高温回火等工艺后，获得平衡组织，可阻断组织遗传性。如35CrNi3MoV钢采用完全退火工艺，于850℃奥氏体化，然后于640℃等温，得到铁素体＋珠光体的整合组织。这种经过相变重结晶的平衡组织破坏了组织遗传的可能性。以此种组织再进行调质处理，就会得到较为细小的回火索氏体组织。

混晶是组织遗传造成的。杜绝晶粒异常长大，并且以平衡组织进行调质处理，就可以防止组织遗传，消除混晶现象，保证组织性能合格。

为此，将34CrNi3MoV钢锻件在650℃去氢退火后，再于700～730℃加热，进行低温退火，使其获得平衡的索氏体组织，然后调质，避免了组织遗传性和混晶现象。对于容易发生珠光体分解的合金钢，为了纠正混晶现象，也可以进行完全退火，以便获得平衡的铁素体＋珠光体组织，然后再进行调质处理，从而消除混晶现象[2,3]。

34CrNi3MoV钢的钢锭经过锻造成为大锻件，锻后重结晶细化组织，再去氢退火，然后进行调质处理，这一个系列工艺规范防止了混晶，工艺曲线如图8－5所示。组织得到细化，如图8－6所示。

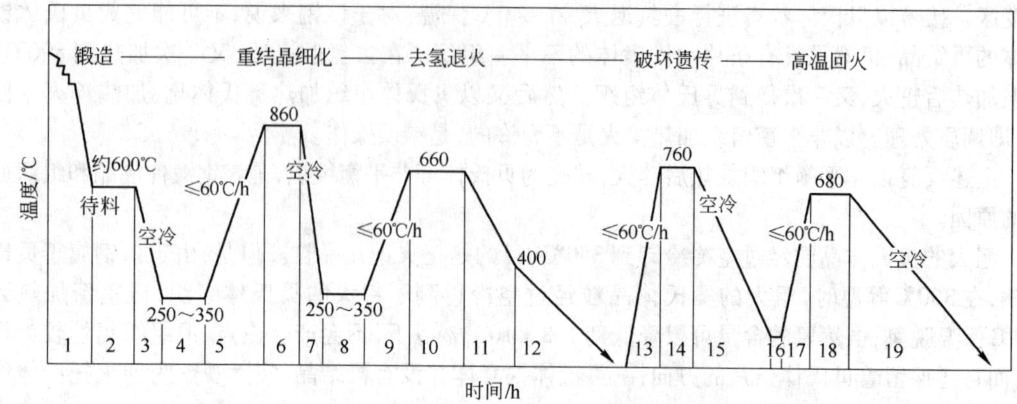

图 8－5　34CrNi3MoV 钢系列生产工艺

一般情况下，导致粗大奥氏体晶粒遗传的主要因素是针形奥氏体的形成及其合并长大。在生产中可以采用以下措施加以控制：

(1)采用退火或高温回火消除非平衡组织，实现 α 相的再结晶，获得细小的碳化物颗粒和铁素体的整合组织。使针形奥氏体失去形成条件，可以避免组织遗传。采用等温退火比普通连续冷却退火好。采用高温回火时，多次回火为好，以便获得较为平衡的回火索氏体组织。

(2)对于铁素体＋珠光体的低合金钢，组织遗传倾向较小，可以正火校正过热组织，必要时采用多次正火细化晶粒。

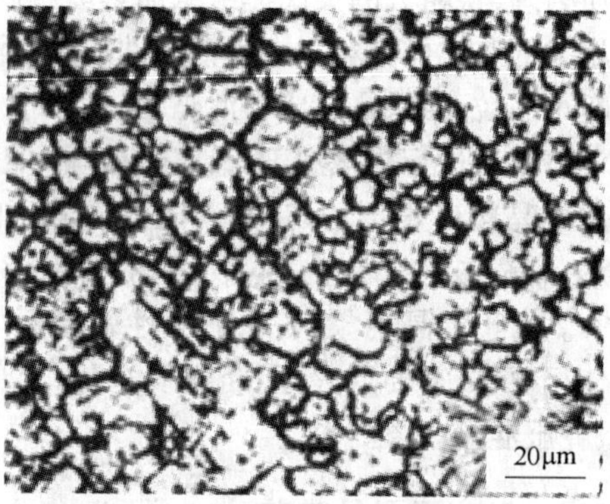

图 8－6　34CrNi3MoV 钢奥氏体晶粒

8.2　魏氏组织及消除措施

钢中的魏氏组织通常是指亚共析钢中的先共析铁素体呈平行的条片状或呈一定角度组成有规则的几何图形的一种金相组织形貌。在过共析钢中也会出现魏氏组织。

粗大的魏氏组织降低钢的韧性。

8.2.1　魏氏组织

魏氏组织实际上是一种先共析转变的组织。亚共析钢的魏氏组织是先共析铁素体在奥氏体晶界形核呈方向性片状长大，即沿着母相奥氏体的 $\{111\}_\gamma$ 晶面（惯习面）析出。一般为过热组织，是过热的奥氏体组织在中温区的上部区转变为向晶内生长的条片状的铁素体和极细的片状珠光体（托氏体）的整合组织[4]。

亚共析钢的魏氏组织铁素体（WF）是钢在较高温度下形成的一种片状产物。通常，魏氏组织铁素体在等轴铁素体形成温度以下、贝氏体形成温度以上，当奥氏体晶粒较大，以较快速度冷却时形成的。如图 8－7 所示[5]，45 号钢经 1100℃加热，奥氏体晶粒长大，然后空冷得魏氏组织。可见，首先沿着原奥氏体晶界析出网状铁素体，然后析出片状铁素体向奥氏体晶内沿某一界面平行地长大，其余黑色区域为托氏体组织。

在过共析钢中也存在魏氏组织，先共析渗碳体以针状和条片状析出，实际生产中比较少见。

图 8－8 所示为 $w(C)$ = 0.69%、$w(Mn)$ = 0.90% 的钢轨钢的魏氏组织[5]，可见，首先在奥氏体晶界上析出渗碳体，接着从晶界渗碳体上再次形成渗碳体晶核，然后沿着有利的晶面向晶界一侧或两侧以片状渗碳体的形式向晶内长大。当冷却到 A_1 以下时，剩余的奥氏体则转变为片状珠光体组织。

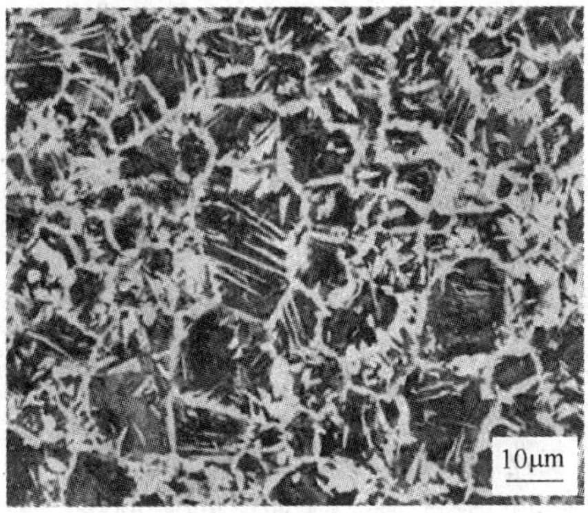

图 8－7　45 号钢的魏氏组织（LOM）

图 8－8　$w(C)$ = 0.69%、$w(Mn)$ = 0.90% 的钢轨钢的魏氏组织（LOM）

魏氏组织铁素体形貌与上贝氏体有相似之处，但一般认为不属于贝氏体组织的范畴，在魏氏铁素体片中没有发现亚单元。

魏氏组织铁素体形成温度较高，存在明显的碳原子的扩散，符合扩散形核长大规律。魏氏组织铁素体形成时也具有表面浮凸现象。魏氏组织新旧相具有晶体学关系（K－S 关系）。

魏氏组织的相变机制存在分歧，即切变说和台阶－扩散之说。魏氏组织实际上是共析分解向贝氏体相变的过渡阶段的转变产物，它兼有先共析分解和贝氏体铁素体形成的双重特征。有时魏氏组织铁素体和条片状贝氏体铁素体同时出现在组织中。如图 8－9 所示为中碳铬镍合金钢的魏氏组织铁素体＋托氏体＋BF 的整合组织。可见，首先沿着奥氏体晶界析出先共析铁素体，然后形成条片状魏氏组织铁素体，最后，余下的奥氏体转变为托氏体。其中的魏氏组织铁素体与上贝氏体铁素体相似。

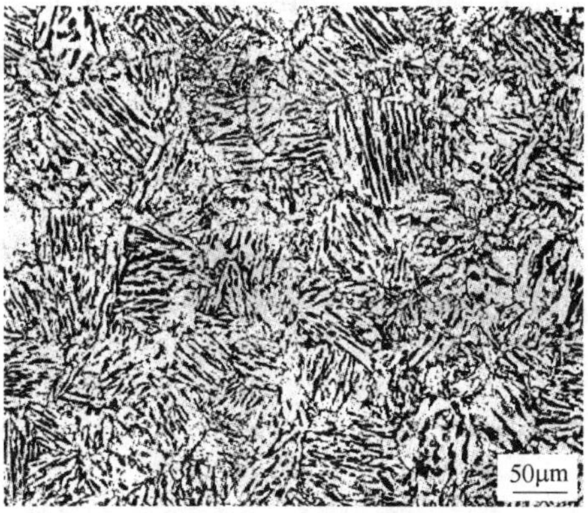

图 8－9　中碳铬镍合金钢的魏氏组织铁素体＋托氏体＋BF 的整合组织

8.2.2　消除魏氏组织的工艺措施

将具有魏氏组织的钢材重新加热到临界点 A_{c3}（或 A_{cm}）以上（略高于）重新奥氏体化，得到细小的奥氏体晶粒，然后炉冷退火或适当冷却的正火，即可消除魏氏组织。从提高生产率角度来说，正火比退火的占炉时间少得多。所以，消除魏氏组织通常是采用正火工艺，而不采用退火。

但是对于许多合金钢来说，正火后硬度较高，不便于切削加工，在这种情况下，不能采用正火，而是采用退火。例如，对于 30CrMnSiNi、30CrMnMoV、30CrNiMoA 等钢，为了获得较低的硬度，以便于切削加工，需要采用完全退火工艺。

复习思考题

8-1　名词解释:魏氏组织、混晶、组织遗传

8-2　大锻件混晶的原因和防止措施是什么?

8-3　如何防止大锻件组织遗传?

参考文献

[1] 刘宗昌,任慧平,宋义全. 金属固态相变教程[M]. 北京:冶金工业出版社,2003:45~60.

[2] 杨慧,刘宗昌,王玉峰,等. 35CrNi3MoV 钢的混晶及防止方法[J]. 金属热处理,2003,28(12):48~50.

[3] 刘宗昌. 珠光体转变与退火[M]. 北京:化学工业出版社,2007.

[4] 刘宗昌,任慧平. 贝氏体与贝氏体相变[M]. 北京:冶金工业出版社,2009.

[5] 钢铁研究总院结构材料研究所. 钢的微观组织图像精选[M]. 北京:冶金工业出版社,2009.

9 热轧盘条的在线热处理

9.1 盘条的分类

直径为4~5mm的热轧圆钢和10mm以下的螺纹钢通称线材。线材大多用卷材机卷成盘卷供应,所以又称为盘条或盘圆。

盘条一般用普通碳素钢和优质碳素钢制成。按照钢材分配目录和用途不同,盘条包括普通低碳钢热轧圆盘条、优质碳素钢盘条、碳素焊条盘条、调质螺纹盘条、制钢丝绳用盘条、琴钢丝用盘条以及不锈钢盘条等。盘条(线材)的品种一般按钢种可分为以下几类:

(1)软线,即普通低碳钢热轧盘条,又可分为建筑用盘条和拉丝用盘条。现用的牌号主要是碳素结构钢中的Q195、Q215、Q235钢和优质碳素结构钢中的10号、15号、20号钢。

(2)硬线,包括优质碳素结构钢盘条、制绳钢丝用盘条、针织布钢丝用盘条、轮胎钢丝用盘条、琴钢丝用盘条。现用的牌号主要是优质碳素结构钢中的45号~80号钢、40锰~70锰钢、T8MnA、T9A钢,以及各企业技术协议所规定的类似钢种。

(3)焊线,即焊条用盘条,包括碳素焊条钢用盘条和合金焊条钢用盘条。碳素焊条钢用盘条主要的牌号有H08A、H08E和H08C三种。合金焊条钢用盘条的牌号很多,在此不做具体介绍。

(4)合金钢线材,包括低合金钢热轧盘条和合金钢热轧盘条。合金钢线材种类很多,如低合金钢盘条钢12Mn、30Mn等,合金结构钢盘条20Mn、30Mn2、20CrMnSi、50CrVA等,不锈钢盘条和轴承钢盘条以及合金工具钢盘条等。

对于线材产品,绝大多数要求得到具有良好拉拔性能的索氏体组织,而获得这种组织的传统方法是对线材重新进行热处理。

9.2 控制轧制和控制冷却

9.2.1 控制轧制

控制轧制是在调整钢的化学成分的基础上,通过控制加热温度、轧制温度、变形制度等工艺参数,控制奥氏体和相变产物的组织状态,从而达到控制钢材组织性能的目的。

为了提高低碳钢、低合金钢、微合金化钢的强度和韧性,特别是低温韧性,通过控制轧制细化奥氏体晶粒或增多变形奥氏体晶粒内部的滑移带,即增加有效晶界面积,为相变时铁素体形核提供更多的形核位置,以便得到细小分散的铁素体和珠光体或贝氏体组织。

控制轧制是形变热处理的一种形式,是热变形和正火相结合的一种形变热处理工艺。

细化铁素体晶粒不仅能提高钢的强度,而且可以改善韧性。霍尔-佩奇公式给出屈服强度σ_s为:

$$\sigma_s = \sigma_0 + k_1 D^{-\frac{1}{3}} \tag{9-1}$$

式中 σ_s——单晶时的屈服强度;

k_1——晶粒尺寸系数,为曲线斜率;

D——铁素体晶粒直径,μm。

铁素体晶粒大小与脆性转变温度的关系为:

$$T_{转变} = A - mD^{-\frac{1}{2}} \tag{9-2}$$

式中　A,m——常数；

D——铁素体晶粒直径，μm；

$T_{转变}$——脆性转变温度，K。

从式9－2中可以看出，铁素体晶粒越细小，脆性转变温度越低，低温韧性越好。这就是控制轧制工艺细化铁素体晶粒既能提高钢的强度，又改善钢的韧性的独特之处，是其他方法所不及的。

钢材为了获得高强度、高韧性的综合性能，根据钢材的不同要求，可以采用不同的控制轧制工艺来达到性能要求。根据热轧过程中变形奥氏体的再结晶状态不同、相变机制不同，将控制轧制分为3种类型：在奥氏体再结晶区的控制轧制称为奥氏体再结晶型控制轧制；在奥氏体未再结晶区的控制轧制称为未再结晶型控制轧制；在奥氏体和铁素体两相区控制轧制称为两相区控制轧制。

热轧过程中可以采用单一类型的控制轧制工艺，也可以采用两种或三种类型相配合的控制轧制工艺。

下面简单介绍3种控制轧制类型的特点[1]：

(1)奥氏体再结晶型控制轧制。这种类型是在奥氏体再结晶的区域中轧制，一般温度较高，在1000℃以上。在奥氏体变形过程中产生动态再结晶，在奥氏体变形后发生静态再结晶。动态再结晶一般要求在温度高而变形速度较慢的条件下产生，而且要求超过动态再结晶临界变形量。静态再结晶发生条件是变形量要超过静态再结晶临界变形量。因此，要通过反复变形再结晶，细化奥氏体晶粒，细化后的再结晶晶粒通过相变得到细的铁素体晶粒，冷却速度慢，奥氏体晶粒会长大，对细化铁素体晶粒不利。一般含铌钢晶粒为20μm，而碳素钢为35μm左右。

(2)奥氏体未再结晶型控制轧制。根据钢的化学成分不同，奥氏体未再结晶区域的温度范围在950℃～A_{r3}温度区间变化。在此区间轧制时，钢不发生奥氏体再结晶。塑性变形使奥氏体晶粒拉长，在晶粒内形成变形带和铌、钒、钛微量元素的碳氮化物的应变诱发沉淀。变形奥氏体晶界是铁素体优先形核的部位。奥氏体晶粒被拉长，将阻碍铁素体晶粒的长大。随着变形量的增大，变形带的数量也增加，而且在晶粒内分布得更加均匀，这些变形带也提供了相变时的形核地点。因而，相变后的铁素体晶粒也更加均匀细小，约5～10μm。

(3)奥氏体和铁素体两相区控制轧制。一般是在奥氏体再结晶区、未再结晶区进行一定道次的压下。在这一温度范围内，变形使奥氏体晶粒继续拉长，在其晶粒内部形成新的滑移带，并在这些部位形成新的铁素体晶核而先析出铁素体。经变形后，铁素体晶粒内部形成大量位错，使强度提高，脆性转变温度降低，晶粒细化(约3～5μm)[2]。

近年来我国钢铁工业得到迅猛发展，新建的多条小型连轧生产线都使用了控轧控冷技术。控轧控冷技术主要包括以下几种：

(1)精轧机组前后及机组内部设置水冷装置。这种布置将精轧机组分为两部分，中间设水冷装置。整个机组前后都设有水冷装置。这种形式的布置适合于生产优质合金钢棒材，生产操作灵活，容易实现两相区控制轧制，但是生产线长，用地和厂房投资大。

(2)精轧机组前后设置水冷装置。这种布置也适合于生产优质合金钢棒材，但生产操作灵活性不足。

(3)精轧机组为减定径机组或三辊轧机，前后设水冷装置。这种布置也适合于生产高精度优质合金钢棒材，优点是大大简化了粗、中轧孔型系统，提高轧辊共用性，但如采用进口减定径机组投资较大。

(4) 精轧机组后设水冷装置。这种布置适合于生产普通建材的小型生产线,便于实现预热淬火工艺。

9.2.2 控制冷却

控制冷却是利用相变强化以提高钢材的强度。通过控制冷却,能够在不降低韧性的前提下进一步提高钢的强度。通过控制热轧钢材后的冷却条件来控制奥氏体组织状态、相变条件、碳化物析出行为、相变后钢的组织和性能。

热轧后控制冷却包括3个不同冷却阶段,一般称为一次冷却、二次冷却及三次冷却。在轧钢生产中,其生产出来的产品都必须从热轧后的高温红热状态冷却到常温状态。这一阶段的冷却过程将对产品的质量有着极其重要的影响。因此,线材的轧后冷却是整个线材生产过程中产品质量控制的关键环节之一。

(1) 奥氏体急速过冷阶段(一次冷却)。一次冷却是指从终轧温度开始到奥氏体向铁素体开始转变温度A_{r3}或二次碳化物开始析出温度A_{rcm}范围内的冷却,控制的参数为开始快冷温度、冷却速度和快冷终止温度。一次冷却的目的是控制热变形后的奥氏体状态,阻止奥氏体晶粒长大或碳化物析出,固定由于变形而引起的位错,加大过冷度,降低相变温度,为相变做组织上的准备。相变前的组织状态直接影响相变机制和相变产物的形态和性能。经验表明,一次冷却的开始快冷温度越接近终轧温度,细化变形奥氏体的效果越好。

(2) "等温"处理阶段(二次冷却)。二次冷却是指热轧钢材经过一次冷却后立即进入由奥氏体向铁素体或碳化物析出的相变阶段,在相变过程中控制相变冷却开始温度、冷却速度(快冷、慢冷、等温相变等)和停止控冷温度。控制这些参数就能控制相变过程,从而达到控制相变产物的形态、结构。

(3) 迅速冷却阶段(三次冷却)。当相变结束后,除有时考虑到固溶元素的析出采用慢冷外,一般采用空冷到室温,目的是为了减少氧化铁皮的产生。三次冷却或空冷是指相变之后直到室温这一温度区间的冷却参数控制。对于一般钢材,相变完成,形成铁素体和珠光体。相变后多采用空冷,使钢材冷却均匀,不发生因冷却不均匀而造成弯曲变形。此外,固溶在铁素体中的过饱和碳在慢冷中不断弥散析出,使其沉淀强化。

对一些微合金化钢,在相变完成之后仍采用快冷工艺,以阻止碳化物析出,保持碳的固溶状态,以达到固溶强化的目的。

将一次冷却及二次冷却合成为一个快速冷却过程的工艺,即由轧后快冷至低温相变,如发生马氏体相变,形成直接淬火工艺,进行自回火或回火,形成形变调质工艺。

根据冷却方式不同,又分为斯太尔摩冷却法、施罗曼冷却法、迪马克-八幡竖井冷却法(DP法)、热水浴法(ED法)淬火+回火法、流态床法等。

9.2.2.1 斯太尔摩冷却法

斯太尔摩控冷工艺为应用较普遍、发展成熟、使用稳妥可靠的冷却工艺。其特点是水冷段相同,为了满足不同钢种冷却需要,在风冷段具有3种冷却形式。

为满足高碳钢线材冷却的标准,斯太尔摩运输机示意图如图9-1所示,线材从精轧机出来后进入冷导管通水快速冷却。根据不同的钢种和用途将线材冷却到接近相变温度(750~900℃),冷却后的线材经吐丝机成圈散布在辊道运输机上,盘卷在运输过程中由布置在运输机下方的风机吹风进行冷却。标准型冷却的运输速度为0.25~1.3m/s,冷却速度为4~10℃/s。满足低碳钢和合金钢之类的低冷速要求而设计的缓慢冷却型与标准型不同之处是,在运输机前

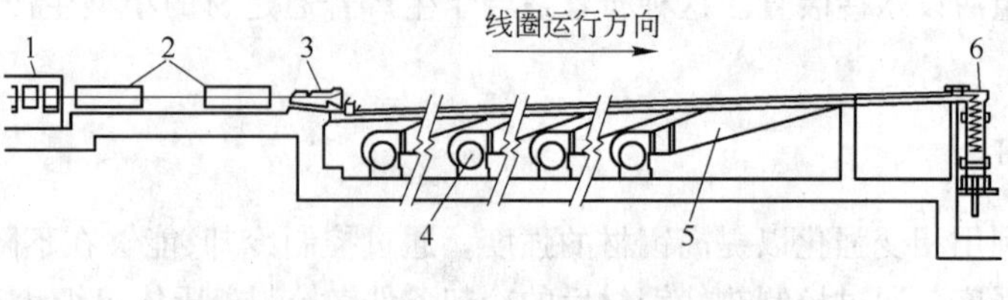

图 9-1　标准斯太尔摩运输机示意图

1—精轧机组;2—冷却水箱;3—吐丝机;4—风机;5—送风室;6—集卷器

部加了可移动的加热烧嘴和保温护罩,但结构复杂,造价高。延迟冷却型是在标准型基础上结合缓慢型冷却工艺特点改进而成的,它在标准型运输机两侧装上隔热保温层侧墙,并在保温墙的上方安装可灵活开闭的保温罩,以满足对低碳钢、低合金钢的缓慢冷却需要,延迟型冷却的运输速度为0.05～1.3m/s,冷却速度为1～10℃/s。

控制冷却工艺主要控制的是影响线材质量的终轧温度、吐丝温度、相变区冷却速度和卷曲温度[3]。

斯太尔摩控制冷却法适用于所有大规模生产的钢种,可得到控制金属组织、提高综合性能、减少氧化铁皮的综合效果。

经过斯太尔摩控制冷却处理的线材,其氧化铁皮的生成量可控制到0.2%,比常规集卷冷却少1%左右。由于氧化铁皮生成量少,且FeO的密度大,便于酸洗,所以酸洗时间较常规冷却法可节省40%左右。斯太尔摩控制冷却法减少了金属组织中片状珠光体的含量。常规冷却法所得到的片状珠光体含量为20%～30%,而按斯太尔摩控制冷却法所得到的片状珠光体含量则仅为10%～20%。

斯太尔摩控制冷却法可控制铁素体的平均晶粒度,因此力学性能波动很小,强度波动值一般不超过±20MPa,断面收缩率波动一般也不大于±2%,这就提高了线材经受冷加工的能力,而接近了铅浴处理效果。

斯太尔摩控制冷却法的特点有:

(1)冷却速度可以人为控制,容易保证线材的质量;

(2)与各种控制冷却方法相比,斯太尔摩法较为稳妥可靠;

(3)设备不需要较深的地基;

(4)投资费用高,占地面积大;

(5)运输机上线材冷却靠风冷实现,因此,线材质量受车间环境温度和湿度的影响较大;

(6)由于主要依靠风机降温,线材二次氧化较严重。

9.2.2.2　施罗曼冷却法

施罗曼控制冷却法是在斯太尔摩冷却法基础上发展起来的。与斯太尔摩冷却法相比,施罗曼法做了两项较大的变动:

(1)改进了水冷装置,强化了水冷能力,使轧件一次水冷就尽量接近于理想的转变温度,从而达到简化二次冷却段的控制和降低生产费用的目的。

(2)采用水平锥螺管式成圈器,成圈后的线卷可立着进行水平移动,依靠空气自然冷却,使盘卷冷却更为均匀且易于散热。取消了成圈后的强制风冷而任其自然冷却,这样就使得二次冷却过程基本上不受车间温度和湿度的影响,并可防止在相变过程中线圈相互搭接而造成相变条件不一致,这是施罗曼法的突出优点。

从工艺上说,施罗曼法和斯太尔摩法的主要区别在于斯太尔摩法侧重二次风冷,其对冷却速度的控制手段主要放在风冷区;而施罗曼法强调一次水冷,线材的温度控制主要靠水冷来保证。由于施罗曼法成圈后的二次冷却是自然冷却,冷却能力弱,对线材相变过程中的冷却速度无法控制,所以用施罗曼法冷却的线材在质量上不如斯太尔摩法易于保证。

9.2.2.3 其他控制冷却法

除了上述两种典型的控制冷却法之外,又发展和研制了许多其他类型的控制冷却方法,其中包括间歇水冷法、ED 法和 EDC 法、迪马克 - 八幡竖井法以及流态床法等。这些方法的共同目的都是为了以最简单的经济手段得到最佳的质量效果。

A 间歇水冷法

间歇水冷法就是将水冷区分成若干段,每两段之间留有一定的距离不水冷(称为恢复段),使线材在通过水冷区时间断地被水冷却。这种设计的目的是为了防止线材表面和心部温差过大而造成组织不均匀,同时也是为了避免一次冷却过激而形成马氏体。

间歇水冷法设备虽然简单,但冷却速度难以控制,因此,线材质量得不到保证。

B ED 法和 EDC 法

ED 法是英文 Easy Drawing 的缩写,意思是“容易拉拔”,所以称为“易拉拔法”,又称“热水浴法”。

此种方法的工艺布置是将终轧后的线材先经一段水冷,其温度可控制在 850℃ 左右,水冷后的线材进入吐丝机,吐出的线圈直接落进 90℃ 以上的热水槽中,利用水受热后可在线材表面形成特定蒸汽膜的特点来控制冷却速度。有些资料表明,利用蒸汽膜导热,将线材在接近沸点的水中冷却,恰是高碳钢线材韧化处理所需的冷却速度。为了稳定蒸汽膜,有的在水中加入诸如肥皂之类的有机脂。

EDC 法是针对 ED 法操作面积小和不便连续化控制的缺点,在 ED 基础上发展起来的一种冷却方法。它与 ED 法的不同之处是用吐丝机将线圈散布在浸于水中的运输机上,运输机根据需要可调整速度和调整运输机在水中的浸入长度,以控制线材的冷却时间(见图 9 - 2)。

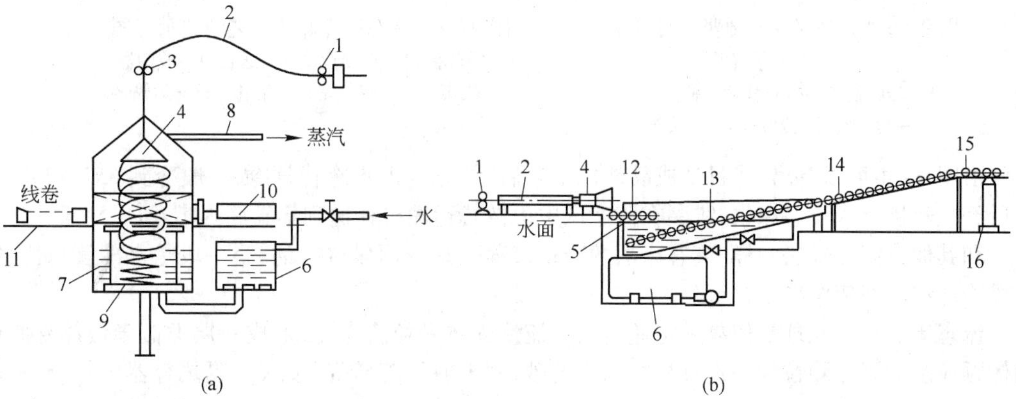

图 9 - 2 工艺布置图

(a)ED 法;(b)EDC 法

1—成品机架;2—水冷管或水冷箱;3—夹送辊;4—吐丝机;5—溢水墙;6—缓冲槽;7—水冷箱;8—蒸汽排出管;9—托板;10—推头;11—运输带;12—1 号运输辊道;13—2 号运输辊道;14—3 号运输辊道;15—4 号运输辊道;16—集卷站

ED法和EDC法的优点是占地面积小，工程投资少，操作较灵活；但用ED法和EDC法冷却的线材，奥氏体分解温度较高，因而强度较低，耐磨性差[4]。

C　迪马克－八幡竖井冷却法

此法是德国迪马克公司和日本八幡共同研制的一种塔式（竖井）冷却法，又称DP法。其主要工艺布置是将轧后的线材用水冷到600℃左右吐丝，吐丝后的线圈依次放在垂直链式运输机的托钩上（运输机垂直置于一柱形筒内），按一定速度下降（此速度可调），同时从垂直塔壁上的风孔吹入压缩空气进行冷却，对有些需快速冷却的钢种也可喷水急冷。此法工艺装置如图9－3所示。

竖井法一般只能用于轧速为45m/s以下的线材轧机。

D　流态床法

此法又称KP法，是日本神户钢铁公司研制的一种线材冷却方法。其工艺装置如图9－4所示。

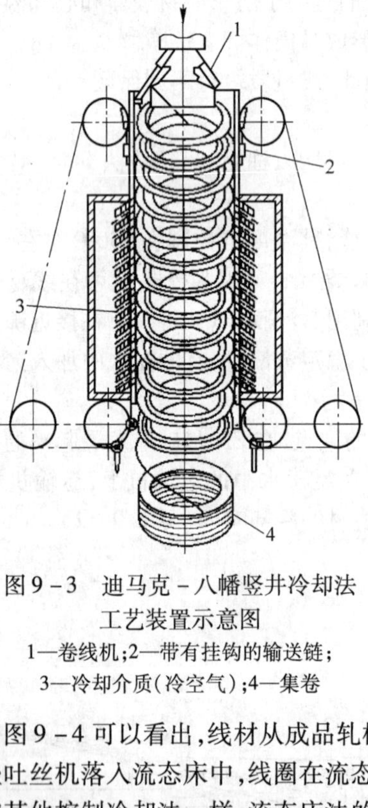

图9－3　迪马克－八幡竖井冷却法工艺装置示意图

1—卷线机；2—带有挂钩的输送链；3—冷却介质（冷空气）；4—集卷

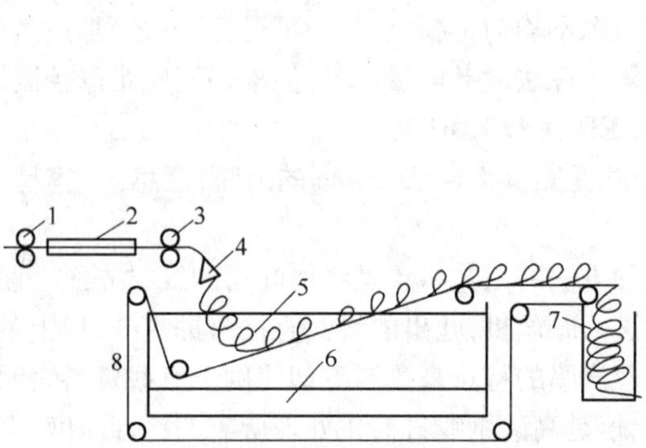

图9－4　流态床冷却法工艺装置示意图

1—精轧机；2—水冷管；3—夹送辊；4—成圈器；5—流态床；6—空气室；7—集卷筒；8—运输链

由图9－4可以看出，线材从成品轧机出来后，首先进入水冷管急冷，一般冷到650～750℃，然后经吐丝机落入流态床中，线圈在流态床中由链式运输机移送到集卷筒内集卷。

和其他控制冷却法一样，流态床法的冷却过程也是分两段进行的：第一段是水冷管急冷；第二段冷却在流态床中控制进行。

流态床的基本原理是依靠一定速度的气流使固体颗粒流态化，形成一层类似于液体沸腾的固体颗粒层。固体颗粒为一定直径的细小锆砂、刚玉或石英砂等，装入一隔热容器中；然后从容器底部可透气的绝热板气孔中通过适当速度的气流，这时固体颗粒即被气流翻起而全部处于悬浮的运动状态，形成一个固体颗粒悬浮运动空间，如同液体沸腾；再从底部通入煤气和空气混合气，依靠煤气在流态层中的燃烧使流态层具有一定的温度。这样就可根据不同材质和性能的要求对线材进行加热、保温和冷却等处理。

值得指出的是，由于流态床法可以调节冷却介质（即固体颗粒流态层）温度来对冷却速度加以控制，所以用此法处理的线材质量比其他方法都好，甚至超过铅浴淬火的水平。但这种方法使用的设备复杂,车间噪声大,污染严重,而且线材表面二次氧化也较严重。

以上是各种线材控制冷却方法的简单介绍。为了便于比较,特将它们各自的工艺特点列成表,见表9-1。

表9-1 各种冷却方法工艺特点比较

序号	冷却方法	工艺特点	优 点	缺 点
1	斯太尔摩法	水平式,散卷冷却,一次水冷,二次风冷,冷速可控制	产品强度高,性能波动小,易于控制,氧化铁皮少	占地面积大,设备多,投资费用高,冷却过程在一定程度上受环境影响
2	施罗曼法	水冷段长,强制水冷。卧式吐丝机吐丝后的线圈可立着行走,散卷后自然冷却	设备较简单,易于操作和维修。冷却过程不受车间环境影响	产品性能难以控制
3	间歇水冷法	多段穿水冷却	设备简单,投资少	产品性能不均匀,且难以控制
4	热水浴法	有ED法和EDC法两种形式,冷却介质为沸水,靠蒸汽膜控制冷却速度	设备简单,占地面积小,投资费用低	产品强度较低,性能波动大
5	迪马克-八幡竖井法(DP法)	立式冷却装置,冷却介质有冷风和水两种可供选择	结构紧凑,占地面积小,可在一定范围内调节冷却速度	生产效率不高,不适应高速线材轧机使用
6	流态床法(KP法)	水平式,散卷冷却,冷却介质为固体颗粒	产品强度高,性能均匀,氧化铁皮少	设备复杂,维修困难,粉尘大,噪声大

9.3 控制冷却与在线热处理技术的应用

随着钢种的不同,控制冷却钢的强韧性取决于轧制条件和冷却条件。控制冷却之前钢的组织形态取决于控制轧制工艺参数。控制冷却条件对热变形后奥氏体状态、相变前预组织有影响,对相变机制、析出行为、相变产物组织形貌更有直接影响。将控制轧制和控制冷却工艺有机地结合使用,可以取得控制冷却的最佳效果。

在线热处理主要指利用轧材的轧后余热进行直接淬火形成马氏体并进行回火的工艺,以及其他的轧后处理,如固溶处理等,属于控制冷却范畴。它与采用一般调质处理所得的轧材相比,钢的强韧性得到进一步提高,而且节省了一次加热,简化了工艺,节约了能源。

目前,连续小型型钢轧机上应用最广泛的是带肋钢筋及棒材的轧后余热淬火及自回火工艺。

9.3.1 钢筋的控制冷却——轧后余热热处理

钢筋的控制冷却又称为钢筋轧后余热热处理(Thermex)或轧后余热淬火。该工艺是利用钢筋终轧后在奥氏体状态下直接进行表层淬火,随后由其心部传出余热使表面进行回火,以提高强度、塑性,改善韧性,使钢筋得到良好的综合性能。这种热处理方法工艺简单,节约能耗,钢筋外形美观,条形平直,收到较大的经济效果,在国内外得到广泛的应用。

钢筋的综合性能,如屈服强度、焊接性能、疲劳强度、冲击韧性等,取决于钢的化学成分、变形条件、终轧温度、钢筋直径、冷却条件和自回火温度等因素。

9.3.1.1 钢筋轧后余热处理的基本原理

钢筋轧后余热处理过程可分为3个阶段,如图9-5所示。

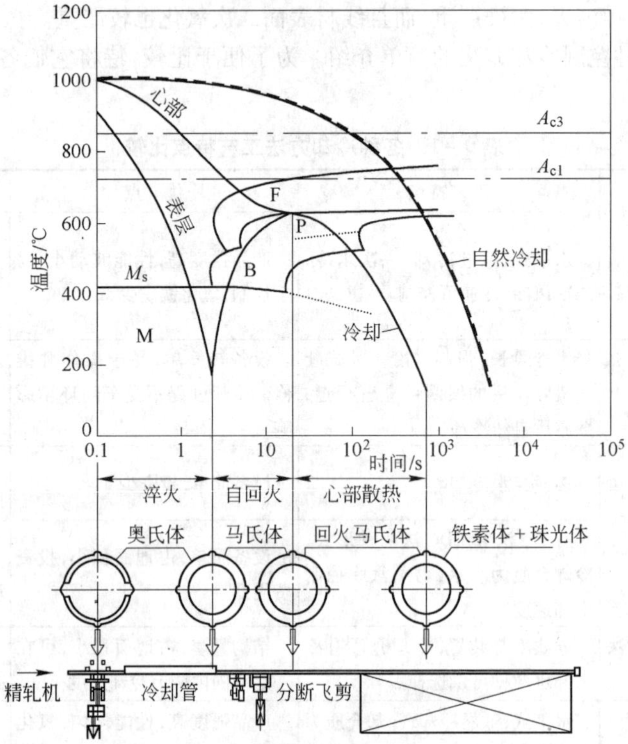

图9-5 轧后余热处理螺纹钢在线冷却

第一阶段为表面淬火阶段(急冷段),在终轧温度下钢筋离开精轧机,尽快地进入高效冷却装置,进行快速冷却。其冷却速度必须大于使表面达到一定深度淬火马氏体的临界速度。钢筋表面温度低于马氏体开始转变温度(M_s点),发生奥氏体向马氏体转变。该阶段结束时,心部温度仍很高,处于奥氏体状态,表层则为马氏体和残余奥氏体组织。

第二阶段为自回火阶段,钢筋通过快速冷却装置后,在空气中冷却。此时钢筋各截面内外温度梯度很大,心部热量向外层扩散,传至表面的淬火层,使已形成的马氏体进行自回火,根据自回火温度不同,可以转变为回火马氏体或回火索氏体,而表层的残余奥氏体转变为马氏体。同时,邻近表面的奥氏体根据钢的成分和冷却条件不同而转变为贝氏体、屈氏体或索氏体组织,而心部仍处于奥氏体状态。

第三阶段为心部转变阶段,钢筋在冷床上空冷一定时间后,断面上的热量重新分布,温度趋于一致,同时降温。此时心部由奥氏体转变为铁素体+珠光体或铁素体、索氏体和贝氏体。心部产生的组织类型取决于钢的化学成分、钢筋直径、终轧温度和第一阶段的冷却效果和持续时间。

可以独立控制的轧后余热处理对性能的影响因素只有3个,即终轧温度、冷却时间和冷却速度。

9.3.1.2 钢筋轧后余热处理冷却装置及工艺

目前冷却元件基本上有两类:一类是套管式,即水通过喷嘴进入管内,钢筋通过充满水的套管进行冷却;另一类是湍流管式,水通过喷嘴进入一连串的湍流管,钢筋通过湍流管进行冷却。前者较为简单,后者冷却效益高。其常有的类型如下。

A 波米尼(POMINI)带肋钢筋在线余热处理

紧接最后一架轧机,棒材穿过轧后余热处理冷却系统,以达到一个短时高强度的表面冷却。

由于温度下降的速度高于马氏体淬火的临界速度,因此,钢筋的表面层转为一种马氏体,而心部仍为奥氏体。这一高强度冷却之后,棒材在空气中冷却,通过传导心部热量加热表面,完成表面马氏体回火。当棒材进入冷床后,保留的奥氏体将转化为一种晶粒非常细的珠光体组织。与其他冷却系统相比较,此系统由于冷却速率更高,从而回火马氏体表层更薄但也更硬。因此,力学性能中屈服强度及抗拉强度相同时,伸长率更高。

冷却器的冷却元件采用湍流管,由于使用了最优化的几何角度进行最佳排布,从而保证所穿过的棒材在冷却水之间的热交换率达到最大值,所以是一种高效冷却装置,其结构如图 9－6 所示。根据所处理棒材的速度和尺寸不同,可以在生产线上安装一根或多根固定长度的冷却器。冷却器内的冷却水流向与棒材的运动方向相同但速度要高,因此可以对棒材产生一个牵引作用,这样能够避免在冷却线中发生事故。

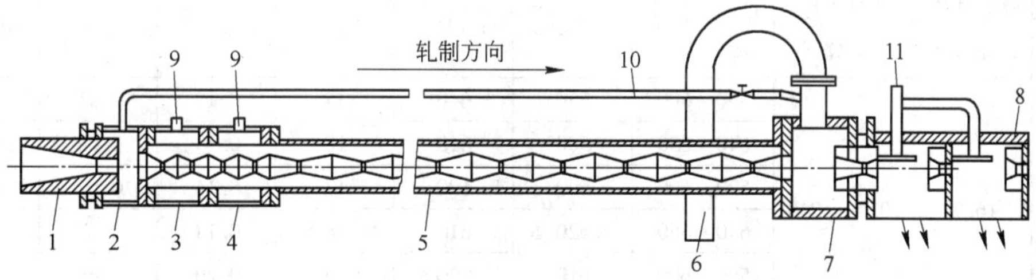

图 9－6　冷却器结构示意图

1—入口嘴;2—带空气剥离器的预冷箱;3—第一组喷头;4—第二组喷头;5—中间嘴;6—无压回水;7—回水箱;8—偏转箱;9—供高压水;10—压缩空气用于水的偏转;11—文氏管元件

B　达涅利摩加沙玛棒材轧后余热处理装置(QTB 装置)

这种冷却装置包括多线水冷装置,安装在精轧机出口。当轧件从精轧机出来后通过水冷装置表面冷至 250～300℃,通过自回火到达冷床时,其自回火温度大约为 550～600℃。快冷装置有两条,一条是由多个冷却线组成的,适于切分轧制,即小直径钢筋;另一条冷却线适用于单线轧制,即大直径钢筋。

每一线由多段冷却器组成,每段冷却器由一个环形喷嘴供给高压水,钢筋周围通过冷却器很快充满水,钢筋快速冷却。每个冷却线出口处设有两个高压水反向喷嘴及一个空气吹干喷嘴,使钢筋离开水冷器前将表面所带的水吹掉。冷却线结构如图 9－7 所示。

喷嘴内径设计要考虑到喷嘴内径与钢筋直径的比例,此比值称为“充满系数”。因此,当钢

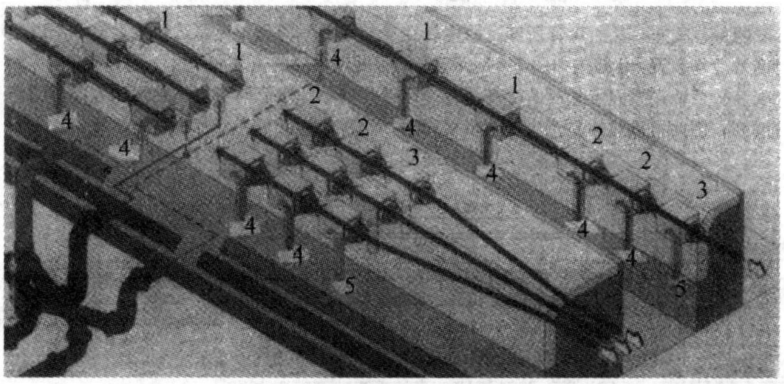

图 9－7　快冷装置

1—水冷喷头;2—反向喷头;3—空气吹干喷头;4—水;5—空气

筋直径为 8~42mm 时,采用四组不同内径的喷嘴以满足各种直径的需要。一般在冷却装置上安装两条不同喷嘴内径的水冷线,一组安装在生产线上,供生产的钢筋进行余热淬火;另一组作准备,作为生产下一种产品规格所用的冷却器。当所生产的产品完成后,只需横移水冷装置即可将下一产品的水冷线对准轧制线。这样做相对单线来说设备复杂一些,但大大节约了时间,提高了产量。

通过 QTB 处理后,钢筋表面周围层为回火马氏体组织,表面与中心间的环形为贝氏体,中心为珠光体及铁素体组织。对于小规格钢筋,中心除珠光体及铁素体外,还有贝氏体组织。

根据钢筋规格的大小,可调节冷却器节数和水量以控制力学性能。其力学性能见表 9-2。轧后余热处理装置如图 9-8 所示。

表 9-2 采用轧后余热处理后钢筋所达到的力学性能

钢筋直径/mm	终轧速度/$m \cdot s^{-1}$	终轧温度/℃	自回火温度/℃	σ_s/MPa	σ_b/MPa	δ_{10}/%	w(C)/%	w(Mn)/%	w(Si)/%
12×2	16.7	1020~1040	590~600	550	640	17	0.13	0.65	0.15
			640~650	500	610	18	0.13	0.65	0.15
			590~600	600	690	17	0.14	0.67	0.15
			640~650	520	610	18	0.14	0.67	0.15
			590~600	610	720	16	0.20	0.67	0.17
			640~650	560	670	18	0.20	0.67	0.17
16	18	1020~1040	600~610	570	640	17	0.12	0.66	0.12
			640~650	520	610	18	0.12	0.66	0.12
			590~600	620	700	16	0.16	0.67	0.19
			640~650	530	620	18	0.16	0.67	0.19
			590~600	620	720	16	0.22	0.65	0.19
			630~640	580	690	18	0.22	0.65	0.19
			590~600	660	790	16	0.29	0.75	0.19
			640~650	580	720	17	0.29	0.75	0.19
20	12.5	1030~1050	580~590	550	640	17	0.12	0.66	0.12
			660~670	450	540	20	0.12	0.66	0.12
			590~600	570	690	17	0.22	0.65	0.19
			640~650	500	620	20	0.22	0.65	0.19
			590~600	620	730	16	0.25	0.75	0.19
			660~670	510	660	18	0.25	0.75	0.19

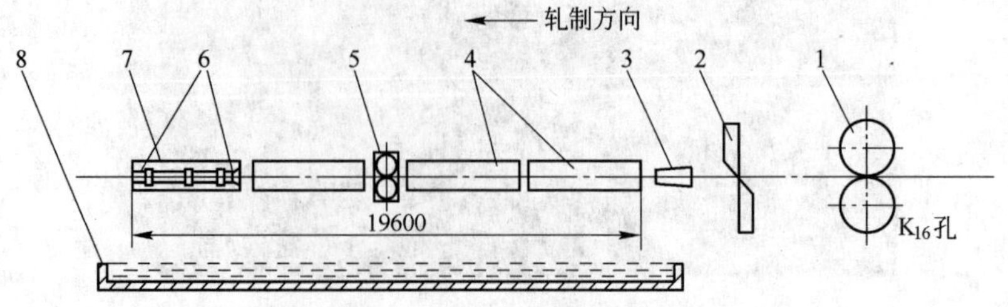

图 9-8 控制冷却装置示意图

1—精轧机;2—曲柄剪;3—喇叭口;4—冷却器;5—2 号夹送辊;6—电动喷嘴;7—湍流管;8—水槽

9.3.2 棒材控制冷却

一般在生产合金钢的棒材车间，各车间均在精轧机组前设置中间水冷段，这样可控制终轧温度，得到晶粒细化的棒材。这对于含锰、钒、铌钢的性能极为有利，可得到强度高、韧性好的非调质棒材。

在精轧机组后设置成品水冷段可以控制轧件的冷却速度，对轧件进行热处理，改善钢材性能。采用这种工艺和设备可以生产齿轮钢、轴承钢、气阀钢、冷镦钢、弹簧钢、不锈钢等。

9.3.2.1 奥氏体不锈钢的余热固溶处理

奥氏体不锈钢余热急冷的目的是利用轧制余热进行固溶处理，以抑制铬碳化物的析出，从而得到单相奥氏体组织。实现此工艺所需的参数是：精轧温度大约为1050℃，这时保证轧材处于奥氏体状态而晶界无碳化物析出；淬火终了温度要低于400℃，这时碳化物已完全固溶在奥氏体中。该种轧制工艺的一个实例如图9－9和图9－10所示。

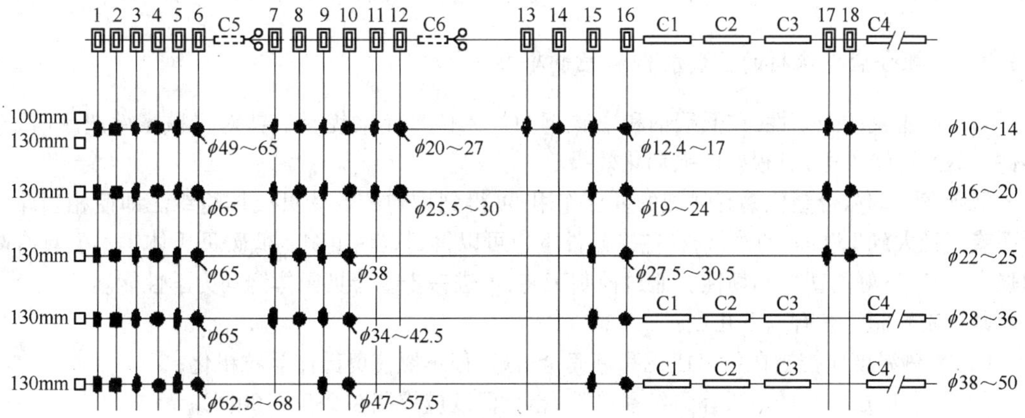

图9－9 奥氏体不锈钢轧制时轧制表和冷却段布置

C1～C4—水冷段；C5，C6—附加水冷段（与钢种有关）

图9－10所示为轧制过程及冷却过程的温度曲线。从图9－10中可知，φ28～50mm的棒材可在16机架进行终轧，在此后需设置多段水冷装置以满足冷却的要求。

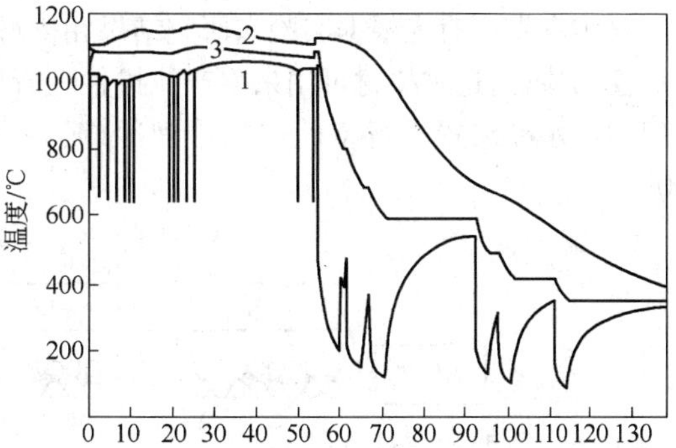

图9－10 奥氏体不锈钢轧制温度曲线

（棒材直径30mm；水冷至380℃；终轧速度3.7m/s）

1—表面；2—中心；3—平均

9.3.2.2 轴承钢棒材的控制冷却

在连轧机上轧制轴承钢或高碳工具钢棒材时，可利用控温轧制及轧后快冷获得理想的快速球化所要求的预组织。如图9－11所示，在终轧机架前设置水冷装置，当轧制温度降至880℃进行终轧，使先析出的碳化物加工后分散分布而不致形成网状。这种变态珠光体在球化退火时可以加速球化过程，缩短退火时间。或者在较高温度下终轧而采用轧后快冷，避免网状碳化物析出并降低珠光体转变温度，使珠光体片层变细，缩短退火时间。

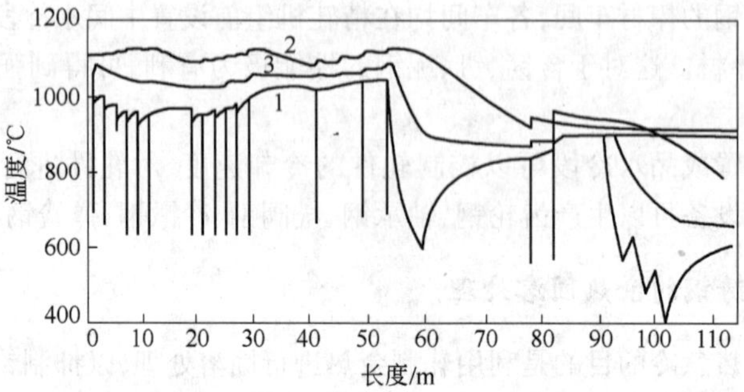

图 9－11　轴承钢轧制温度曲线
（出炉温度 1100℃；棒材直径 14mm；终轧速度 12m/s）
1—表面；2—中心；3—平均

9.3.2.3　微合金钢棒材的控制轧制和控制冷却

为了改善钢的强韧性，在低碳钢和中碳钢中加入微量元素铌、钒、钛对机械零件产品（汽车零件、螺栓、冷镦件等）有很好的强韧化效果。

低碳、铌、硼微合金化钢有强烈的复合作用，可得到均匀的低碳贝氏体组织。即使相当厚的断面或直径大到 150mm 的棒材，在空冷条件下也可以得到这种组织。低碳贝氏体钢不但具有高的强度，还有良好的塑性和韧性。通过控制工艺，可进一步改善贝氏体钢的力学性能。

其控制轧制工艺有以下几点：

（1）加热温度应控制在足以使铌和硼完全溶解，但不要使奥氏体晶粒粗化；

（2）为了形成细小的奥氏体再结晶晶粒，粗化温度应控制在 980～1000℃；

（3）在较低温度下进行精轧，一般终轧温度约为 800℃。终轧温度不能太高也不能太低，因为在较高温度下回复过程较快，例如在 900℃终轧，奥氏体不再发生再结晶，但铁素体、贝氏体形核作用较小，获得相当大的晶粒和亚晶，并且由于缺少多边形铁素体，钢的韧性较低。

日本钢管厂有人根据实验室研究结果在棒材小型连轧机上利用控制轧制工艺生产出具有良好韧性的棒材，这种棒材可用来生产拉拔件。所用控制轧制工艺如图 9－12 所示。利用在中轧机组后的水冷装置进行精轧前的中间冷却，并且控制轧制速度来控制轧制温度，终轧温度为 800℃。

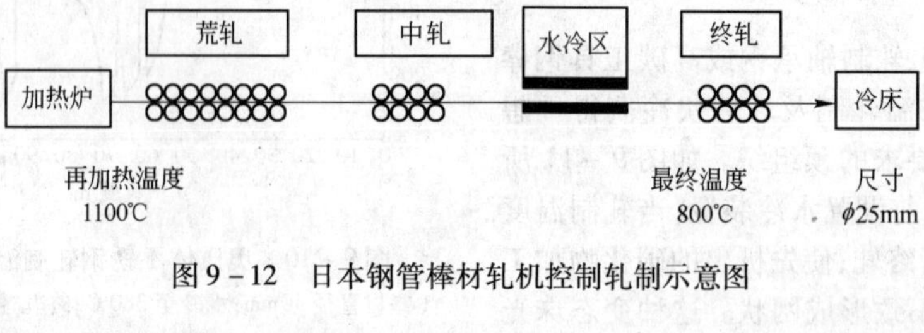

图 9－12　日本钢管棒材轧机控制轧制示意图

钢的化学成分及性能见表 9－3 和表 9－4。

表 9-3 微合金钢的化学成分(质量分数) (%)

钢种	C	Si	Mn	P	S	Nb	V	Ti	Al	全 N
A	0.33	0.26	1.13	0.007	0.023	0.026			0.010	0.0049
B	0.33	0.26	1.45	0.015	0.028		0.050	0.015	0.025	0.0085

表 9-4 在棒材轧机上所轧 A 钢的力学性能

钢种	生产条件	σ_s /MPa	σ_b /MPa	δ/%	ψ/%	50% FATT /℃	A_{KV}(20℃) /J	疲劳强度 σ_w/MPa	σ_w/σ_b
A	轧后状态①	463	632	31.5	56	-60	138	314	0.50
	拉拔后状态(11%)	600	729	22.7	57	-40	126	338	0.46
	拉拔后状态(19%)	790	834	14.1	51	-15	95	377	0.45
对比钢 SAE1038	淬火+回火②	437	629	43.5	72	15	133		
	淬火+回火、拉拔(19%)	671	744	19.5	62	16	124	328	0.45

①控制轧制 ϕ22mm;②850℃ ×30min 水淬,680℃ ×90min 回火、水冷。

9.3.3 采用控轧、控冷工艺实例

棒材的控制轧制和控制冷却一般是在精轧机组的最后两架之前将轧件穿水冷却,使钢温降低到 850℃以下,控制终轧温度。在最后两架精轧机上给以约 30% 的变形率轧制,然后再进行穿水冷却,使棒材急冷到 650℃以下,以控制钢材的组织结构,提高其强度和韧性。其轧制图如图 9-13所示。

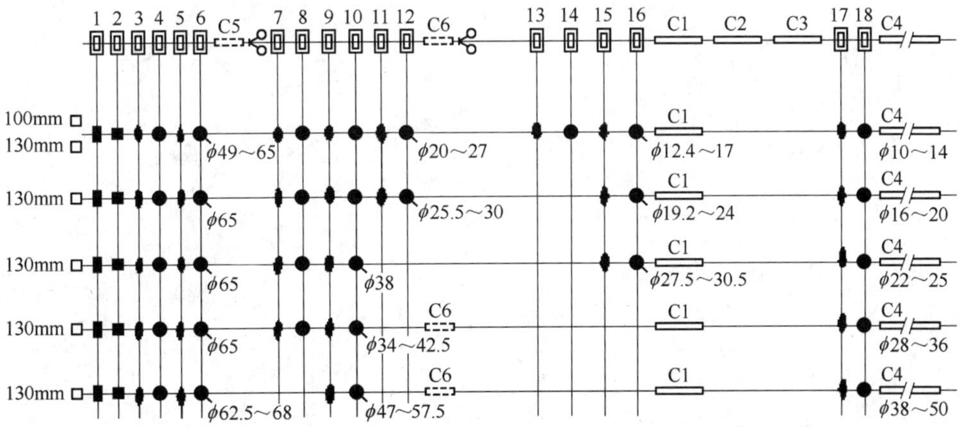

图 9-13 控制轧制图

C1 ~ C4—水冷段;C5,C6—附加水冷段

这种小型轧机既能实现 730 ~ 870℃温度区间结构钢的低温控制轧制,又能实现 800 ~ 900℃温度区间结构钢的取代正火热处理的控制轧制,还可以实现在 1060℃左右温度范围内的奥氏体不锈钢的淬火奥氏体化。对高合金钢也可以实现在线轧制温度控制工艺。

复习思考题

9-1　控制轧制的目的是什么？

9-2　控制轧制有哪几种类型？

9-3　控制冷却的目的是什么？

9-4　什么是一次冷却、二次冷却和三次冷却？

参考文献

[1] 李曼云．小型型钢连轧生产工艺与设备[M]．北京：冶金工业出版社，1999.

[2] 曹树卫．棒线材控制轧制和控制冷却技术的研究与应用[J]．河南冶金，2005,13(3):23~25.

[3] 任亚丽．斯太尔摩控制冷却法在线材轧钢中的应用[J]．机械管理开发，2004(4):30~31.

[4] 袁学志，杨林浩．高速线材生产[M]．北京：冶金工业出版社，2005.

10 中厚钢板的热处理

中厚钢板主要用于舰船、桥梁、锅炉、容器、石油化工、工程机械及国防建设等方面，其品种繁多，使用温度区域较广（$-200\sim600$℃），使用环境复杂（耐候性、耐蚀性等），使用要求高（强韧性、焊接性等）。因此，中厚钢板是国民经济发展不可缺少的钢材品种[1]。

钢板按厚度分为特厚板、厚板、中板、薄板和极薄带5大类。我国将厚度大于60mm的钢板称为特厚板；厚度为20～60mm的钢板称为厚板；厚度为4.5～20mm的钢板称为中板；厚度为0.2～4mm的钢板称为薄板。习惯上，把特厚板、厚板和中板统称为中厚钢板[2]。

10.1 中厚钢板生产工艺

一般中厚钢板生产流程如图10－1所示。

流程中生产的抛丸底层涂料钢板是未经热处理的，但船用和桥梁用钢板有的需要经正火热处理后进行抛丸底层涂料处理。在力学性能试验前应先进行热处理，然后再抛丸和油漆。热处理钢板多数用正火处理，但也有的用退火、高温回火等其他热处理方式。

10.2 中厚板热处理工艺

中厚钢板的热处理工艺是多种多样的。如加工性能好、晶粒细化的16MnR容器钢板需进行正火热处理；高强度低裂纹敏感性的CF（Crack Free）钢，要求有优良的焊接性能和低温韧性，除了铁水脱硫、钢水真空处理外，钢材还需采用淬火和回火热处理工艺，以达到高屈服点、高抗拉强度和-40℃冲击韧性等性能的要求；舰艇用钢板的正火与调质热处理是保证使用性能的关键；不锈钢板的固溶处理与含钛不锈钢板的稳定化处理是耐腐蚀的要求；E级造船钢板的正火热处理是确保韧性的要求；压力容器钢板，如含有铬、钼、钒等的调质高强度合金钢板需要进行900℃水冷淬火和620℃回火热处理，在性能上才能达到0.2%屈服点及V形缺口冲击对边部的侧向膨胀不低于0.38mm的要求。

中厚钢板生产采用控制轧制与控制冷却后，可部分取代正火或调质热处理生产钢板，中厚板车间的热处理量已有所减少。但大部分退火、高温回火及淬火热处理钢板至今尚未被取代。另外，一些热轧钢板性能不合格时，有时采用热处理措施还可以补救。

根据热处理的加热与冷却的方法不同，钢板热处理可分为正火、退火、淬火及回火等。

10.2.1 正火

正火是将钢板加热到上临界点A_{c3}以上约30～50℃或更高温度，使钢奥氏体化，并保温均匀化后，在自由的大气中冷却，得到珠光体型组织的热处理工艺。钢板通过正火能细化晶粒，且能组织均匀化，提高了冲击功和伸长率，消除了轧制后内应力。钢板正火的特点是冷却速度较退火快。按钢的奥氏体等温转变曲线，由于冷却速度的差别，钢板所得到的组织也不同。在热轧时加热温度高，导致晶粒粗大，而终轧温度不均匀，使晶粒大小也不一致，并造成碳化物的局部聚集粗化、夹杂物所引起的带状组织等。这些均可通过正火加以改善或消除。所以，通过正火能提高低碳钢板的力学性能，并能消除魏氏组织和渗碳体网状组织。其正火曲线如图10－2所示。

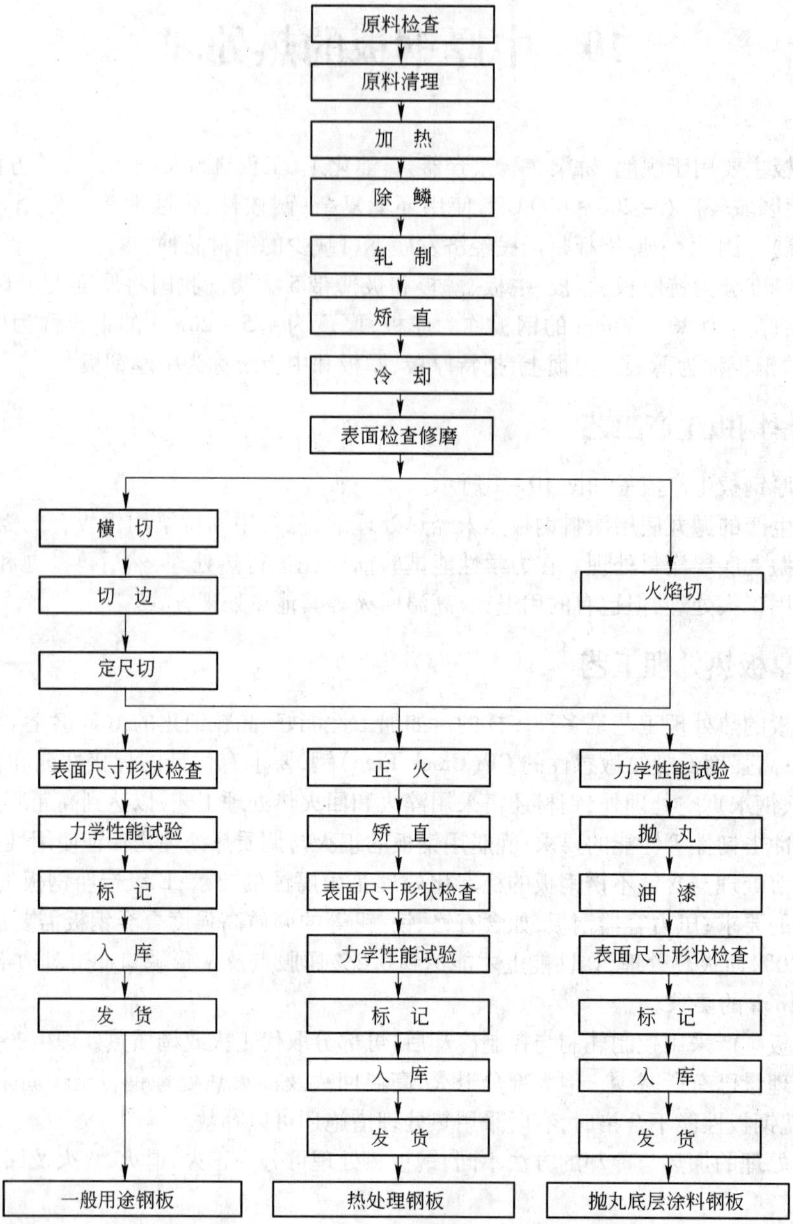

图 10－1　一般中厚钢板生产流程

一般中厚钢板的正火以低合金钢为主。通常锅炉和造船用钢板的正火温度在 850～930℃之间，加热所需的时间按钢板厚度来计算，每毫米约为 1.25～2min。正火应将钢板在自由流通的空气中很均匀地冷却，如限制了空气的流通，则降低其冷却的速度，达不到正火的目的，有可能变成退火的工艺；如强化空气冷却速度时，有可能变成风淬。

含有钒、铌、钛等元素的钢，采用高于 A_{c3} 以上 120～150℃温度进行正火处理，其中一些碳化物在保温中能较快地溶入奥氏体中。如 15MnTi 钢板，厚度大于 10mm 时也可施行正火处理，可以取得较理想的使用性能。

10.2.2 退火

退火是将钢板加热与保温，使其内部组织形成均匀奥氏体，然后随炉缓慢冷却。一般经过轧制缓冷的钢板，其显微组织多为铁素体和珠光体的整合组织。将热轧钢板加热到临界点（A_{c1}或A_{c3}）或再结晶温度以上，保持一定的时间，除形成奥氏体外，还有一部分铁素体或者是碳化物。对于亚共析钢来说，碳化物将迅速地固溶于奥氏体内，保留一部分铁素体。奥氏体在高温下的均匀程度、晶粒的大小以及是否存在有碳化物颗粒，对钢板的退火组织有着决定性的影响。单相均匀奥氏体缓冷后，除在晶界上出现先共析物（铁素体和碳化物）外，晶粒内将是粗细不一的珠光体。退火加热温度高低和冷却速度快慢是极为重要的，随着钢中碳与合金含量及板厚的增加，其加热速度应减慢，保温时间将增长。

退火分为完全退火、不完全退火、等温退火、球化退火、扩散退火、消除应力退火及再结晶退火等。图 10－3 所示为退火和正火加热区域示意图。

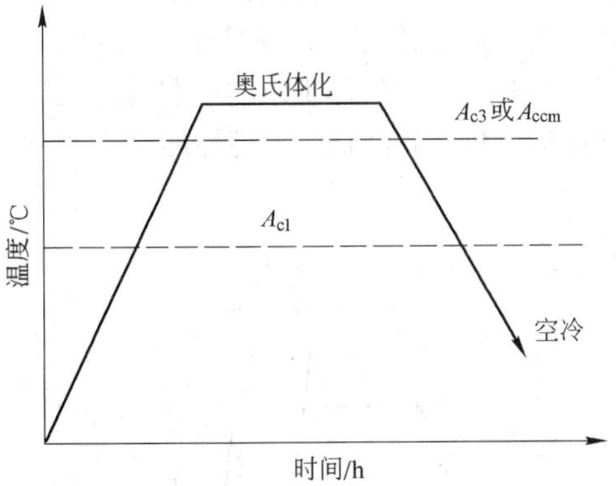

图 10－2 正火曲线示意图

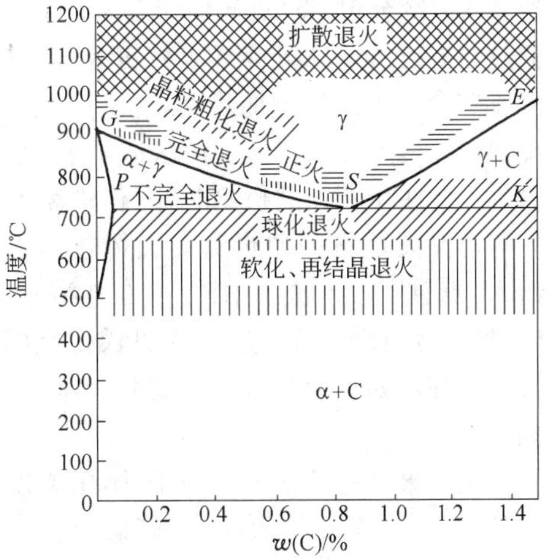

图 10－3 退火和正火加热区域示意图

完全退火是将亚共析钢加热到A_{c3}以上 30℃左右，给予足够的保温时间，使之基本上完全奥氏体均匀化，然后缓慢随炉冷却，使钢板晶粒细化和应力消除。一般亚共析钢完全退火后，其组织为铁素体和珠光体。

不完全退火的加热温度是在上下临界温度之间，一般稍高于下临界温度。不完全退火是部分形成奥氏体，而完全退火则是全部形成奥氏体。但两者较近似，且其晶粒细化不如完全退火好。

等温退火是将钢加热至高温A_{c3}以上，使其奥氏体化，经保温后迅速冷至A_{r1}以下某一温度，并在该温度保温一定的时间，然后进行空冷，使奥氏体完全分解成珠光体。等温退火后为珠光体组织，其力学性能也较均匀。

球化退火是指将碳化物（或渗碳体）呈小颗粒均匀分布在铁素体基体中的退火工艺。把钢加热到略超过A_{c1}温度，保温一定时间后缓慢冷却，或者将钢加热到奥氏体化后，冷却到稍低于A_1温度，较长时间保温后缓冷，以形成较稳定的均匀的球化组织，改善钢的加工性能。此法多用于过共析铜、高碳工具钢和一些合金工具钢等。

扩散退火是把钢加热到临界点（A_{c3}或A_{ccm}）以上较高的温度，一般为 1050～1200℃，经较长时间保温后缓冷或空冷，也称均匀化退火。主要是通过原子在高温下较快地扩散来降低与消除各种合金元素在钢中的显微偏析,使钢中成分趋于均匀化,从而改善组织与性能。用钢锭轧制厚板时,必要时对钢锭进行扩散退火。

去应力退火也称软化退火,与再结晶退火一样,都属于冷加工车间的热处理。一般将钢加热到 A_1 以下温度,保温一定的时间后炉冷或空冷,以达到消除应力的目的。

10.2.3　淬火

淬火是把钢板加热到 A_{c3}以上,保温后以大于临界冷却速度进行快速冷却,使过冷奥氏体转变为马氏体组织。为得到良好的综合性能,淬火往往配以回火工艺,淬火后钢组织不一定都是马氏体组织,也可能是贝氏体、珠光体以及不同含量的残余奥氏体组织。

淬火根据加热温度的不同,可分为完全淬火和不完全淬火两种。按冷却方式的不同,又可分为连续冷却淬火、等温淬火及分级淬火三种。

完全淬火是把钢加热到 A_{c3}以上 30～50℃,经保温使组织完全奥氏体化,而后以大于临界冷却速度快速冷至 M_s 点(奥氏体转变为马氏体温度),使过冷奥氏体转变为马氏体组织。此工艺适用于亚过共析钢,而过共析钢淬火将使钢中的渗碳体溶解,增加组织应力,并使奥氏体晶粒长大。

不完全淬火是把钢加热到 A_{c1}～A_{cm}之间,保温后用大于临界冷却速度快冷至 M_s 点以下,使过冷奥氏体转变为马氏体。此法适用于过共析钢,淬火后有残留渗碳体组织的存在,提高了钢的耐磨性。此法用于亚共析钢时,因有铁素体的存在,组织不很均匀,降低了疲劳性能。

等温淬火是把钢加热到奥氏体化后保温,在略高于 M_s 点温度放入盐浴中淬火,在盐浴中等温一定时间,使过冷奥氏体等温转变为贝氏体组织,而后在空气中冷却。如合金结构钢和防弹钢板一般用此热处理。

分级淬火是把钢加热到奥氏体化温度后,在高于或低于 M_s 点温度淬火冷却,等温停留一定时间,使钢基本上达到奥氏体,只存在有微量的马氏体,然后再缓冷,使过冷奥氏体转变为马氏体。分级淬火只用于处理小件样板。

光亮淬火是把钢在通有保护气氛热处理炉内进行加热,淬火时使钢板不会发生氧化。光亮淬火只用于一些特殊用途的钢板。

几种淬火曲线如图 10－4 所示。

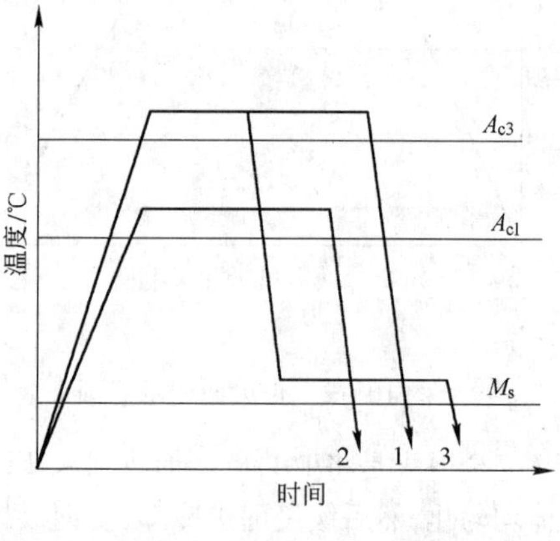

图 10－4　几种淬火曲线

1—完全淬火;2—不完全淬火;3—等温淬火

10.2.4　回火

回火是将钢加热到 A_{c1}点以下温度,保温后冷至室温的工艺操作。回火的目的主要是消除淬火和热轧时产生的内应力,提高钢板塑性和韧性。回火一般分为低温回火、中温回火及高温回火 3 种。

低温回火是将钢板淬火后在 50～250℃温度保持一段时间,消除淬火内应力。其组织为针状回火马氏体。如渗碳钢板与铬不锈钢板可进行回火处理。

中温回火是把淬火后钢板在 300～500℃温度保持一段时间,但要注意回火脆性。

高温回火是把钢在较高温度 550～700℃进行回火,得到回火索氏体组织。高温回火用于马氏体类高强度不锈钢板和装甲钢板。

10.2.5 调质处理

调质处理是淬火和高温回火，或中温回火，或正火的联合热处理，可以达到较高的综合性能。调质处理多用于中碳钢板和合金结构钢板等。

10.2.6 固溶处理

固溶处理是把钢板加热到一定温度，经保温使某些组织溶解于基体中成为均匀的固溶体，然后快冷，使溶解物在基体内成为过饱和固溶体，以改善钢板韧性和塑性。固溶处理用于奥氏体不锈钢板热处理。

目前，中厚钢板热处理工艺已向连续化、自动化、无氧化发展，并利用轧制余热进行在线淬火和回火的余热处理。如法国的加速冷却（RAC）装置可生产厚度为 8 ~ 50mm、长度为 12 ~ 16m 的 X－80 调质钢板；日本住友金属公司鹿岛厂生产高强度高韧性厚钢板，采用动态快速冷却（DAC）工艺实现了在线淬火和快速冷却的联合工艺，取代了现有线外调质处理的工艺，可处理厚度为 15 ~ 100mm、宽度达 4700mm、长度为 25m 的厚板，大大节省了能源，使中厚板车间的热处理量有所减少。

10.3 专用中厚板的热处理

10.3.1 压力容器

压力容器钢板一般用于制造反应器、换热器、分离器、球罐、油气罐、液化气罐、核能反应堆压力壳、锅炉气包及液化石油气瓶等设备。根据容器钢板的使用与牌号的不同，其热处理工艺也将有很大的差异。16MnR 板通常采用正火处理，热处理温度为 910 ~ 950℃，可在辊底式、大盘式或步进式等炉子内进行。加热速度根据板厚、热处理炉炉型与结构而有所不同，炉内要保持微还原性气氛。一般经控轧或控轧控冷生产的钢板，不经正火处理即可交货。

18MnMoNbR 钢板（w(Mo) 为 0.45% ~ 0.65%、w(Mn) 为 1.35% ~ 1.65%、w(Nb) 为 0.025% ~ 0.15%）需先进行 900 ~ 940℃ 的正火，然后经 600 ~ 700℃ 回火空冷，以达到 440MPa 以上屈服点和 4J 常温冲击功的性能要求。

低温压力容器钢板的最低冲击温度可达 －90℃，其热处理制度应根据用户的要求来确定，一般都经正火或调质后交货。

CF 高强度容器钢板要求有高的强度和低的裂纹敏感性，除炼钢时要做好脱硫和真空处理外，轧制工艺也至关重要。加热至 1180℃ ±20℃ 出炉，1150℃ 以上开轧，终轧温度控制在 900℃ 左右，最后进行调质热处理。一般都采用辊底式炉进行压力淬火，淬火时钢板温度为 920℃ ±10℃。保温时间按钢板厚度的不同而变化，一般厚度大于 25mm 的钢板，保温时间每毫米约为 2min；小于 25mm 的钢板，保温时间每毫米为 2.5min。然后进行压力淬火冷至 150℃ 以下，冷却时间根据板厚来设定。回火处理一般以 640℃ ±10℃ 中温为宜。厚规格每毫米的回火时间相应短一些，每毫米约 3min；而薄规格的相应延长一点。回火后钢板一般以空冷方式进行冷却。

12CrMo 合金钢容器板的热处理制度可采用镍铬合金钢板 1000 ~ 1050℃ 空冷，或快冷奥氏体化，或固溶热处理制度。铬钢容器板则采用 900 ~ 940℃ 正火，空冷，再以 600 ~ 650℃ 回火的热处理工艺。

10.3.2 锅炉钢板

锅炉钢板按用途来分可分为工业锅炉钢板（20g、16Mng）、电站锅炉钢板（18CrMo、8A229、

09MnNb、12CrMoV 等)、核电站锅炉钢板(16MnNi63、8A533B－1)等几类。

20g、16Mng 钢板一般可以热轧状态交货,也可进行正火处理交货。但 14MnVg 和 18MnMoNbg 钢板不经热处理。16Mng 钢板的正火处理温度为 910～930℃,加热时间根据板厚的不同而变化。12CrMoV 则采用 970～990℃正火,760～780℃回火,回火时间为每毫米 4min。15MnNi63 核电站锅炉钢板的热处理可用正火或调质或消除应力的处理方式。

不同的正火温度将出现不同的综合力学性能。按不同板厚选定 860℃、880℃、900℃及 920℃四种正火制度,其升温时间均为每毫米 2min,热处理后金相组织均为铁素体、珠光体与贝氏体,晶粒度为 10 级。正火温度低的带状组织级别高,屈服点在 400～430MPa 之间,抗拉强度为 570～580MPa,随着回火温度的升高强度则下降。

10.3.3　桥梁钢板

桥梁钢板主要用于铁道和公路大型桥梁等。根据不同的使用要求可分为桥梁建筑用的热轧碳素钢(16q 与 Q235q)、低合金钢(15MnVq 及 15MnVNq 等)以及耐大气腐蚀的结构钢(我国以 09CuPTiXt 为代表)等。

16q 与 Q235q 桥梁钢板可以热轧状态交货。而桥梁用碳素结构钢及普通低合金钢板可以热轧状态也可以热处理状态交货。其中,桥梁结构钢 15MnVNq 应以正火热处理状态交货。热处理主要是使钢板晶粒细化,提高强韧性。

10.3.4　造船用钢板

中厚船板要求韧性好、焊接性能好和一定的强度。造船碳钢分为 5 级:D 级是普通质量钢;B 级是中间质量钢;C 级与 D 级是高级质量钢;E 级是高缺口韧性的特种质量钢。不同级别的钢板采用不同的热处理方法。

高钢质船板在轧后必须进行正火处理,D 级钢厚度大于 25mm 的钢板,为改善钢的缺口韧性,也进行正火处理。E 级钢的使用要求同其他钢材不同,多用于焊接结构船阻止裂纹传播处,应进行正火处理。根据各国钢质级别规定,分别为热轧与正火和控轧状态来交货。美国 ABS 船级社的 DH32、EH32 也要求正火交货。日本 KA32～KE32 也进行正火,KA46、KD46、KE46 则进行淬火与回火。所以,总的来看,各国基本上规定了热处理,而且多数为正火。

热处理的作用在于改变钢板的组织状态,热处理制度不同其组织也不同,对成品性能影响较广,所以热处理是一项重要的生产工艺。造船钢板大量是热轧状态交货,高性能与厚的钢板需进行正火处理,还有的需用淬火加回火热处理。正火处理使钢板晶粒细化与消除应力;而淬火与回火则可以使钢中的碳化物分布呈小球状,提高钢板的冲击韧性。

采用调质处理的钢板,多为用于国防的舰艇板。

热轧钢板经正火后,钒及铌的碳氮化物大量析出与聚集。经回火,冲击韧性升高,强度也提高,可能是由于回火应力消除,组织为铁素体与珠光体。回火温度一般在 450～650℃之间,具体应根据性能要求来定。

10.4　控制轧制与控制冷却

近年来,中厚板控轧控冷技术发展较快。如日本鹿岛厂的 TMCP 形变热处理轧制技术、日本住友的 SHT 正火轧制技术等,生产出的钢板适用于桥梁、管线、压力容器和造船、采油平台、高层建筑等。在日本,TMCP 技术利用率已达到 70% 以上。日本神户制钢公司加古川厂采用控轧控冷 KCL 法生产出 APIX70 钢板。该工艺的控轧终轧温度为 740～780℃,控制冷却速度为 9℃/s,

终冷温度为550℃。使用后可使钢材的抗拉强度提高20~50MPa，屈服强度提高20~30MPa，冲击韧性有所改善，碳当量从0.37%降至0.28%，而且性能均匀稳定[3]。

10.4.1 控制轧制

在中厚板热轧过程中，既可采用单一类型的控制轧制工艺，也可采用2种或3种类型相配合的控制轧制工艺。采用哪种工艺取决于钢坯化学成分、成品钢板组织性能要求，轧机设备条件和工艺水平以及轧机产量要求等，特别是轧机后面是否具备钢材控制冷却设备以及冷却设备能力的大小，这些都直接影响到控制轧制工艺的选择。

根据实际生产情况分别采取与其相适应的控制轧制工艺。如依据不同成品厚度进行分组，采用合理的控轧工艺见表10-1[4]。

表10-1 不同厚度钢板的控制轧制工艺

产品厚度 h/mm	轧制方法	控轧类型	等温厚度 H/mm	轧制温度/℃		
				粗轧终止	精轧开轧	终轧
$6 \leqslant h < 14$	单块控温轧制	奥氏体未再结晶型		末三道≤950		830~920
$14 \leqslant h < 18$	两块交叉轧制	奥氏体再结晶型+奥氏体未再结晶型	$H=(1.8 \sim 2.0)h=28 \sim 36$	1000~1050	920~950	830~920
$18 \leqslant h \leqslant 40$	链式交叉轧制	奥氏体再结晶型+奥氏体未再结晶型	①$18 \leqslant h \leqslant 28, H=h+20 \pm 1$ ②$28 < h \leqslant 36, H=h+22 \pm 1$	1000~1050	920~950	830~920

注：1. $h<14$mm的钢板，为使末三道温度≤950℃，轧制时应采取喷淋机后冲淋水、喷机前高压水、增加轧制道次等措施降温。

2. $14 \leqslant h < 16$mm的钢板，若板长大于22mm，难以两块交叉轧制时，可单块控温轧制，控温方法同注1。

3. $16 \leqslant h < 18$mm的钢板，若两块交叉轧制时温度不能达到要求，则应改用链式交叉轧制法，等温厚度$H=h+20 \pm 1$mm，并根据实际情况增加轧制道次。

10.4.2 控制冷却

目前，中厚板控制冷却方式主要有高压喷射冷却、喷淋冷却、雾化冷却、层流冷却和直接淬火等。

(1)高压喷射冷却。水以一定压力从喷嘴喷出水流连续呈紊流状态喷射到钢板表面。这种冷却方法穿透性好，一般在水汽膜比较厚的条件下采用。但是，这种冷却方式用水量大，水花飞溅严重，冷却不均匀，水质要求高，喷嘴易被堵塞，而且水的利用率较低。

(2)喷淋冷却。将水加压，由喷嘴喷出的水的流速超过连续喷流，水流破断后形成的液滴冲击被冷却的钢板表面。这种喷嘴冷却能力强，冷却较为均匀，但是需要很高的水压，冷却能力的调节范围较窄，而且对水质要求高。

(3)层流冷却。水以较低压力从水口自然连续流出，形成平滑水流。水流流到钢板表面后在一段距离内仍保持平滑层流状态，可获得很强的冷却能力，冷却均匀。目前，钢板热轧后的层流冷却一般采用板层流(水幕冷却)和管层流(U形管层流)两种方式。前者用水量大、冷却效果强，但是不易控制和调节；后者对钢板的冷却比较缓和、均匀，冷却区较长。

表10-2为某中板厂应用控冷技术后钢板力学性能的变化[5]。

表 10－2　某中板厂控制冷却工艺及控制冷却前后钢板的力学性能

板厚/mm	温度/℃			冷却速度/℃·s^{-1}	拉伸性能				冲击功/J		冷弯（180°，$d=2a$）
	终轧	开始冷却	终冷		控制冷却	σ_s/MPa	σ_b/MPa	δ_5/%	0℃	20℃	
10	840	820	624	22	前	355	515	29	37	25	完好
					后	385	555	29	41	29	完好
					变化	30	40	0	4	4	
16	830	815	617	20	前	365	520	28	36	25	完好
					后	390	555	27	39	28	完好
					变化	25	45	－1	3	3	
20	836	818	632	19	前	350	525	30	38	27	完好
					后	375	560	29	42	32	完好
					变化	25	35	－1	4	4	

国外中厚板厂采用的控冷装置和冷却方式和我国中厚板厂采用的有较大不同。中国和日本两国部分中厚板厂在这方面的对比见表 10－3 和表 10－4。

表 10－3　中国部分中厚板厂采用的控制冷却方式和装置

厂　名	上水冷器	下水冷器	安装位置
重钢五厂	水　幕	水　幕	精轧后热平整前
武钢轧板厂	层　流	层　流	精轧后热平整前
上钢三厂	管层流	低压喷嘴	精轧后热平整前
邯钢中板厂	水　幕	低压喷嘴	精轧后热平整前
鞍钢厚板厂	层　流	层　流	精轧后热平整前
酒钢中厚厂	喷　雾	喷　雾	精轧后热剪之间
马钢中厚厂	层　流	层　流	精轧后热平整前

表 10－4　日本部分中厚板厂采用控制冷却方式和装置

厂　名	上水冷器	下水冷器	安装位置
八　幡	水　幕	喷雾式	热平整后
君　津	喷雾式	喷雾式	热平整后
福　山	管层流	喷雾式	精轧后热平整前
水　岛	管层流	喷射喷嘴	精轧后热平整前
鹿　岛	水　幕	喷雾式	精轧后热平整前

济钢中板厂目前在 1 号矫直机后有一组水幕冷却装置，在 2 号冷床前有一组汽雾冷却装置，但由于四辊轧机轧制完成后到水幕冷却装置快速冷却有一段距离，在这段距离则发生晶粒的长大，影响钢板性能的进一步提高。在四辊轧机后增设计算机自动控制的层流冷却装置，根据轧制品种和厚度规格情况，实现从终轧温度开始到奥氏体向铁素体开始转变温度 A_{r3} 范围的冷却。钢板到达汽雾冷却时，相变已经结束，形成了铁素体和珠光体，通过汽雾冷却使固溶在铁素体中的过饱和碳化物在空冷中不断弥散，使其沉淀强化。通过计算机根据轧制品种规格情况统一控制

轧前控冷和轧后控冷,可以精确控制奥氏体晶粒、相变及条件碳化物析出行为,最终可以达到超细晶的室温组织,实现生产出屈服强度达到600MPa级的超级钢的目标,并且为中板厂的新产品开发奠定了良好的基础。通过灵活调整三组轧后冷却装置,可以解决四辊双机架轧机年产量达到1200kt时冷床面积严重不足的矛盾,改善产品外观质量和工作环境。

10.5　中厚板在线热处理

当前,国内中厚板企业的冶炼和轧制装备及技术日益提高,与钢铁技术发达国家基本无差距,而中厚板轧后辅助工序及技术,尤其是提高钢板强度和性能等级的轧后热处理技术,已成为国内中厚板生产厂家提高产品档次和竞争力的必然选择[6]。

10.5.1　中厚板在线热处理方法

中厚板在线热处理包括在线淬火技术和日本JFE钢铁公司新近开发成功的在线淬火及回火工艺(HOP)。

直接淬火设备通常是在常规控制冷却设备基础上发展而来。为满足淬火工艺所需的高冷却强度,直接淬火设备通常采用喷射冷却与管层流冷却方式相结合,由具有较强冷却能力的喷射冷却段满足淬火工艺要求,层流冷却段将钢板进一步降温以满足常规的控制冷却功能,从而实现高效灵活的轧后冷却控制。

钢板轧后在线淬火冷却技术是新型中厚板快速冷却技术——Super - OLAC。其特点在于钢板在600～1000℃范围内的冷却强度为常规加速冷却技术的2倍以上,同时具有良好的冷却均匀性。实际上,Super - OLAC技术的核心在于实现了中厚板冷却过程的高强度均匀化冷却。JFE应用Super - OLAC高强度均匀化冷却技术成功开发了一系列具有优异性能的高品质中厚板材,如焊接性能优异的高强度船板、新型耐候性桥梁用板、高层建筑用钢、工程机械用耐磨钢和高性能压力容器用板等。

目前,Super - OLAC在开发高品质、高性能中厚板材方面的技术优势已成为引领日本厚板发展潮流的新技术之一,并已得到迅速推广应用。1998年,首套Super - OLAC设备在日本制铁所福山区厚板厂投入运行。目前,日本JFE钢铁公司的三大厚板厂都拥有了最先进的Super - OLAC快速冷却设备。

在线热处理技术的另一重要进展是实现了中厚板材的在线淬火和回火工艺。日本JFE公司通过将Super - OLAC与电磁感应加热技术相结合,实现了厚板在线淬火及回火工艺(HOP)。图10 - 5所示为日本JFE公司的在线淬火及回火工艺生产线。

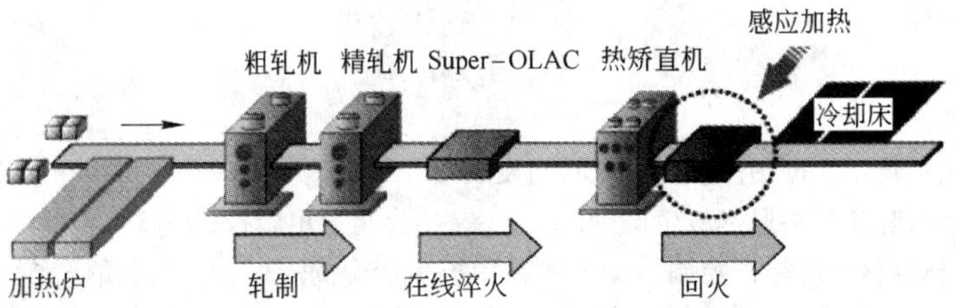

图10 - 5　日本JFE公司的在线淬火及回火工艺生产线

10.5.2　国产首套自主知识产权的辊式淬火机设备及其应用

2006年12月28日,太原钢铁集团临汾钢铁公司中厚板热处理生产线正式竣工投产,由东北大学轧制技术及连轧自动化国家重点实验室研制的国产首套辊式淬火机也顺利投入运行，这标志着国内中厚板热处理技术与装备发展已达到一个新阶段。图 10－6 所示为自主研发的太钢集团临钢中板厂热处理线中厚板辊式淬火机。

图 10－6 国产首套具有自主知识产权的中厚板辊式淬火机

太钢集团临钢宽厚板热处理线淬火设备主要用于厚度为 6 ~ 80mm、宽度为 1500 ~ 3000mm 的高等级碳素钢、不锈钢中厚板材的淬火及固溶处理生产，年产量为 200kt。临钢 3200mm 辊式淬火机的基本技术参数见表 10－5。

高强度均匀化冷却技术已成为当前高强度中厚板开发的研究热点。国内对中厚板高强度均匀化冷却技术的研究和掌握，将有助于研制具有自主特色的中厚板在线直接淬火设备以及该技术的发展。

表 10－5 国产辊式淬火机的基本技术参数

设备主要尺寸/m		水流量/$m^3 \cdot h^{-1}$	
淬火机总长	约 19	高压淬火区	2700（0.8MPa）
高压区长度	约 3.3	低压淬火区	3000（0.4MPa）
低压区长度	约 13.5		

复习思考题

10－1 中厚板热处理方法有哪些？
10－2 钢板退火有哪几种形式？
10－3 什么是调质处理？
10－4 中厚板控制冷却有哪几种方法？
10－5 中厚板在线热处理方法有几种？其特点是什么？

参 考 文 献

[1] 孙卫华，孙浩，孙玮．我国中厚板生产现状与发展[J]．宽厚板，2000(6)：1 ~ 4.
[2] 孙本荣，王有铭，陈瑛．中厚钢板生产[M]．北京：冶金工业出版社，1993.
[3] 张辉宜，王小林，冯建晖，等．控制冷却技术在中板生产中的应用[J]．钢铁研究学报，2004，16(2)：67 ~ 71.
[4] 黄远坚，王学志．控轧控冷工艺在 2500mm 中厚板生产线上的应用[J]．宽厚板，2006，12(1)：24 ~ 29.
[5] 孙決定，丁世学．控制冷却技术在中厚板生产中的应用[J]．钢铁研究，2005，2：48 ~ 50.
[6] 袁国，王国栋，王日清，等．中厚钢板热处理技术及设备发展概况[J]．钢铁研究学报，2009，21(5)：1 ~ 4.

11　钢轨热处理

钢轨自1767年发明至今,已有230余年的历史,随着铁路技术的发展,铁路高速列车的速度不断提高,对钢轨的性能要求越来越高。

20世纪以来,随着铁路运输的发展和冶金技术的进步,通过大量的科学研究,科研技术人员对钢轨的成分、组织和性能之间的关系有了深刻认识。近年科研人员不断地通过合理的热处理或合金化提高钢轨的寿命。钢轨热处理技术最早起源于19世纪中叶,但真正把热处理技术用于钢轨工业规模生产是从20世纪初才开始的。

11.1　钢轨的分类

钢轨按照不同的分类方法可以分为不同的类型[1]。

11.1.1　根据用途不同分类

根据用途的不同,现代钢轨可以分为:轻轨、重轨和吊车轨。

(1)供矿山铁路用的轻轨:中国主要有9kg/m、12kg/m、15kg/m、22kg/m、30kg/m五种。常见的国产轻轨的化学成分见表11-1。日本主要有6kg/m、9kg/m、10kg/m、12kg/m、15kg/m、22kg/m六种。

表11-1　国产轻轨的化学成分(GB 11264—89)

钢类		钢号	代号	轨型/kg·m⁻¹	化学成分(质量分数)/%					
					C	Si	Mn	P	S	Cu
								不大于		
普碳钢	镇静钢	50轻	50Q	5、8、11	0.35~0.60	0.15~0.35	≥0.40	0.050	0.055	0.40
		55轻	55Q	15、18、24	0.50~0.60	0.15~0.35	0.60~0.90	0.050	0.055	0.40
	半镇静钢	50轻半	50Qb	5、8、11	0.35~0.60	≤0.17	≥0.40	0.050	0.055	0.40
		55轻半	55Qb	15、18、24	0.50~0.60	≤0.17	0.60~1.00	0.050	0.055	0.40
普低钢		45硅锰磷	45SiMnP	5、8、11	0.35~0.55	0.50~0.80	0.60~1.00	0.12	0.055	0.40
		50硅锰磷	50SiMnP	15、18、24	0.45~0.50	0.50~0.80	0.60~1.00	0.12	0.055	0.40

(2)供客货运铁路用的重轨:中国铁路使用的重轨主要有38kg/m、43kg/m、50kg/m、60kg/m、75kg/m五种,常见的国产重轨的化学成分见表11-2。日本使用的重轨主要有30kg/m、37kg/m、40kg/m、50kg/m、60kg/m五种。另外还有道岔轨,日本主要有51.7kg/m、69.5kg/m、99.8kg/m三种,中国仅有50kg/m和60kg/m两种。

表11-2　国产重轨的化学成分(GB 285—81)

序号	钢号	化学成分(质量分数)/%					
		C	Si	Mn	Cu	P	S
						不大于	
1	U71	0.64~0.77	0.13~0.28	0.60~0.90		0.040	0.050

续表 11-2

序号	钢 号	化学成分(质量分数)/%					
		C	Si	Mn	Cu	P	S
						不大于	
2	U74	0.67~0.80	0.13~0.28	0.70~1.00		0.040	0.050
3	U71Cu	0.65~0.77	0.15~0.30	0.70~1.00	0.10~0.40	0.040	0.050
4	U71Mn	0.65~0.77	0.15~0.35	1.10~1.50		0.040	0.040
5	U70MnSi	0.65~0.75	0.85~1.15	0.85~1.15		0.040	0.040
6	U71MnSiCu	0.65~0.77	0.70~1.10	0.80~1.20	0.10~0.40	0.040	0.040

(3)供工厂吊车用的吊车轨:中国主要有70kg/m、80kg/m、100kg/m、120kg/m四种规格。

11.1.2 根据钢种不同分类

根据钢种不同,钢轨又可分为碳素轨、合金轨和热处理轨。

(1)碳素轨:碳素轨主要以碳、锰两种元素来提高强度、改善韧性。俄罗斯和美国多采用高碳、低锰类碳素轨,而欧洲、日本则采用高锰、中碳类碳素轨。其成分见表11-3。

表11-3 国内外碳素及微合金钢轨的化学成分[2]

国别	钢 种	化学成分(质量分数)/%					
		C	Si	Mn	S	P	其 他
美国	AREA①	0.72~0.82	0.10~0.60	0.60~1.25	≤0.037	≤0.035	Cr≤0.05
俄罗斯	M76(P65)	0.71~0.82	0.18~0.40	0.75~1.05	≤0.045	≤0.035	
日本	JIS60	0.63~0.75	0.15~0.30	0.70~1.10	≤0.025	≤0.030	
欧洲	EN260	0.62~0.80	0.15~0.58	0.70~1.20	0.008~0.025	≤0.025	
	EN260Mn	0.55~0.75	0.15~0.60	1.30~1.70	0.008~0.025	≤0.025	
中国	U74	0.67~0.80	0.13~0.28	0.70~1.00	≤0.030	≤0.030	
	U71Mn	0.65~0.77	0.15~0.35	1.00~1.40	≤0.030	≤0.030	
	PD3	0.70~0.80	0.50~0.70	0.70~1.05	≤0.030	≤0.030	V0.04~0.08
	BNbRE②	0.70~0.82	0.60~0.90	1.00~1.30	≤0.030	≤0.030	Nb0.02~0.05

① 其他成分 $w(Ni)\leqslant 0.25\%$, $w(Mo)\leqslant 0.10\%$, $w(V)\leqslant 0.03\%$;

② BNbRE 钢轨中 RE 的加入量为0.02%~0.05%。

(2)合金轨:合金轨是以碳素轨为基础,添加适量合金元素如Si、V、Ti、Cr、Mo等,这些元素使CCT曲线向右移动,在相同冷却速度下可获得片间距更加细小的珠光体组织,从而提高钢轨的强度和韧性。北美和俄罗斯的合金轨多为Cr-Mo轨或Cr-V轨。欧盟典型合金轨的化学成分见表11-4。中国的合金轨则是Re-Nb轨和V-Ti轨。

表11-4 欧盟典型合金轨的化学成分[2]

国别	钢种	化学成分(质量分数)/%					
		C	Mn	Si	P	S	Cr	V
德国	Cr轨	0.65~0.80	0.80~1.30	0.30~0.90	<0.030	<0.020	0.70~1.20	
	Cr-V轨	0.55~0.75	0.80~1.30	≤0.70	<0.030	<0.020	0.80~1.30	<0.3
英国	Cr-Mn轨	0.68~0.78	1.10~1.40	≤0.35	<0.030	<0.020	1.10~1.30	
EN标准	320Cr	0.60~0.80	0.80~1.20	0.50~1.10	<0.020	<0.025	0.80~1.20	<0.18

(3)热处理轨:热处理轨主要是通过控制碳素轨的加热和冷却速度来改善其内部组织结构。通过热处理方法使晶粒细化,形成细小珠光体组织,从而获得高强度和高韧性。国内热处理钢轨的化学成分见表11-5。

表11-5 国内热处理钢轨的化学成分[2]

单位	钢种	化学成分(质量分数)/%					
		C	Mn	Si	P	S	V
铁道部门	U74	0.67~0.80	0.70~1.00	0.13~0.28	<0.030	<0.030	
	U71Mn	0.65~0.77	1.00~1.40	0.15~0.35	<0.030	<0.030	
攀钢	PD2	0.74~0.82	0.70~1.00	0.15~0.35	<0.030	<0.030	
	PD3	0.70~0.80	0.70~1.05	0.50~0.70	<0.030	<0.020	0.04~0.08

11.1.3 按钢轨的力学性能分类

按钢轨的力学性能,通常钢轨分为普通轨、高强轨和耐磨轨。

(1)普通轨是指抗张强度不小于800MPa的钢轨;

(2)高强轨是指抗张强度不小于900MPa的钢轨;

(3)耐磨轨是指抗拉强度不小于1100MPa的钢轨。

11.2 钢轨热处理工艺

钢轨热处理工艺按其原理可分为3大类[2]。

11.2.1 淬火加回火工艺

淬火加回火工艺也称为QT工艺,这种热处理工艺首先是把钢轨加热到奥氏体化温度以上,得到全部的奥氏体组织,然后通过喷吹冷却介质,让钢轨表层急速冷却到M_s点温度以下,使奥氏体转变成马氏体,然后进行回火,其最终得到的组织为回火马氏体。这种热处理工艺可以提高钢轨的表面硬度和强度,并且改善钢轨抗疲劳和耐磨性能。但这种工艺也存在一些缺陷:淬火后钢轨弯曲度较大,需要对钢轨进行矫直,在淬火的轨头断面上有时由于淬火冷却速度不够快,出现因贝氏体组织而引起的硬度塌落。这种淬火加回火工艺按加热方式又可分为以下两种。

11.2.1.1 *感应加热轨头淬火工艺*

钢轨轨头感应加热淬火是目前广泛采用的全长淬火工艺之一。钢轨加热前由液压装置通过连接插头把单支钢轨连接成线并保持一定弯度。轨头用电磁感应线圈加热至A_{c3}以上50℃左右(980~1020℃)使其奥氏体化,并使轨头20~25mm深处的温度超过750℃,随后空冷时间大约30~40s,使轨头温度降至880~900℃,再喷雾(水与空气混合物)冷却大约70~75s,使表面温度降至350~400℃,然后让其自回火1.5min,使轨头表面温度回升至430~480℃,再二次水冷,以减少钢轨弯曲度。钢轨移动速度大约为45mm/s。淬火后25m钢轨弯曲挠度仅0~30mm,一般可不用矫直,淬火后钢轨长度变化仅1~3mm。这种热处理工艺的优点是生产稳定,对环境无污染,生产方式灵活;缺点是设备一次性投资大,能耗高。

包钢轨梁厂生产的25m、60kg/m钢轨,淬火线生产用的钢种以U71Mn为主。其生产工艺流程为:钢轨→输入辊道→主送轨机→中频线圈预热→中频线圈加热→喷风冷却室→喷雾冷却室→辅送轨机→输出辊道→时效。

当钢轨的移动速度为12m/min时，轨头踏面中心表面被加热到920～940℃，轨头圆角表面被加热到980～1020℃。这样既可以消除轧态钢轨的部分残余应力，又可以保证轨头的加热深度，而且在上述温度范围内，轨头的内部组织可处于最佳的奥氏体组织状态。

加热后的钢轨采用先风后雾的冷却方式。冷却方式的选择直接关系到淬火钢轨质量的好坏，目前主要采用的冷却方式有：喷雾冷却和喷风冷却。

(1)喷雾冷却。优点是冷却速度调节范围较大(1～10℃/s)，能耗低、噪声小。缺点是喷嘴容易堵塞，造成雾化效果不好，冷却能力降低，稍有疏忽钢轨就会出现脆性马氏体组织，在使用中易剥离掉块，影响行车安全。

(2)喷风冷却。现在国际上普遍采用喷风冷却工艺，它可以克服喷雾冷却的主要缺点。优点是冷却速度波动范围较小(2～4℃/s)，人为因素少，可保证淬火质量。缺点是能耗大、成本较高。

包钢生产线的工艺综合了这两种冷却方式的优点，采用先风后雾的冷却工艺。在组织转变阶段采用风冷，随后采用雾冷。其优点是既节约能源(与全风比)，又可避免内部出现马氏体的风险，并且可以通过调节喷雾冷却速度进一步控制钢轨的变形。

对淬火钢轨轨头的淬硬层进行金相观测，其内部金相组织为细片状珠光体和少量铁素体，未出现异常组织。钢轨经先风后雾喷风淬火工艺处理后，变形较小，钢轨端头上翘在30mm以内，为下一步矫直工艺创造了良好条件[4]。

11.2.1.2 整体加热整体淬火工艺

钢轨热轧后在冷床上冷却至500～550℃，将钢轨装入加热炉中再加热至600～620℃保温2.5h，以排除氢、去除白点。随后精整加工，检查合格钢轨送去热处理。采用燃烧煤气对钢轨进行整体加热，加热到温度900～920℃使其奥氏体化，加热时间为9～11min，淬火温度为830～850℃，淬火介质的油温不超过110℃，时间为2h。P－75钢轨较P－65钢轨淬火加热时间稍长，为12～15min，淬火时间增加1～2min。淬火后的钢轨在450～500℃进行回火。热处理后钢轨进行矫直，矫直前钢轨挠度不超过80mm，矫直后钢轨平均收缩为14.5mm。

这种热处理工艺特点是产量高，淬火硬度均匀，可提高全断面钢轨的强韧性。

11.2.2 欠速淬火工艺

欠速淬火工艺也叫SQ工艺，这种热处理工艺是不允许出现马氏体和贝氏体转变的工艺。这种热处理工艺是将钢轨加热到奥氏体化温度后，用淬火介质缓慢冷却进行淬火，直接淬成索氏体，即细小珠光体组织。图11－1所示为得到的微细的片状珠光体，其力学性能、抗疲劳性、耐磨耗性均比由QT工艺得到的回火马氏体好。这种欠速淬火工艺按加热方法也可分为3种。

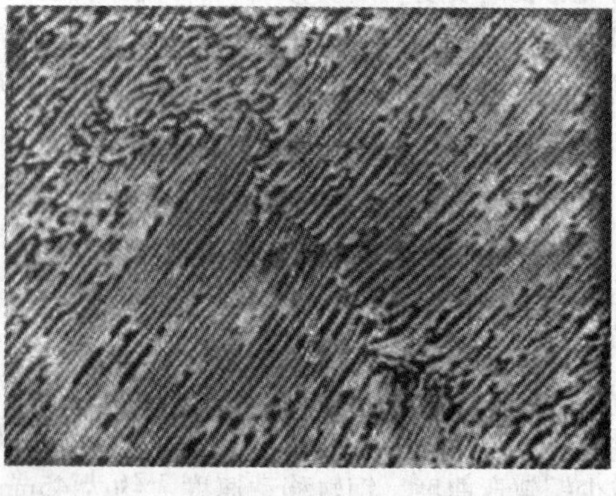

图11－1 微细片状珠光体组织(SEM，×6500)

11.2.2.1 感应加热欠速淬火工艺

这种热处理工艺是先用工频电流对钢轨全断面进行预热，再用中频电流对轨头加热到奥氏体化温度，然后喷吹压缩空气淬火，钢轨移动速度约为12m/min。该工艺直接得到是索氏体组织，即细片状珠光体组织。

11.2.2.2 煤气加热欠速淬火工艺

采用煤气先将钢轨预热到450℃，然后快速加热到奥氏体化温度，喷吹压缩空气将钢轨直接淬火成索氏体，即细微珠光体。日本钢管的福山厂就是采用这种工艺。

这种淬火工艺所采用的主要设备有：轨头煤气火焰预热直通式炉，轨头煤气火焰快速加热炉和压缩空气冷却装置。预热炉采用加压焦炉煤作燃料，快速加热炉采用加压焦炉煤气添加纯氧作燃料。用3个烧嘴加热轨头，1个在上面，2个在侧面。加热炉墙温度高达1600℃，供热强度为4.18×10^6kJ/(m^2 · h)。淬火工艺制度为：钢轨轨头在预热炉内被加热至400～600℃，再快速被加热至1600～1200℃，然后利用压缩空气冷却至600℃以下，随后空冷。该工艺的主要特点是，淬火层深达33mm，硬度变化均匀，综合性能好，组织为微细珠光体，片层间距达0.1μm。

11.2.2.3 利用轧制余热进行热处理的欠速淬火工艺

这种热处理工艺是充分利用钢轨在轧制后有800～900℃的高温，直接对钢轨在专门的冷床上进行喷雾或压缩空气淬火。这是目前世界上最先进的热处理工艺，其最大优点是降低成本，节能，但增加了生产技术管理难度，也存在淬火质量均匀性问题。

钢轨余热强化是世界上近十余年来发展起来的一种高科技含量技术，它具有节能显著、综合性能好、生产效率高等特点。如日本新日铁的八幡厂、卢森堡的阿尔贝特－罗丹厂均采用此工艺。

11.2.3 控制轧制加在线处理工艺

控制轧制加在线处理工艺也称形变热处理工艺，这种热处理工艺是把钢坯加热到960～100℃，降温到850～960℃左右再进行轧制，其终轧和预终轧均是在万能轧机的孔型中进行，这种万能孔型给轨头很大变形量，大约为14%～16%。在轧后用水雾进行快速冷却到550～600℃，然后在空气中最终冷却。其轨头的金相组织是比普通热处理还要细小的珠光体，其力学性能为：屈服强度为900～980MPa，抗张强度为1280～1330MPa，伸长率为10%～11%，断面收缩率为33%～46%。但这种形变热处理要求有高刚度的轧机、高水平的控制微机和先进的检测设备，目前其尚未被大量采用，但其技术经济指标是相当先进的，代表着钢轨热处理技术的发展方向。

复习思考题

11－1　钢轨钢如何分类？

11－2　什么是热处理轨？

11－3　钢轨钢的热处理有哪几种？

11－4　什么是感应加热轨头淬火工艺？

参 考 文 献

[1] 董志洪. 世界H型钢与钢轨生产技术[M]. 北京：冶金工业出版社，1999.

[2] 周清跃，张银花，陈朝阳，等. 国内外钢轨钢研究及进展[J]. 中国铁道科学，2002(6)：120～126.

[3] 董志洪. 高技术铁路与钢轨[M]. 北京：冶金工业出版社，2003.

[4] 蔚鲲，王洪涛，李平. 包钢钢轨离线全长淬火工艺简介[J]. 包钢科技，2009，29(3)：10～14.

12 钢管热处理

钢管作为一种产品,必须具备一定的性能才能满足使用条件的需求。改善钢的性能有两个途径:一是调整钢的化学成分,即用合金化的方法;另一个是热处理及热处理和塑性变形相结合的办法。在现代工业技术领域,热处理在改善钢的性能方面仍占据着主导地位。

钢管的种类繁多,并制定出了相应的标准,但有时用户会根据自身的需求还要增加附加条件。在标准中,作为交货条件之一的性能指标必须达到规定要求。钢管的性能主要指的是力学性能、物理性能、使用性能及工艺性能等。而热处理则通过加热、保温及冷却使钢获得一定的组织和与之相对应的各种性能,以满足产品标准及用户的要求[1]。

12.1 钢管热处理的目的

钢管热处理的目的体现在以下几个方面:

(1)为使钢管组织均匀化。通过热处理,可以消除钢管生产中产生的组织、性能不均达不到所要求的均匀组织和物理性能的现象。

(2)消除生产中留下的缺陷。如冷拔钢管加工后产生的硬化使强度提高1.3~1.6倍,伸长率相应降了30%~35%,继续冷加工就会拔断,因此,需要中间退火以消除内应力。当热轧无缝钢管中残余应力较大,影响其抗腐蚀性能、抗击毁性能时,也需要进行消除残余应力热处理。

(3)进一步提高钢管的质量,满足不同用户要求。为了提高产品质量,适应高钢级用途,延长使用寿命,增加产品竞争力,也要进行热处理。

(4)简化工艺。同一种原料和加工方法,在不同的热处理条件下,可以生产出具有多种不同性能的产品,从而可使原料单一化。

12.2 钢管热处理的工艺

钢管热处理可以分为两类,即为了满足产品使用性能要求的最终热处理和钢管制造过程中的工序间的热处理。

同其他产品一样,根据产品标准的技术条件要求,钢管常用的热处理工艺主要有淬火、回火、正火及退火等。例如:石油专用管中的套管、油管、钻杆、管线管等,根据钢级的高低则相应采用正火、正火加回火、淬火加回火(调质)的工艺;高压锅炉管、高压化肥管通常采用正火、正火加回火、淬火加回火(厚壁管)及奥氏体不锈钢管的固溶处理;轴承用钢管采用球化退火等。工序间的热处理用于冷轧、冷拔钢管的生产过程中,通常采用再结晶退火、软化退火,目的在于消除冷加工硬化效应,降低硬度、提高塑性,以利于进一步冷变形。

12.2.1 淬火及正火工艺加热温度的确定

一般用"合金结构钢"制造的钢管可以进行淬火处理,如石油专用管中的套管、油管、钻杆、管线管;高压锅炉管、高压化肥管及用户要求具有较高综合力学性能的钢管等品种。

"合金结构钢"为亚共析钢,淬火及正火的加热温度也就是钢的奥氏体化温度,制定原则也是A_{c3}+(30~50)℃。但考虑到提高钢的淬透性及减少加热时间,采用较高温度为好,即A_{c3}+50℃作为钢管的奥氏体化温度。这里提到的温度是指钢管的实际温度,而热电偶在炉膛内的测温点多在钢管的上方,而在燃料炉的炉膛内,上部温度高于下部温度,为了保证钢管的实际温度达到预定要求,炉子的设定温度应略高于预定的奥氏体化温度。

12.2.2 淬火方式、淬火剂的选择

选择钢管淬火方式主要考虑两个因素:首先是钢管淬火时冷却速度要能够保证得到预期的淬火组织;其次是钢管淬火时冷却要均匀,变形要小,以保证后续工序能够正常进行。

目前,钢管热处理多以水为淬火剂。这是因为在淬火介质中,水最为经济、安全,对环境无污染。但是,由于水的冷却速度较快,钢管淬火时容易发生变形,钢管变形严重时因无法进行下道工序而报废。所以,在选择淬火方式时,既要使钢管达到淬火要求,又要将变形控制在允许范围内。

根据上面的分析,首先钢管以旋转方式进行淬火最为理想,同时进行内外冷却。内冷时用喷嘴将水喷入管内,水的流速以不小于10m/s为佳。外冷采用喷淋或浸入淬火槽内均可,但淬火槽内也必须有搅动喷管。总之,钢管的淬火应该是冷却能力达到要求,冷却尽量均匀,这是选择淬火方式的指导思想。

理想淬火剂的要求是:在高温区时冷却速度快些,以避免奥氏体发生分解,提高钢的淬透性;在低温区时冷却速度慢些,以降低马氏体转变时的组织应力,减少变形或开裂。

淬火剂的选择应根据钢管的品种、技术条件要求及钢的成分等多方面因素进行考虑。以石油管材为例,高钢级(强度)的钢管进行热处理采用的是调质工艺,即淬火加高温回火。钢种多选用含碳量偏低的中碳合金结构钢,钢管的有效厚度(壁厚)基本一致,淬火时各处的应力分布较均匀,引起开裂的危险性也相对低些,因此,可以优先选用水为淬火剂。

如果钢中的含碳量较高,淬火时为了减少变形或开裂,应选用冷却速度较慢的快速淬火油或者水基淬火液为淬火剂。

12.2.3 淬火油及水基淬火液的特点

淬火中使用淬火油及水基淬火液各有其特点:

(1)淬火油及水基淬火液的共同点是冷却速度较慢,特别是低温区,对减少或避免钢管变形及开裂极为有利。

(2)温度对淬火油的冷却速度影响较小,而对水基淬火液的冷却速度影响较大,即随着温度的提高冷却速度下降。

(3)淬火油的冷却速度不能调整,而水基淬火液的冷却速度可通过浓度及温度的调整而改变,灵活性较大。

(4)在安全生产方面,淬火油存在火灾隐患,而水基淬火液无火灾隐患。

(5)在环保等方面,淬火油对现场环境及大气造成污染,并影响人体健康,而水基淬火液不存在上述问题。

水基淬火液是由有机高分子聚合物及某些添加剂组成的,种类很多,目前达到商业化和大批量生产的主要有 PAG、PVP、PEO 等几种,并分为有逆溶点和无逆溶点两大类。有逆溶点的在60~70℃左右有机物会析出,冷却性能也将发生重大变化,使用温度一般不超过50℃。而无逆溶点的在温度较高时不会析出有机物,但使用温度也不允许过高。各生产厂的产品牌号很多,由于聚合物的种类不同,性能差异很大,在选用时应根据产品的要求、钢种、淬火设备的特性等综合考虑进行选择。

淬火液的冷却性能对工件的淬火效果影响很大,一般要求在高温区(600℃左右)冷却速度

快些，避免过冷奥氏体发生分解，在低温区（300℃左右）冷却速度慢些，以降低组织应力，减少变形和开裂。

水基淬火液的选择应根据产品结构、设备状况等综合考虑。对于P110、TP110T、TP130TT等高钢级套管，这些套管用钢的淬透性较高。考虑到VM48快速淬火油已有多年的使用经验，工艺参数成熟，产品性能稳定，因此，应选用冷却性能与VM48快速淬火油相近的水基淬火液，这样对稳定产品质量及产量有利。基于这一考虑，选择了F－2000这一牌号的水基淬火液。

X60管线管用钢原工艺为水淬，但在淬火过程中，部分钢管淬火弯曲严重，使生产难以正常进行。在这种情况下，决定试用F－2000进行淬火。先后用正常浓度（9.7%）和低浓度（5%）进行淬火，钢管弯曲显著减少，生产得以正常进行。在9.7%浓度的情况下，20个检验批中有6个强度指标低于AP15L的下限要求，合格的也是刚超过下限，即使在降低回火温度10～25℃的情况下仍然不见成效。第二次在浓度5%的情况下，14个检验批的强度指标全部合格。此后，X60管线管一直用低浓度的F－2000水基淬火液进行淬火，产量已达万吨以上[2]。

12.2.4　淬火时产生的变形分析

钢管在热处理淬火时均采取水平方式，钢管各部位的冷却速度很难达到均匀一致，这就不可避免产生淬火变形。钢管变形主要为弯曲度和椭圆度增大，其中弯曲可表现为整体弯曲（大弯）、"蛇形弯"和管端弯曲，其中前两种弯曲可通过斜辊矫直机得以矫直，而管端弯曲在矫直时很难达到理想的效果，需要用压力机进行矫直。因此，淬火时应尽量避免或减少变形。

钢管淬火时变形的根本原因是钢管各部位冷却不均匀，在钢管内部产生内应力，致使钢管产生变形。

12.2.5　回火工艺

回火工艺参数主要指的是回火温度及保温时间，它决定了钢管热处理后的性能指标是否满足标准及用户的要求。

对于石油管材而言，力学性能中的屈服强度有一个范围，因此，制定的回火温度应以屈服强度达到中限为目标，这样，当化学成分及回火温度略有偏差时屈服强度仍能在规定的范围内。在API5CT中，第二组中的钢级其屈服强度范围较窄（103MPa），如果屈服强度的目标值不按中限进行控制，则在生产中某些情况下就有可能超出标准要求。

回火保温时间对性能也有较大的影响，一般情况下，回火保温时间应保证组织转变完全、性能稳定。生产中应根据产品的性能要求、钢的化学成分及回火炉的技术参数等通过试验来确定回火保温时间。

12.3　石油钢管的热处理

12.3.1　石油管材淬火加热、保温时间的确定

石油管材指的是套管、油管、管线管及钻杆，为了达到标准所要求的综合性能指标，其中较高强度的钢级均需进行调质处理，即淬火加高温回火。

保温时间指的是钢管实际温度达到规定后保持的时间，人们知道，钢管加热达到奥氏体化温度后将发生奥氏体的形核、长大及均匀化这一过程。石油管材用钢基本上都是中、低碳的合金结构钢，钢管的有效厚度（壁厚）较薄且均匀，淬火加热时的保温时间无需过长，但至少要大于5min。保温时间的长短要根据钢中的合金元素种类及含量略做调整，例如，当钢中含有V、Nb、

Mo 等强碳化物形成元素时,应适当增加保温时间,以利于碳化物的溶解,达到充分发挥合金元素的作用。而钢中含有非碳化物形成元素或弱碳化物形成元素时。如 Ni、Si 和 Mn 等时,就没有必要过多地增加保温时间,否则将增加钢管的表面氧化,影响表面质量。

对于管端加厚的产品,如钻杆、油管等,加厚处的壁厚远大于管体壁厚,在这种情况下,加热及保温时间应以加厚处的壁厚作为有效厚度进行考虑。

12.3.2 石油管材淬火的要求和判断

高钢级的石油管材产品均需调质处理才能达到标准要求的性能,所谓调质即淬火加高温回火,得到回火索氏体组织,并具有综合的力学性能。

淬火的目的在于获得马氏体组织,但在实际生产中,获得 100% 马氏体很难做到,经高温回火后可获得均匀的索氏体,这一点对于高强度高韧性及抗 H_2S 应力腐蚀钢级十分重要。在标准(API5CT)中,对需调质处理的钢级均有淬透性要求。其中,抗 H_2S 的 C90、T95 钢级要求淬火后的马氏体含量不小于 90%;其他钢级的淬透性要求淬火后的马氏体含量不小于 50%。

12.3.3 石油管材常用的淬火方式

(1)浸入式固定内喷:钢管置于淬火槽内的 V 形座上,一端由压头压紧,内喷嘴向管内喷入淬火介质,淬火槽侧面有一排喷管横向喷出淬火介质,起到对槽内介质的搅拌作用,淬火结束后由翻料钩或提升链条将钢管移出淬火槽,淬火后钢管的弯曲及椭圆度较大。

(2)浸入式旋转内喷:与浸入式固定内喷的区别在于钢管淬火过程中始终进行旋转,其余大致相同,淬火后钢管的弯曲度及椭圆度较小。

(3)旋转式外淋内喷:钢管淬火时置于旋转轮上,并由压紧轮压住进行旋转,钢管上部由一排喷水管向管子表面喷水,在管子端部由一个喷嘴向管内喷水,冷却结束后由出料机构使管子离开淬火工位进入收集料架或收集链上,淬火后钢管的弯曲度及椭圆度较小。

12.4 高压锅炉管的热处理

锅炉管是在蒸汽压力下和较高温度条件下工作,而材料在较高温度下长期工作将会产生如下现象:蠕变、韧性下降、原始组织改变以及产生腐蚀等。因而,作为锅炉用耐热钢管应具备下列性能:

(1)足够的高温强度;

(2)足够高的塑性变形能力;

(3)最小的时效倾向和热脆性倾向;

(4)足够的腐蚀稳定性;

(5)良好的工艺性能(如焊接性能等)。

所以应根据工作条件选用相应的钢管材质。在 475 ~ 570℃ 温度工作的钢管多采用珠光体类的钼钢、铬钢、钒钢、铬钒钢等;在 570 ~ 625℃ 工作的多采用马氏体和奥氏体类的耐热钢;工作温度高于 700℃ 时主要用高温合金(镍基合金)。为使高压锅炉管具有足够的高温强度、高温塑性变形抗力、低的时效和热脆倾向、足够的腐蚀稳定性和良好的工艺性能,钢管轧后要进行正火和回火热处理[3]。

12.5 轴承管的热处理

轴承钢系如 GCr12、GCr15 属于高碳钢类,按使用条件,要求有高而均匀的硬度,无软点和脆弱的夹杂物。因此,轴承管除对非金属夹杂、表面脱碳和低倍组织有一定要求外,显微组织应为球状珠光体。轴承管轧后必须进行球化退火。

轴承钢管球化退火的目的是:降低硬度、消除内应力和改善组织与性能,以便于切削加工、冷矫直等,并为轴承套圈进一步调质处理创造良好的组织条件。对于 GCr15 轴承钢钢管,其 HB 硬度要求在 179 ~ 207,而无铬轴承钢钢管的 HB 硬度应小于 217[3]。

12.6　不锈钢管的热处理

不锈钢管按照化学成分和组织特点可分为马氏体型、铁素体型和奥氏体型 3 类。就奥氏体不锈钢 1Cr18Ni9Ti 来说,具有单相组织、塑性较好的特点。为了在常温下得到单一的奥氏体组织,以增强抗腐蚀能力、减少晶间腐蚀倾向和破坏致密的表面氧化铁皮,钢管轧后必须进行固溶处理。

12.7　钢管的在线常化

在线常化是近年发展起来的新工艺,从金属学角度讲是一种热处理工艺,即形变正火。它是将连轧管轧制后的钢管在小冷床上冷却到再结晶温度以下,再进加热炉,在炉内将钢管加热到 A_{c3} 或 A_{cm} 以上温度后保温一段时间,使钢的组织转变为奥氏体,然后出炉。经定径机或张减机减径轧制后空冷或空、雾冷却等,使过冷奥氏体组织转变为珠光体,从而达到钢管性能,它也是现代控制轧制的一种方法。对在线常化性能要求是:套管要有尽可能高的屈服强度,韧性与强度的优良匹配;管线管在达到强度要求的同时,要求具有良好的可焊性和优良的低温韧性。

12.7.1　在线常化的目的

在线常化要达到的目的是:

(1) 使钢材的组织变得均匀,晶粒细化;

(2) 改善一些钢种的力学性能;

(3) 改善低碳钢和低合金钢的金相组织和性能。

在线常化就是在轧制过程中间插入正火工艺,利用了部分轧制余热,即可缩短正火加热时间。微合金化在线常化钢替代离线正火或调制处理钢,减少了与热处理、精整、能量、脱碳、铁皮损失(氧化)等有关的成本。总之,在线常化既简化工序,又节省能源。

与调质处理钢相比,在线常化钢具有更好的切削性能,这是由于铁素体 + 珠光体组织比回火索氏体组织切削性能好。

12.7.2　在线常化工艺

经轧制的钢冷却至 A_{r1} 以下,由奥氏体全部转变为铁素体加珠光体组织,然后进行再加热,又全部转变成奥氏体后,空冷得到较为细小的铁素体加珠光体组织。

根据工件大小确定入再加热炉前的冷却时间,确保冷却至 A_{r1} 温度以下工件在再加热炉中的时间,保证使合金溶解,组织全部转变成奥氏体并均匀化。另外,要设定再加热炉温度。

为使合金元素全部溶入奥氏体中并使奥氏体均匀化,炉中工件应在规定的加热温度范围内保持适当的时间。时间的长短与工件的有效厚度、钢种、装炉方式、装炉量、装炉温度、炉的性能及密封程度等因素有关。

冷却方式不同,意味着工件冷却速度不同,比如堆冷、并排冷、工件间隔料位冷、单冷,冷速由小变大,一般来说,晶粒尺寸减小,珠光体比例增加,珠光体片间距减小,使得强度与冲击韧性均有提高。

在加热炉中工件的保温时间是一项不可缺的控制参数。保温时间不足,强度达不到要求;保温时间过长,浪费能源,降低生产效率,而且可能造成工件表面脱碳。

在线常化钢入再加热炉之前,经历了阶段性的轧制工序结束,工件的每个部位必须完成奥氏体向铁素体+珠光体的全部组织转变,所以,工件冷却相对较慢的部位也必须冷却至A_{r1}以下。

再加热炉温度的控制对钢的性能至关重要。再加热炉给工件升温,不仅要保证必要的组织转变和扩散,而且还要使应有的合金元素全部溶入奥氏体中。温度偏低,强度不足;温度偏高,韧性下降,温度过高强度也会下降。

微合金化元素加入钢中有两个目的,即晶粒细化及析出强化。两种作用都是由微合金碳化物、氮化物或碳氮化物的析出引起的。晶粒细化可以通过析出质点钉扎晶粒晶界获得,还有靠热加工过程延迟奥氏体再结晶时由应变诱导产生的析出。强化作用是由微合金碳化物、氮化物或碳氮化物于奥氏体向铁素体转变时在铁素体中析出,或转变完成以后的析出产生的。这些铁素体中的析出物阻碍转变时或转变后铁素体的晶粒长大,所以还有间接的晶粒细化作用。

微合金在线常化钢的强韧化方式为沉淀强化,细晶强化;强韧化可细化组织,铁素体相对增加,并呈块状分布。

K55钢级不需要昂贵的微合金化元素细化晶粒,不出现混晶,强度与韧性达标余量大,性能可靠。N80钢级切削加工性能好,可利用螺纹加工,残余应力低,管子各部位性能均匀性好。

12.8　钢管热处理方法的新发展——感应加热热处理

12.8.1　感应加热热处理的基本原理

感应加热是以某种频率的交变电流通入感应器线圈,使线圈产生相同频率的交变磁场。当被加热的钢管从感应器线圈中通过时,受交变磁场作用,钢管内产生涡流。涡流被钢管本身的电阻所阻滞而发热,此热量使钢管加热到预定的温度,再以不同的速度冷却,便达到热处理的目的[4]。

12.8.2　感应加热热处理的工艺特点

感应加热热处理方法具有升温速度快,温度控制准确均匀,烧损少,无污染等多项优点。采用此方法,极有利于提高钢管的力学性能和表面质量及改善金相组织状态。目前,国内外都在大力研究该方法并得到迅速发展。美国大型钢管感应加热热处理生产线设备参数见表12-1。

表12-1　美国大型钢管感应加热热处理生产线设备参数

公司名称	总功率/kW	淬火感应器			回火感应器			生产率/$t\cdot h^{-1}$	建成年份
		组数	功率/kW	频率/Hz	组数	功率/kW	频率/Hz		
孤星钢铁公司	15000	9	9000	180	6	6000	180		1975
无限制管公司	5400	8	1800	300	8	1800	300	12.7	1981
		4	1800	500					

感应加热热处理工艺特点为:

(1)选择频率适宜的电源。根据生产的钢管壁厚范围应选择频率适宜的电源。如首钢特钢公司所生产的钢管壁厚范围在1~10mm,所以将钢管感应加热的电流频率选择在中频范围内的

2500Hz。

(2)钢的临界点升高。由于相变过程要经过成核和长大阶段,要一定的过热度造成相间自由能差,而且需要一定的扩散条件。这些都和加热温度、加热时间密切相关。与普通加热法相比,感应加热的升温速度相当快,可达200℃/s以上(此速度与电源功率及感应器质量有关)。随着加热速度的加快,钢的临界点也相应升高。

(3)钢的脆性转变温度降低。经感应加热调质处理的钢可具有极细的回火组织。这种组织能显著降低钢的脆性转变温度。用含30%的Co和少量Cr、Mn、Mo的焊接钢管做的试验结果见表12-2,感应加热这一特点对于开发在严寒地区使用的各种钢管极为有利。

表12-2 不同加热方法调质处理的脆性转变温度

加热方法	调质处理工艺	脆性转变温度/℃
感应加热	850~900℃ 水淬,630℃回火	-111
普通加热	850~900℃ 水淬,630℃回火	-63

感应加热时,不但加热速度快,而且在热处理过程中实际上不存在保温时间,因此必须以提高加热温度的方法使奥氏体成分趋于均匀。奥氏体晶粒长大与原子扩散有关。感应加热时,钢管在高于A_{c3}温度停留的时间极短,扩散过程未来得及进行,所以奥氏体晶粒不会长大,见表12-3。

表12-3 不同加热方法在同温度下的晶粒度

加热方法	加热速度/℃·s^{-1}	加热后的晶粒度/级		
		850℃	900℃	1000℃
电阻炉加热	0.3~0.5	10	8	3~5
感应加热	20~50	11	10	9

(4)加热温度稳定。感应加热过程中,可以通过控制感应器的输出功率和钢管的前进速度精确地控制加热温度。钢管的加热温度可控制在±15℃范围内。

(5)钢管的氧化与脱碳量极少。不同钢种的钢管在感应加热和电阻炉中加热的氧化量和脱碳量分别见表12-4和表12-5。

表12-4 不同加热方法的氧化量

钢 种	加热方式	不同加热温度的氧化量/g·mm^{-2}			
		700℃	800℃	900℃	1000℃
45MnMoB	电阻炉加热	3.5×10^{-6}	5×10^{-6}	17.5×10^{-6}	160×10^{-6}
	感应加热	1.5×10^{-6}	2×10^{-6}	4.5×10^{-6}	19×10^{-6}
40Mn2Mo	电阻炉加热	3×10^{-6}	6×10^{-6}	41×10^{-6}	120×10^{-6}
	感应加热	1×10^{-6}	2×10^{-6}	3×10^{-6}	13.5×10^{-6}
45	电阻炉加热	3×10^{-6}	8.5×10^{-6}	64×10^{-6}	160×10^{-6}
	感应加热	1×10^{-6}	2.5×10^{-6}	5×10^{-6}	6×10^{-6}

表 12-5 加热到1000℃后距钢管表面0.1mm深处碳的质量分数

钢 种	基体碳的质量分数/%	用电阻炉加热后碳的质量分数/%	感应加热后碳的质量分数/%
45MnMoB	0.447	0.375	0.435
40Mn2Mo	0.413	0.270	0.410
45	0.429	0.365	0.425

(6)冷却条件。要求空冷时,钢管从感应器中出来后自由冷却即可。进行淬火时要用水或冷却液强制冷却,因此,在淬火加热和回火加热的两个感应器之间要设置淬火冷却装置。由于感应加热速度快,温度均匀,所以钢管内的应力较小,加之在淬火后马上回火,因此钢管的开裂倾向比其他热处理方式小得多。对淬火液和淬火条件的要求也不那么严格。

复习思考题

12-1 钢管热处理的目的是什么?

12-2 钢管常用的热处理工艺有哪些?

12-3 石油管材常用的淬火方式有几种?

12-4 什么是钢管的在线常化?在线常化的工艺目的是什么?

12-5 感应加热热处理的特点是什么?

参 考 文 献

[1] 李群,高秀华.钢管生产[M].北京:冶金工业出版社,2008.
[2] 刘怀刚,刘金海.水基淬火液在钢管热处理上的应用[J].天津冶金,2002(增刊):70~73.
[3] 卢于逑.热轧钢管生产知识问答[M].北京:冶金工业出版社,1991.
[4] 黄大鑫.钢管热处理方法的新发展——感应加热热处理[J].钢管,1996(6):51~55.

13　冷轧带钢热处理

冷轧产品是钢材中的精品，属高端产品，具有加工精细、技术密集、工艺链长、品种繁多、用途广泛等特点。国际钢铁工业发展实践表明，随着经济社会发展，冷轧产品在钢材消费总量中的比例在不断提高，并发挥着越来越重要的作用[1]。

冷轧带钢生产用的钢种可以分为3大类：碳素钢、低碳沸腾钢、低碳镇静钢。由于钢的化学成分、加工方式以及其用途各不相同，所以，这3类钢的热处理也各有不同的特点。

碳素钢主要需进行软化退火，退火过程中，片状珠光体转变为球状渗碳体，这种组织很软，成形性好，另一种常见的热处理是将大多数软化处理后的带钢淬火，这时应当特别注意退火过程中的渗碳体溶解过程和淬火过程中的马氏体形成过程；低碳沸腾钢需进行再结晶退火；低碳镇静钢虽然也进行再结晶退火，但在退火过程中，必须注意氮化铝的析出、再结晶组织的晶粒度和晶粒形状。

无论何种化学成分的钢种，重要的是初始状态，即热轧带钢的组织，对于所有这几种热处理均具有决定性的意义。由于终轧温度不同，从最后一个道次至卷取机的冷却条件也不一样，所以热轧带钢中的晶体组织状态差异极大。这种组织状态的差异势必对退火后冷轧带钢组织和力学性能产生一定程度的影响[2]。

13.1　碳素钢带钢的热处理

13.1.1　软化退火

对于普通C系或Ck系碳素钢，在生产过程中必须特别注意热轧带钢组织是如何形成的。图13－1所示为热轧带钢热卷取和冷卷取所形成的晶体组织，图13－2所示为这两种带钢退火后的组织。

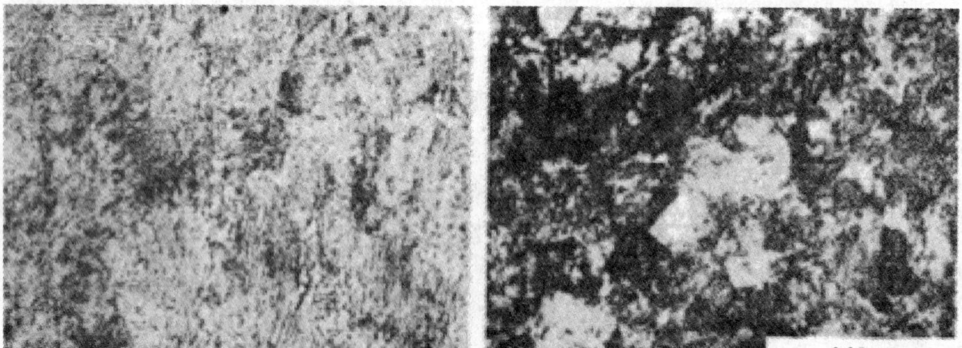

(a)　　(b)

图13－1　Ck75号热轧带钢组织

(a)热卷取，$\sigma_B = 745$MPa；(b)冷卷取，$\sigma_B = 1025$MPa

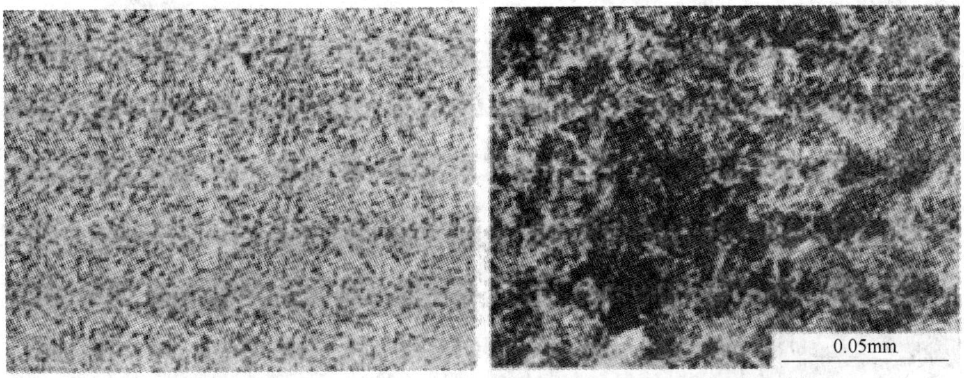

(a)　　(b)

图 13－2　Ck75 号热轧带钢热卷取和冷卷取的退火组织

(a)热卷取 $\sigma_B=662\mathrm{MPa}$;(b)冷卷取 $\sigma_B=805\mathrm{MPa}$

从图 13－1 中可以看出,热卷取形成的珠光体片层一般比冷卷取的宽,放大 500 倍就可清楚地看到珠光体片层间距。冷卷取形成的珠光体片层极细,用光学显微镜根本分辨不出来。

图 13－2 进一步表明,由于珠光体片层大小不同,经退火后热卷取带钢形成的组织是粗粒状碳化物,而冷卷取带钢形成的是极细粒状的碳化物。

这两种组织有不同的力学性能。热卷取带钢的抗拉强度为 745MPa,冷卷取带钢的抗拉强度为 1025MPa。经退火后组织的抗拉强度分别下降为 662MPa 和 805MPa。冷卷取的热轧带钢退火成球状渗碳体后,其抗拉强度依然高于未经退火的热卷取的热轧带钢抗拉强度。

图 13－3 和图 13－4 所示为 Ck75 号碳素钢的退火结果。在 700℃左右卷取的热轧带钢,在罩式炉中退火成球状渗碳体。退火后,从带钢上的不同位置分别取样并检验其球状渗碳体含量。在一座罩式炉中,最上面两个带卷的内部大部分为粗片状珠光体,球状渗碳体所占比例极少(见图 13－3)。其原因是炽热的保护气体在循环过程中与这些部位的带钢强烈进行热交换,因而其温度特别高。相反,在另一座形式不同的罩式炉中进行的相同试验结果表明,底下两个带卷中的渗碳体比例很低(见图 13－4)。这可能是由于炉子的结构不同,因而这些部位的温度太低。产生这种温差的主要原因与烧嘴的布置有关。

材料 Ck75

带卷号	球状渗碳体成分/% 内部	中间	外部
6	40	40	95
5	40	80	80
4	70	90	50
3	80	90	80
2	80	95	60
1	95	95	90

图 13－3　热轧带钢在罩式炉中退火成球状渗碳体的结果(A 型)

材料 Ck75

带卷号	球状渗碳体成分/% 内部	中间	外部
8			90
7			
6		未填写栏无试样	
5			
4			
3	90	90	95
2	95	50	20～30
1	30	50	30

图 13－4　热轧带钢在罩式炉中退火成球状渗碳体的结果(B 型)

13.1.2　球化退火

球化退火是把片状珠光体共析钢退火成球状渗碳体的最可靠方法。采用这种退火方法可使带钢温度迅速上升到 A_3 点以上，以便片状珠光体能充分溶解，残余的渗碳体可在随后的冷却过程中起晶核的作用。碳围绕这些晶核析出，形成球状渗碳体。图 13－5 所示为这一过程。浅灰色区是奥氏体，残余渗碳体分布于奥氏体中。

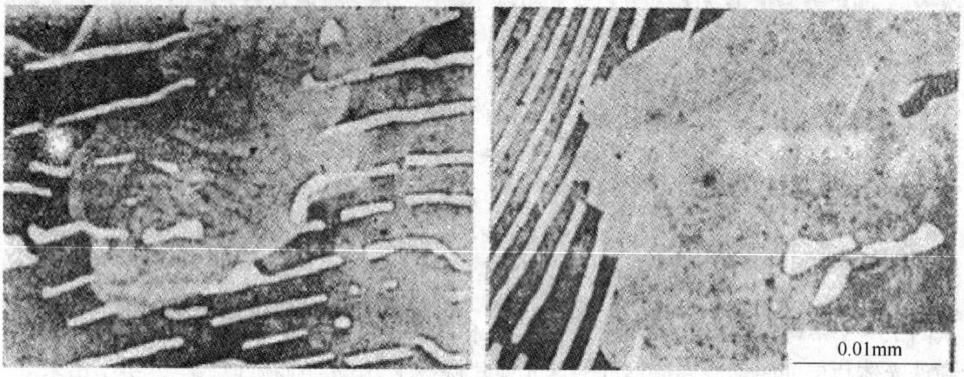

(a)　(b)

图 13－5　739℃温度退火 2min 以溶解奥氏体中的片状珠光体，然后在冰水中激冷后的组织
(a)球化退火前组织；(b)739℃温度退火 2min，然后在冰水中激冷后的组织

在连续式退火炉中，首先把带钢加热至高于 A_1 点的某一规定的温度，并短时保温，然后冷却至 700℃，并在带钢出口前一直保持这一温度。带钢通过炉子的时间恒定为 20min，其中，升温至 A_1 点以上的加热和保温时间波动于 1～14min 之间，保温为 700℃ 的时间相应地波动于 6～19min 之间。在 700℃ 保温过程中，应完成奥氏体的逆转变，并保证形成均匀的渗碳体。

粗片状珠光体转变为球状渗碳体所需温度较高，在 A_1 点以上的保温时间也较长，这与预先的估计一致。当温度为 760℃ 时，细片状珠光体仅 10min 就已经充分地完成了渗碳体的球化，而粗片状珠光体即使延长至 14min，球状渗碳体的含量也仅有 30%。

应当指出，未经处理的较细渗碳体的热轧带钢的抗拉强度大于退火后的粗片状珠光体热轧带钢的抗拉强度。很显然，渗碳体球状颗粒在组织中的弥散程度对退火以后热轧带钢的强度有决定性影响。图 13－6 中，根据一组试验明确地显示出这种关系。将 Ck75 号钢淬火，再在 700℃ 按不同的时间回火。这样处理之后进行组织检查，并测定其抗拉强度。试验表明，随着渗碳体向较粗的颗粒方向球化，抗拉强度相应地下降。图 13－7 所示为抗拉强度与退火时间的关系。

13.1.3　弹簧带钢的调质

为了使高碳弹簧带钢奥氏体中的碳化物完全溶解，必须保证足够的退火时间。通过炉内退火温度制度的控制，可以调节碳化物的溶解。所以，一般把退火温度提高约 50℃，将退火时间缩短一半，从而获得规定的碳化物晶粒度。但是，也不能任意提高退火温度。如果温度过高，带钢就会变形，奥氏体晶粒粗大，因而容易形成不良的粗针状淬火组织。

在淬火过程中，不仅应注意碳化物的溶解，还应使碳均匀地分布在奥氏体中。特别应考虑到碳的扩散所必需的时间，此时间可参照图 13－8。保温 15～20s 之后，珠光体或铁素体已经完全

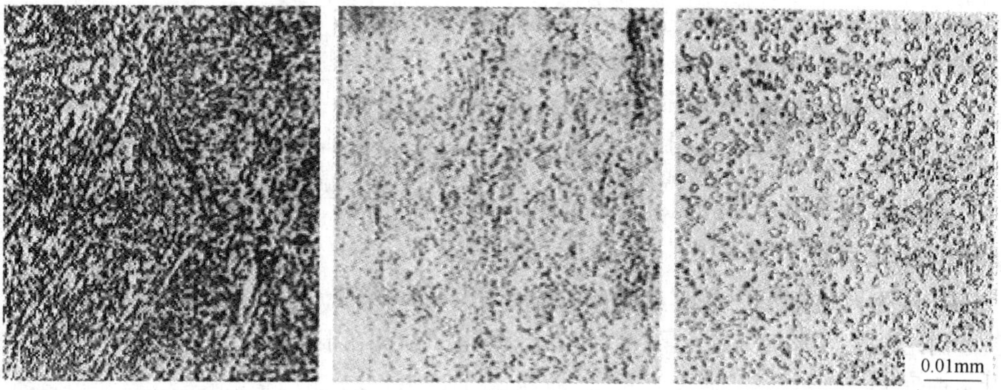

图 13－6　Ck75 号钢马氏体分解和抗拉强度与退火时间的关系

(a)退火时间 20min，$\sigma_B = 732MPa$；(b)退火时间 3h，$\sigma_B = 675MPa$；(c)退火时间 24h，$\sigma_B = 585MPa$

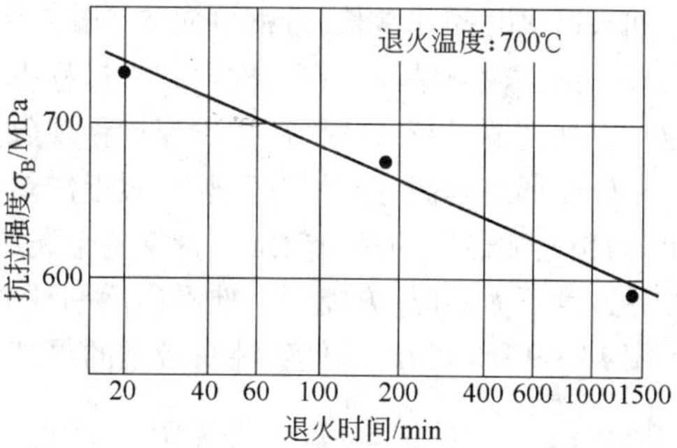

图 13－7　Ck75 号钢的抗拉强度与退火时间的关系

溶解。但是，从显微硬度值可以看出，均匀化弥散过程在 20min 以后才开始。片状珠光体比球状渗碳体的溶解速度快。其原因是，在与渗碳体体积相同的情况下，片状珠光体的表面积比球状渗碳体表面积大很多，在同样的时间内，从面积大的片状珠光体扩散出去的碳原子较多。不仅如此，碳原子从片状珠光体扩散出去的路径也较短，所以能较快地完成奥氏体的均匀化。另外，片状珠光体的片层越厚，片层间距越大，则碳在奥氏体中的均匀弥散过程就越慢；反之，球状渗碳体越细，就越能很快很好地被溶解，而且溶解的量也较多。

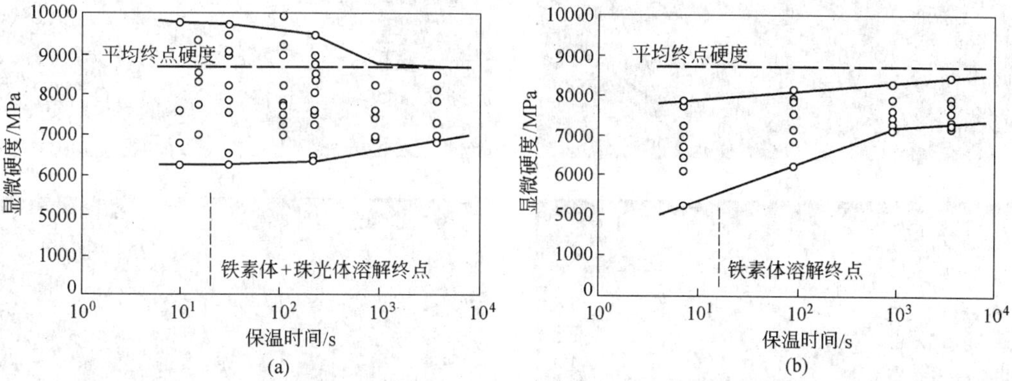

图 13－8　奥氏体化温度为 800℃时马氏体显微硬度与保温时间的关系

(a)片状珠光体 Ck70；(b)粒状渗碳体 Ck70

13.2　低碳沸腾钢带钢的热处理

经冷轧后，低碳沸腾钢最重要的热处理是再结晶退火，即所谓软化退火。

目前一般将再结晶过程划分为 3 个前后衔接的阶段：首先是形成晶核；然后是晶核长大；最

后是晶粒长大。个别情况下还需进行二次再结晶。

首先，必须经过充分的冷变形加工，才有必要进行再结晶退火。另一方面，再结晶退火必须具备一个最低温度（即所谓再结晶温度）。

冷加工后，在再结晶温度以上退火时，经过一定的孕育时间，变形加工后产生新晶核，在其长大的过程中，晶格的取向往往与周围环境有一定的关系。如果温升速度慢，生成的晶核数就比较少，仅在晶格中能量特别合适的位置产生，这些位置是析出位置或晶格能量特别高的位置。变形率越高，则晶格数目越多，因此，随着冷变形率的提高，再结晶组织的晶粒也越细。

如果以较快的速度加热至再结晶温度以上，则产生晶核的位置就不仅是能量最有利的位置。只要达到此温度，变形加工后的晶格每个有足够能量的位置在很短时间之后就迅速地生成晶核，并开始再结晶。

一旦产生出晶核，它们就立即向周围经过变形加工的组织内生长，直至各晶粒的生长前沿互相靠近和互相阻挡住时为止。再结晶的第二阶段（晶核长大）到此结束。然后因温度和时间而异，晶粒开始长大。在这一阶段，不规则取向的晶粒被有规则取向的晶粒所吞并。

如果退火时间非常长，带钢事先的冷轧变形率很高，退火温度也较高，就可能在晶粒长大之后出现所谓二次再结晶。在二次再结晶过程中，通过自发地吞并周围的晶粒而产生新的粗大的晶粒。在处理铜、铝和锌时，往往出现这种现象。

冷轧变形率越高，则晶粒度越小，缓慢加热至超过再结晶温度时，如果其他条件相同，则晶粒较粗，而快速加热时的晶粒较细。带钢的金属纯度越高，则晶核数目越少，晶粒度本身也越粗大。当加热速度不太高时，方能明显地看出后一种变化过程。

图 13－9 所示为冷轧低碳沸腾带钢的再结晶组织。从冶金学角度来看，低碳沸腾钢的特点

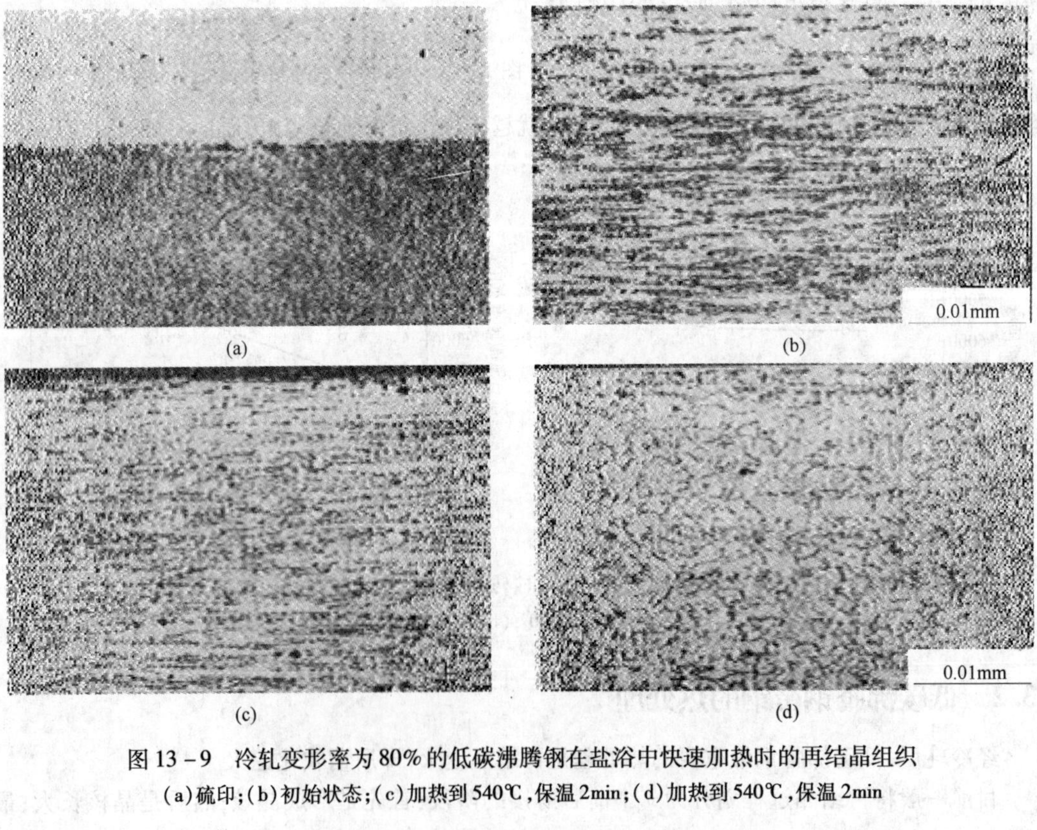

(c)　　(d)

图 13－9　冷轧变形率为 80% 的低碳沸腾钢在盐浴中快速加热时的再结晶组织

(a)硫印；(b)初始状态；(c)加热到 540℃，保温 2min；(d)加热到 540℃，保温 2min

是:它在锭模里冷凝的过程中必须进行所谓"沸腾反应",在锭模壁处首先冷凝成一个纯净的边缘区;杂质富集在钢锭的中心,这里铁的夹杂元素的浓度很高,钢渣成分也高,也就是人们常说的中心偏析。中心偏析位置及偏析程度可用金属学的硫印法检验,如图 13－9(a)所示。图 13－9(b)所示为冷轧带钢的组织。将这种初始状态的带钢试样在盐浴中快速加热至540℃并保温 2～15min,边缘区和中心区 2min 后开始再结晶,如图 13－9(c)所示。在整个带钢长度上已经形成均匀分布的晶粒,这些晶粒都有继续向变形织构中生长的趋势。这一过程 15min 后基本结束,如图 13－9(d)所示。尽管有中心偏析,非金属杂质含量较高,但这样形成的组织晶粒无论是中心还是边缘都均匀。

如果其他条件相同,但加热速度缓慢,则退火组织不一样。曾在空气循环炉中进行过一组这样的试验,其试验结果如图 13－10 所示。再结晶开始时(见图 13－10(a)),还看不出边缘和中心之间的区别。图 13－10(b)表明中心已完全再结晶,中心比边缘的晶粒细小。图 13－10(c)所示为再结晶完成时中心和边缘的组织,中心和边缘的晶粒度有明显的差别。

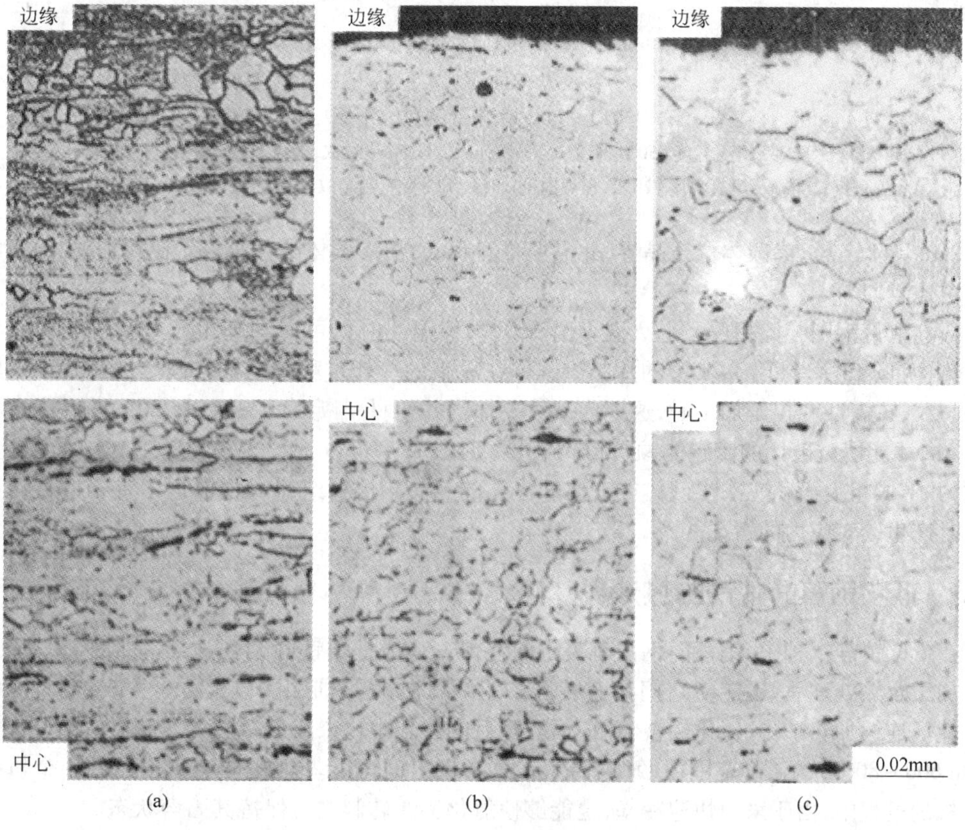

图 13－10　冷轧变形率为 70% 的低碳沸腾钢慢速加热时的再结晶组织(空气循环炉)

(a)540℃,退火时间 60min;(b)540℃,退火时间 75min;(c)540℃,退火时间 120min

与高碳钢一样,热轧带钢的原始晶体组织对低碳钢也非常重要。图 13－11 所示为两种成分大致相同的钢的卷取温度和退火温度对退火组织的影响。这两种钢的冷轧变形率相同(约60%)。冷卷取的热轧带钢经过冷轧,在 650℃温度退火并保温 4h 后,其晶粒均匀(见图 13－11(a))。据统计,渗碳体不受晶界的影响,在组织中的分布很细。退火温度为 720℃时,保温 4h 后

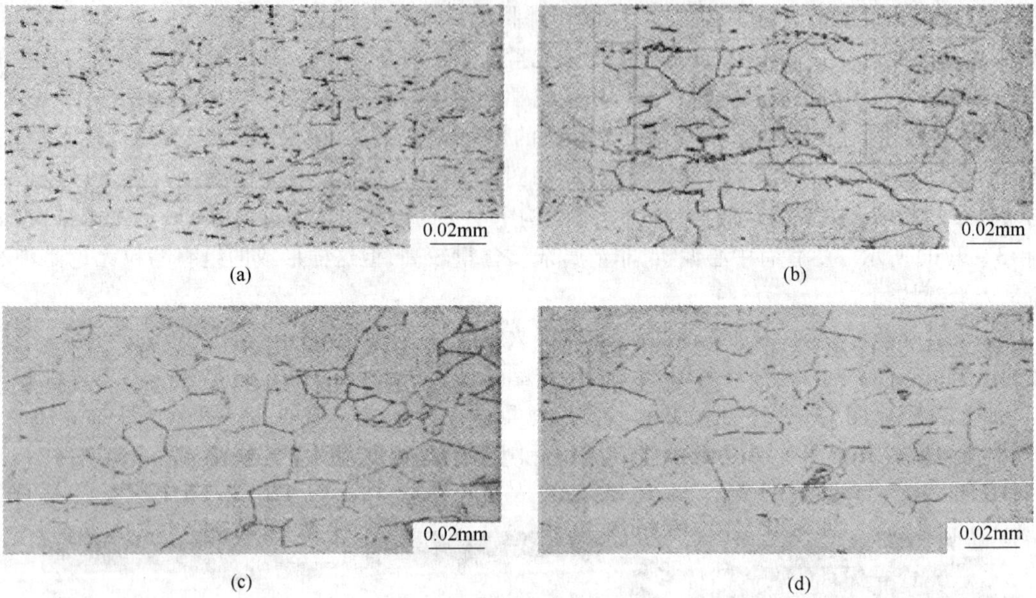

(a)　(b)　(c)　(d)

图 13－11　冷轧带钢退火组织

(a)1 号钢，冷卷取，退火温度 650℃，保温时间 4h；(b)2 号钢，热卷取，退火温度 650℃，保温时间 4h；(c)1 号钢，冷卷取，退火温度 720℃，保温时间 4h；(d)2 号钢，热卷取，退火温度 720℃，保温时间 4h

(见图 13－11(c))，渗碳体位于晶界，此晶粒本身长大，但渗碳体的分布依然比较细，在组织中的分布也比较均匀。

热卷取带钢则与此相反。退火温度为 650℃，保温 4h 后，可以看到粗粒条状排列的渗碳体的聚集(见图 13－11(b))，其中的片状渗碳体在原来的冷轧过程中已被挤破。这就是说已经有了内裂纹，在深冲和拉延加工时，这些内裂纹要加剧并使材料断裂。只有以 720℃ 的温度退火并保温 4h，才能使被破坏的渗碳体颗粒重新恢复(见图 13－11(d))。这样一来，渗碳体的聚集更严重，并形成粗大面积三次渗碳体或变态珠光体的丛簇。这种组织的材料也不宜于进行深冲或拉延时产生较大应力的情况。

13.3　低碳铝镇静带钢的热处理

在低碳镇静钢种中，铝镇静钢占有突出的地位。一般把铝镇静钢列为细晶钢种，但是，通过冷轧加工及热处理后，也能使它们具有特殊的组织，即所谓饼形组织，从而大大改善深冲性能。在热轧厂连续加热炉中，氮化铝被溶解，而在随后的热轧中也未重新析出。热轧以后的冷却过程中，在 600～800℃ 的温度范围内，氮化铝才有重新析出的可能。热轧带钢离开最后一个机架至卷取机的过程中，由于采用快速冷却，也能够使氮化铝在轧制之后保持其固溶状态。

图 13－12 所示为铝的质量分数和加热时间都不同的条件下铝镇静冷轧带钢形成的铁素体晶粒。

如果加热时间非常短，这两种钢的晶粒度和晶粒形状与沸腾钢的没有区别。这时，出现再结晶速度大于氮化铝析出速度的现象，即再结晶完成之后才开始析出氮化铝。加热时间若为 1h，则这两种晶粒有很大的区别。1 号钢的球形晶粒几乎未变，而含铝较高的 2 号钢的晶粒已经明显地长大了，形成铝镇静特种深冲钢所特有的“饼形晶粒”。如果把从室温至 700℃ 的时间延长为 6h，则 1 号钢也开始生成一种与 2 号钢加热 1h 后相类似的组织，晶粒显著地长扁。2 号钢经 6h

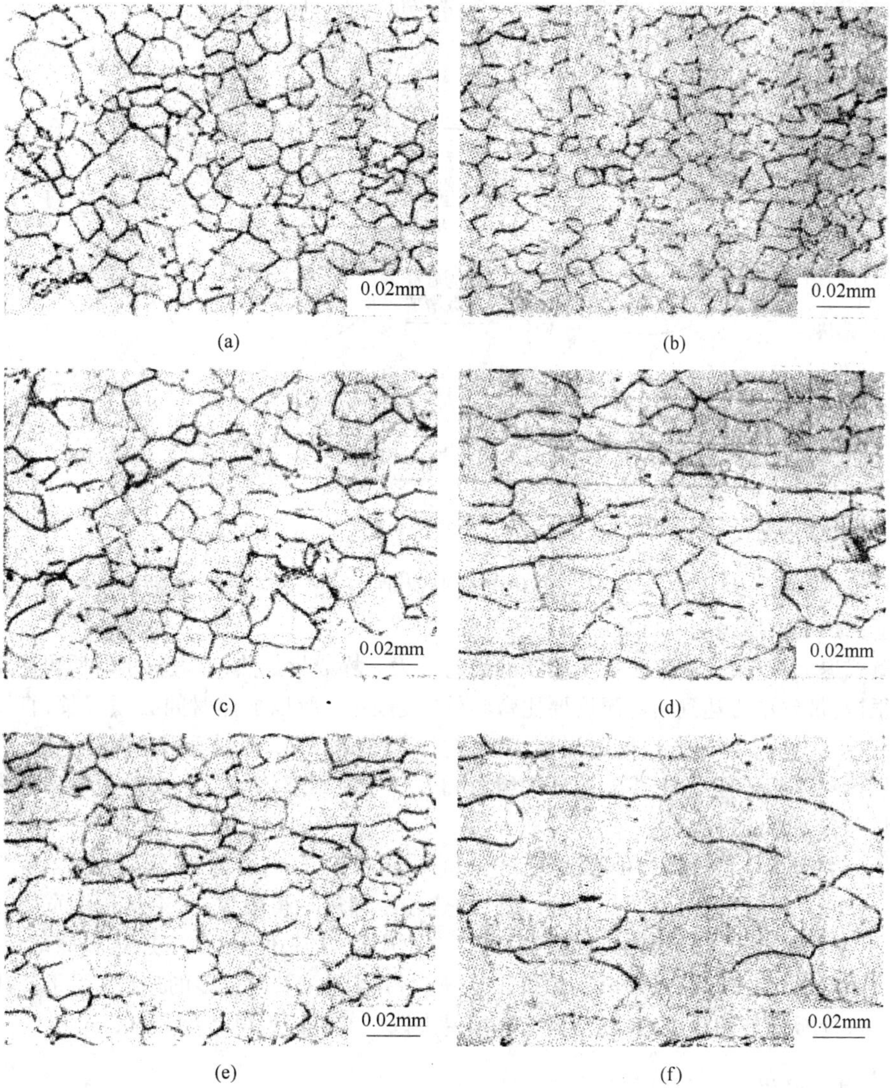

图 13－12　铝的质量分数不同和加热时间不同时生成的铁素体（退火温度 700℃）
（a）1 号钢，升温时间 10min；（b）2 号钢，升温时间 10min；
（c）1 号钢，升温时间 1h；（d）2 号钢，升温时间 1h；
（e）1 号钢，升温时间 6h；（f）2 号钢，升温时间 6h

退火后，晶粒形状虽然十分扁，但比较粗大。如果进一步延长加热时间，1 号钢将发生同样的变化，而 2 号钢却重新具有较多的球形晶粒，晶粒度也变小了。所以，随着加热速度的提高，冷轧后并且氮化铝又完全处于固溶状态的铝镇静低碳钢，退火时要经历以下几个阶段：（1）球形晶粒；（2）晶粒微扁；（3）晶粒极扁；（4）形成大量粗晶：（5）晶粒停止变粗、变扁；（6）重新成为球形的细晶。

上述过程将根据加热时间以及铝和氮的质量分数的不同分别在不同的时候出现。屈服极限、晶粒度、晶粒变扁程度、加热时间及铝的质量分数之间的关系如图 13－13 所示。

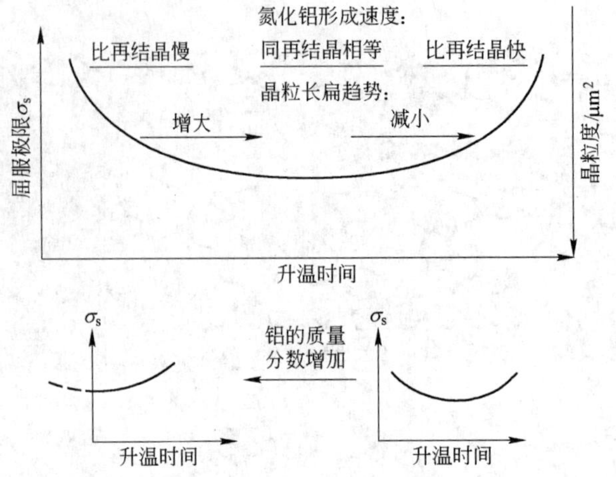

图 13 - 13　再结晶退火时的变化过程及其对屈服极限和晶体组织的影响

13.4　热处理设备

冷轧带钢热处理炉子主要有罩式炉和连续退火炉。冷轧带钢退火技术的发展与罩式退火炉和连续退火炉的发展是密不可分的[3]。

在罩式退火炉中,一般将若干个紧卷的带卷叠为一垛成批加热,退火数小时后再冷却。紧卷的温升很慢,带卷中心达到给定温度要比带卷外围迟很多,所以加热时间必须很长,直至中心部位也达到给定温度。经过长时间的退火,带钢的组织变化,所以特别适用于深冲。然而,由于各部位的加热和冷却过程不同,带卷内部的组织和力学性能不够均匀。罩式退火炉又分为全氢罩式退火炉与普通罩式退火炉。

应用连续退火炉退火是一种较新的工艺。它先将带钢开卷,再依次通过升温段、保温段和冷却段,然后重卷。带钢通过时间只有几分钟,加热和冷却进行得很快,无论从带钢宽度还是长度上来讲,它都比罩式退火均匀,带钢的组织也相应地比较均匀,但是,由于加热和冷却快,晶粒比罩式退火以后的细。所以,连续退火炉仅用于镀锡带钢,也(以慢得多的速度)用于优质钢及电工钢。深冲薄板不能用这种退火炉,因为连续退火以后的带钢组织晶粒太细。

13.4.1　罩式退火

13.4.1.1　单垛式紧卷罩式退火炉概述

单垛式紧卷罩式退火炉是冷轧热处理车间的主要生产工艺设备。根据冷轧生产工艺总平面布置,应该在主厂房一侧单独布置一个退火跨间,以便于通风,改善操作环境。冷轧罩式退火炉平面布置如图 13 - 14 所示。

单垛式罩式炉技术是伴随着冷轧技术的发展逐渐发展起来的。20 世纪 70 年代,国际先进技术水平的罩式炉(见图 13 - 15)在技术上的先进性主要有以下几点:

(1)采用低压套管式烧嘴,双列交错切向布置,配置煤气和空气比例自动调节系统。通过煤气和空气比例自动调节系统可以比较合理地控制煤气和空气配比,实现煤气完全燃烧,控制炉温,改善炉温均匀性,从而提高退火质量,延长保护罩使用寿命,并可降低能耗。

(2)炉台采用耐热钢支柱、耐热钢梁和分流盘结构,以防止炉台变形。炉台安装炉底(压紧)热电偶和炉气(控制)热电偶,以保证测温准确。

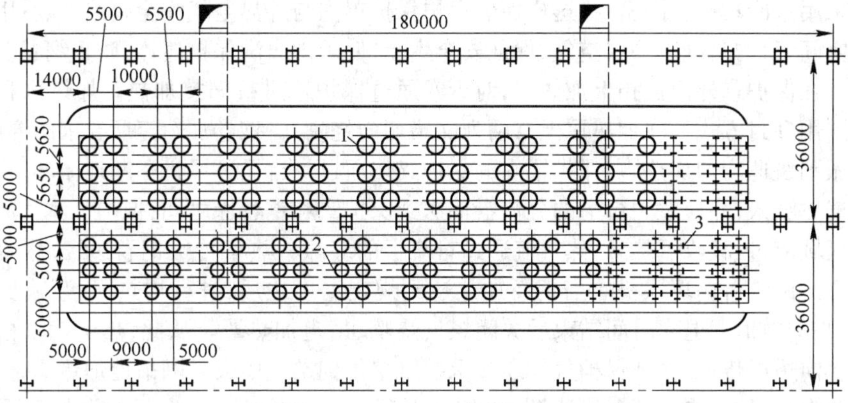

图 13-14 冷轧罩式退火炉平面布置

1—大罩式炉;2—小罩式炉;3—预留罩式炉位置

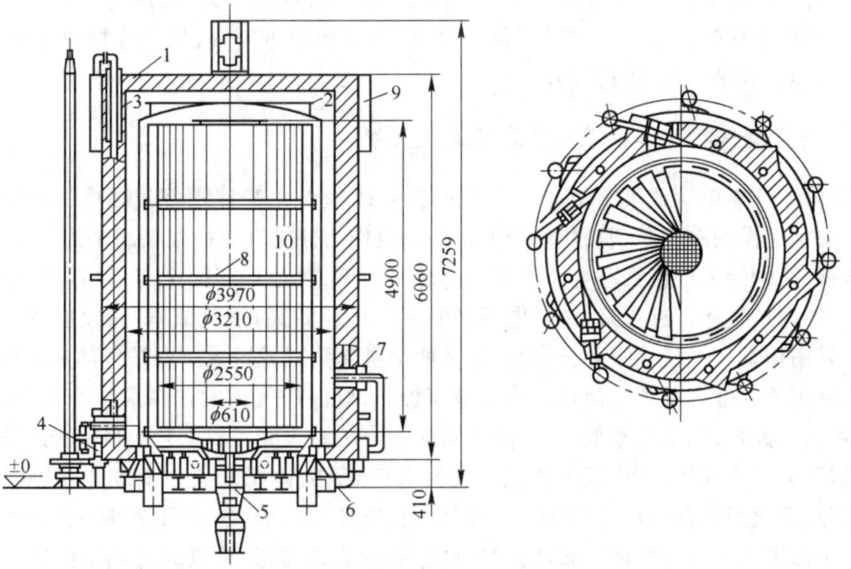

图 13-15 255/490 型单垛式紧卷罩式退火

1—加热罩;2—保护罩;3—空气预热器;4—煤气箱;5—炉台循环风机;6—密封胶圈;

7—烧嘴;8—中间对流板;9—空气箱;10—钢卷

(3)采用裙式保护罩和机械水冷橡胶圈密封结构,可以显著地提高炉内密封效果,提高炉内压力,炉压可以达到 1200MPa,在分流快速冷却阶段炉压可高达 3500MPa,这对保证光亮退火、提高钢板表面质量有着重要的意义。

(4)采用分流快速冷却设备和冷却罩,显著提高了炉台的退火能力,冷却罩还可防止保护罩热辐射,改善了操作条件。

(5)加热罩采用烟气预热助燃空气,预热温度可达 250 ~ 300℃,可以节省煤气。

(6)采用架空宽敞的地下室,方便操作和设备维修。

单垛式紧卷罩式炉最初采用的是氮氢保护气体,其基本操作工艺是将退火钢卷吊放在炉台底部对流板上,一般垛放 4 卷,钢卷间放有中间对流板,然后把保护罩扣在钢卷垛上。保护罩与炉台之间采用水冷却橡胶圈密封，这样使退火炉保护罩内与外界空气完全隔绝，然后用保护气体清洗退火空间，目的是赶走炉内空气，保证安全生产，使炉内充满保护气体，防止钢卷在退火过程中被氧化。在保护罩外面再扣上加热罩，对钢卷通过保护罩进行间接加热。加热罩和保护罩之间的密封采用砂封方式。在加热罩上有两列交错切向烧嘴，将钢卷加热至所要求的温度。

为了做到快速均匀加热，在保护罩内的保护气体通过炉台循环风机不断地循环，将钢卷垛中心的保护气体吸入，并通过炉台上的分流盘输送到保护罩和钢卷垛之间，保护气体气流从保护罩壁的烧嘴区域流过，吸收了热量，热气流通过对流板的缝隙将热量传给钢卷边缘，然后热气流由钢卷垛中心流回炉台循环风机。当钢卷加热达到规定温度之后，进行均热，逐渐减少燃料的供给，直到最小的数值。退火时间结束后关闭煤气烧嘴，吊走加热罩。从此，热量就以相反的方向由钢卷内部向边缘传递，循环保护气体通过保护罩壁传到空气中去。刚吊走加热罩时炉温较高，热量迅速散失，当炉内热电偶温度降到500℃的时候，为了加快冷却，在保护罩外面再扣上冷却罩，在冷却罩顶部或顶部对称两侧安装风机，通过保护罩与冷却罩空间引进空气，吸收保护罩的热量，进行外部快速冷却。启动冷却罩的同时启动分流快速冷却设备。炉底热电偶温度为90～120℃的时候，吊走冷却罩，停止分流快速冷却设备，然后吊走保护罩，将钢卷吊放到最终冷却台上。最终冷却台采用装在地面下的轴流风机，由厂房外面引进空气，将钢卷快速冷却到50℃左右，然后将钢卷送到平整机前放料场。

13.4.1.2　高氢型保护气体单垛式紧卷罩式退火炉

高氢型保护气体单垛式紧卷罩式退火炉是进入21世纪以来伴随着我国冷轧薄钢板生产的迅速发展，独立建设的冷轧薄钢板生产企业采用高氢作为保护气体而发展起来的。在此之前，我国鞍钢、宝钢、武钢等大型钢铁联合企业所属冷轧薄板厂，热处理车间全部采用电解水制氢作为罩式退火炉的保护气体。近年来，由于电解水制氢电耗相对高，制氢成本高，发展受到限制。进一步开发，采用焦炉煤气变压吸附分离制氢，采取全氢作为罩式退火炉保护气体是最佳选择。可是，远离大型钢铁联合企业独立建设的冷轧薄钢板厂，对保护气体的选择应综合考虑，应选择保护气体原料供应充足，制取成本低，又能满足罩式退火炉要求的制取工艺。目前普遍采取氨分解的方法制取氢氮混合气体，其中氢的体积分数为75%，氮的体积分数为25%。这种混合气体在过去小型罩式退火炉上就应用过，特别是电炉应用比较广泛。但是，由于近年来国内大规模兴建冷轧厂，对于保护气体的选择就应该认真对待，过去传统的高氮、低氢的氮氢型保护气体当然不能采用，而选择氨分解及纯化工艺制取的高氢型保护气体比较适宜。与全氢保护气体对比，高氢型保护气体成本低，可比同条件下退火产量低7%～8%，对钢板表面质量没太大的影响，安全生产措施相同。

高氢型保护气体单垛式紧卷罩式退火炉退火钢种：普通碳素结构钢占60%，优质碳素结构钢占30%，冲深压钢和低合金钢占10%。它采用氨分解及纯化工艺制取保护气体，对冷轧后钢卷进行再结晶退火，光亮冷轧钢板表面，可满足冷轧钢板国家现行标准的要求。

13.4.1.3　全氢型保护气体单垛式紧卷罩式退火炉

全氢型保护气体单垛式紧卷罩式炉，实质上不单纯只是采用全氢而与氮氢保护气体相区别，而是同时这种全氢型罩式炉在设备和工艺上还采取了相应的技术措施，以适应于全氢保护气体新技术的发展，从而建成了以提高退火产量和质量为目的的新一代全氢型保护气体单垛式紧卷罩式炉。

随着冷轧带钢生产的迅速发展，世界各国面临着兴建和改造老式罩式炉的新形势。目前世界上具备全氢单垛式紧卷罩式炉新技术和提供全套设备能力的厂家还不太多，据了解，首先是欧洲一家工业炉公司，其次是欧洲另一家工业炉公司。前者生产的罩式炉称为“强对流全氢罩式炉”（见图13－16），主要特点是采用全封闭退火炉台、全封闭炉台循环风机、横波形保护罩以及气水组合式冷却罩。后者生产的罩式炉称为“高效能全氢罩式炉”（见图13－17），主要特点是采用敞开炉台、将炉台循环风机与电动机分开的弹性联轴器、平面形保护罩以及外部分流快速冷却设备和空气冷却罩等。上述两家公司采取的设备手段虽然有所不同，但其技术实质均遵循着强对流和全氢技术这个基本出发点，适应全氢退火的严密性和安全性，从而达到提高退火产量和质量的目的。

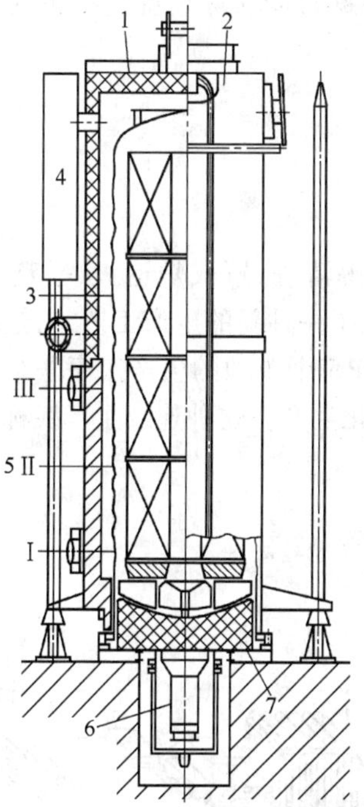

图13－16 强对流全氢罩式炉结构示意图
1—加热罩；2—气水组合冷却罩；3—横波形保护罩；
4—集中换热器；5—三层烧嘴；
6—炉台风机；7—全封闭炉台

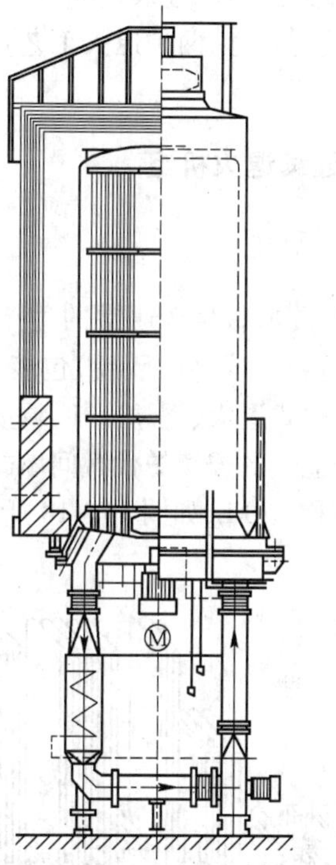

图13－17 高效能全氢罩式炉结构示意图

目前广泛使用的全氢罩式退火炉具有以下明显优势：采用大功率、大风量的炉台循环风机，加速了气体循环，强化了对流传热；采用全氢作为保护气氛，充分发挥了氢气质量轻、渗透能力强、导热系数大、还原能力强的优势；采用气水冷却系统，起到了快速冷却的目的，提高了生产效率，改善了钢卷退火质量。

全氢罩式退火炉是冷轧钢卷以带有少量残余乳化液的状态，未作脱脂便送入罩式退火炉进行退火处理，在氢气气氛中冷却，然后通过平整机中间库直接送往平整机再检查等，设备布置空间大，生产周期长，但产品规格和产量变化灵活性强。连续退火线上冷轧带卷在进口段进行脱脂，在连续退火的第一段进行退火，随后采用气体或水等进行冷却，在退火第二段进行时效处理，然后进行在线平整、检查等，设备布置紧凑，占地面积小，生产周期短，但产品规格范围覆盖面不宜太宽，产量不宜太低。品种方面，全氢罩式退火通常生产的品种有CQ、DQ和DDQ，但生产

EDDQ、S－EDDQ、HSLA 等品种难度很大，适合小批量、多品种生产。

全氢罩式退火与普通的罩式退火相比，具有效率高、质量好、能耗低等优势，全氢罩式退火正逐渐取代普通的罩式退火。

全氢罩式退火和连续退火相比，全氢罩式退火具有生产软质钢板的优势，生产灵活，建设投资少，但在高强度钢板生产上有所欠缺，且属间歇式生产，生产周期长，效率偏低，适合小批量、多品种生产，该退火工艺在小型冷轧厂中十分流行。连续退火既能生产软质钢板，又能生产级别较高的高强钢板，产品开发优势明显，且生产连续化，生产周期短，板形好，表面光洁，但投资大，技术复杂，适合大批量、少品种生产，该退火工艺在大型冷轧厂中日益盛行。

全氢罩式退火和连续退火均为先进的退火工艺。今后相当长一段时期内全氢罩式退火和连续退火将同时并存，两种退火工艺优势互补，各个钢厂可根据自身实际情况选择不同的退火工艺。

13.4.2　连续退火机组

13.4.2.1　概述

现代冷轧薄板生产通常的生产工艺是：酸洗、冷轧、电解清洗、罩式炉退火、平整、精整（横切、纵剪、重卷）、成品（板、卷）包装。20 世纪 70 年代初出现了一种新的生产工艺，它把冷轧后的电解清洗、罩式退火、钢卷冷却、调质轧制（平整）和精整检查 5 个单独的生产工序联结成一条生产机组，用立式的连续炉代替间歇式的罩式炉，实现了连续化生产。这种连续生产线称为连续退火机组，简称 CAPL，如图 13－18 所示。

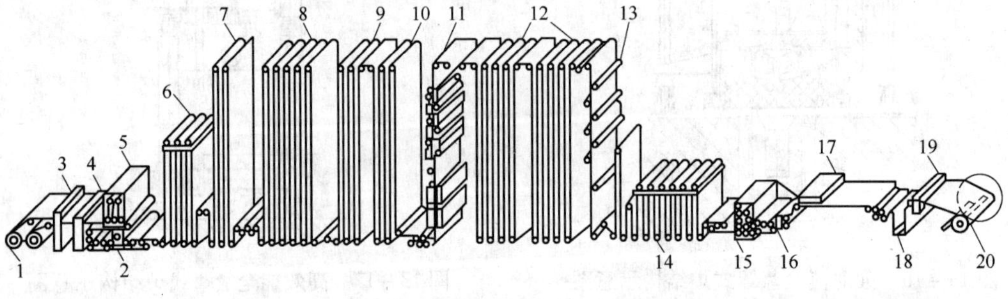

图 13－18　冷轧连续退火机组

1—开卷机；2—张力平整机；3，19—剪切；4—焊接机；5—电解清洗；6—入口活套；7—预热段；8—加热段；9—均热段；10—缓冷段；11—急冷段；12—冷却段；13—最终冷却段；14—出口活套；15—平整机；16—剪边机；17—检查装置；18—涂油机；20—张力卷取机

这种“五合一”的连续退火新工艺与分批退火（罩式炉退火）相比，具有如下优点：

（1）以带钢状态进行连续热处理可得到性能均匀、表面光洁的产品。

（2）控制炉内张力可改善带钢板形，带钢平直度好。

（3）没有黏结和砂粒压入缺陷，钢材收得率高，且平整效率高、质量好。

（4）作业线将清洗、退火、平整、表面自动检查、涂油、重卷或剪切一次完成，减少了多次的钢卷处理，减少许多因此而产生的废品，提高了收得率。

（5）生产过程简单合理、管理方便。生产出成品的时间由成批退火的 10 天缩短为 10min。交货迅速，生产过程储备料也可大大减少。

（6）车间布置紧凑、占地面积小，省掉许多辅助设备，建设费用降低，劳动定员大幅度减少，而且节省能源。具体比较见表13－1。

表13－1 连续退火与罩式退火工艺比较

序号	项目名称		连续退火/%	罩式退火/%
1	投资（不包换软件费）	设备费	74	100
		占地面积	35	100
2	固定成本	人工费	27	100
		维修费	35	100
3	生产时间		1	100
4	切损等耗废		35	100
5	可变成本	能耗	79	100
		轧辊（平整机）费	38	100
		其他生产材料费	77	100

全世界目前已建设50多条连续退火线。日本用连续退火生产的冷轧板产量已达全部冷轧板产量的20%左右，其中，川崎达60%，新日铁达50%。用连续退火炉既可以生产普通级别的冲压成形冷轧薄板，也可以生产深冲压和超深冲压成形的汽车用冷轧板和烤漆硬化钢板；既能生产硬质的镀锡原板，也能生产软质的镀锡原板；既能生产一般强度级别的冷轧板，又能生产微合金化合金钢、双相钢等高强和超高强度冷轧板。可以这样说，到现在为止，凡是罩式退火炉能生产的产品，连续退火机组都可以生产，所以连续退火发展很快。

13.4.2.2 典型产品的连续退火生产工艺

A 一般用冷轧薄板（SPCC）、冲压用冷轧薄板（SPCD）、深冲用冷轧薄板（SPCE）的连续退火

为了搞好连续退火的生产，有几个关键问题必须解决好：

（1）严格控制钢的化学成分。首先碳的质量分数要低，一般应小于0.05%～0.04%。其次是锰的质量分数，因为锰和固溶碳共存会降低深冲性能，但锰不可过低，否则成本提高，且易产生热脆性，通常深冲级钢锰的质量分数以0.15%～0.25%为宜。氮在铝镇静钢中以氮化铝形式析出，并存在于晶界处，抑制铁素体晶粒生长，影响深冲性能，所以一般冲压用钢氮的质量分数控制在0.0018%～0.004%。硅、磷的质量分数低有利于提高深冲性能，碳的质量分数低还有利于过时效碳化物的析出，因此，要尽量使硅、磷的质量分数低，并使其他杂质尽量少。为严格控制钢的化学成分，炼钢通常采用炉外精炼或真空处理等技术。

（2）控制热轧卷取温度。在采用连续退火生产深冲用钢板时，在700～750℃高温时进行卷取，目的是使热轧卷的铁素体晶粒长大，碳化物聚集而粗大化，氮化铝进一步析出和长大。用这样的原料经冷轧后连续退火，铁素体晶粒才能长得足够大，而碳化物的聚集和粗大化使对深冲不利的织构晶粒在碳化物附近减少。快速加热推迟了粗大碳化物的固溶及回复，形成有利于深冲的再结晶组织。宝钢开发了一种超低碳加钛钢。冶炼将碳的质量分数降到0.1%以下，加入钢中的Ti以TiC、TiN的形式将碳、氮固定，生产的钢板是完全非时效性的，在热轧过程中较高温度下已形成钛碳的化合物，因而不必高温卷取，625℃左右卷取即可。

（3）退火制度中的过时效处理问题。在生产软质冷轧板时，如果快速将均热后的带钢冷至室温，则有过饱和固溶碳残留下来，这将影响到带钢的冲压性能和抗时效性能。为此必须使碳化

物充分析出而增加过时效处理，这是生产冲压用钢的关键。因此，一般用、冲压用、深冲用低碳冷轧薄板的连续退火工艺为：加热温度 700 ~ 850℃，均热 40 ~ 60s，之后速冷（50 ~ 100℃/s）至 400 ~ 450℃左右，保温 1 ~ 5min 后冷至常温。

B　镀锡原板的连续退火

用户对罐头等用镀锡板和无锡薄钢板产品的质量要求越来越高。首先要求性能均质稳定，特别是关于钢板的厚度，制罐厂家为了降低成本、节省能源，要求钢板制造厂生产出薄达 0.15mm 的镀锡原板，这样薄的钢板进行连续退火，特别是在高速下通板是很难的，所以以往镀锡板的生产是不同产品采用不同的调质工艺。这样不能充分满足用户对材质均一性的要求和提高生产效率。针对上述问题，日本川崎公司千叶制铁所开发了最小板厚为 0.15mm、炉内最高通板速度为 1000m/s 的生产线，机组示意图如图 13 - 19 所示。

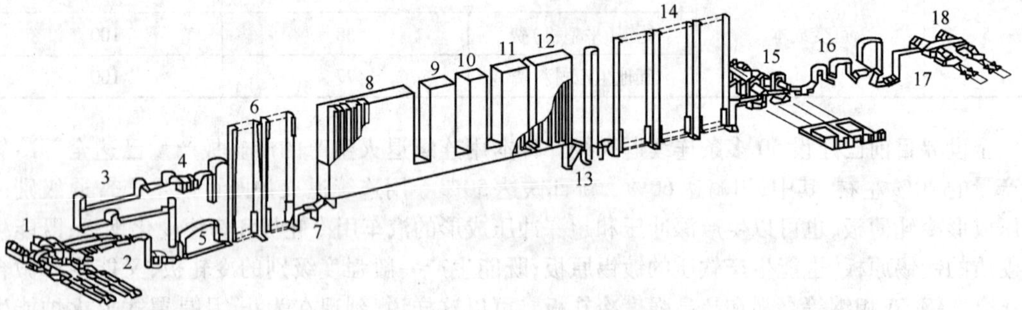

图 13 - 19　冷轧连续退火机组

1—开卷机；2—焊接机；3—洗净设备；4—镀镍设备；5—张力调平器；6—输入活套；7—张力吸收装置；8—加热段；9—均热段；10—第一冷却段；11—第二冷却段；12—第三冷却段；13—水冷装置；14—输出活套；15—多功能轧机；16—圆盘式切边机；17—加油器；18—张力卷取机

这条退火线的特点是：

（1）炉内通板速度高速化；

（2）在一条生产线上能进行全调质度范围的镀锡原板的生产，以及从退火炉到 DR 轧机的连续化轧制。

C　高强钢板的连续退火

为了生产高强度钢板，对连续退火线的要求是第一冷却段的冷却速度要快。连续退火特别适于高强度钢板的生产。为了避免钢卷层间黏结，一般罩式炉温度不超过 720℃，因而生产产品有相当大的局限性。连续退火加热温度处于 $\alpha+\gamma$ 双相区，可高达 850℃，并在保温后采取不同的冷却制度，从而大大扩大了品种范围，增强了适应性，并改善了钢板性能。采用快速冷却（冷却速度最高达 1000 ~ 2000℃/s）的方法可以生产微合金化钢、双相钢，同时也可以节约合金元素，特别是锰的质量分数可大大降低，如图 13 - 20 所示。

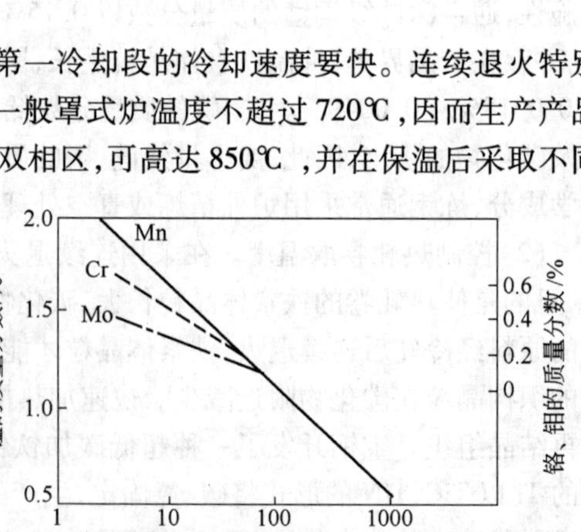

图 13 - 20　用加热冷却的方法节约合金元素

连续退火可以生产复合组织的高强度钢板。

罩式炉为避免钢板层间黏结而限制温度不能太高，成卷退火冷却速度不可能太快。而连续炉钢温可加热到两相区，又可以一定的冷却速度快冷，所以很适合制造双相高强钢。例如钢中碳的质量分数为0.05%、锰的质量分数为1.2%、铬的质量分数为0.5%时，其$\alpha \to \gamma$相变温度约大于700℃，加热到这一温度以上，则形成$\alpha+\gamma$的两相组织，以10℃/s的冷却速度急冷，则γ相会变成硬质的M体相。这种通过控制钢的成分和退火制度而得到的高强度钢板，其屈服强度急剧下降，抗拉强度提高。双相钢成形性好，而强度高，适用于作冲压成形的汽车防护挡板等。

神户钢铁公司的连续退火线是辊冷和水冷方式并存的，当生产一般钢材时用辊冷设备，而生产高强钢板和微合金化高强钢板时用水冷设备。高强钢板在淬火时由于热收缩而产生变形。该公司采取的对策是将在水冷喷嘴的上方安装的导向辊改造成新的偏转辊，偏转辊具有适当的凸面，根据钢种、淬火温度、冷却量和板宽变化对钢板变形的部位进行压凹调整，把发生的变形吸收掉。高强钢板与一般的材质相比，添加的合金成分多，钢板表面的辐射率容易变化，特别是980MPa的超高强度钢材，辐射率的变化正是测定板温的变化。以往的辐射温度计对这样的辐射率变化不能修正，实际测定钢板温度是困难的。对高强度钢材影响较大的是淬火板温、回火板温，必须提高温度测定的精度，因此采取了重新测定位置、修正辐射率等措施，使该公司能稳定地生产980MPa以上的高强钢板。

连续退火线特别适于生产烘烤硬化(BH)钢板，通过正确选择温度和冷却速度，钢板可以具有烘烤硬化特性。BH钢板是具有优良抗凹陷能力的汽车用钢板。用这种钢板冲制的零件在喷漆后的烘烤过程中强度增加，而在冲前屈服强度低，成形性好。试验证明，采用BH钢板，在同样抗凹能力的条件下，汽车本身零件厚度可减薄15%。采用高强度钢板制造车身外壳，虽可增加抗凹能力，但形状复杂的大型车身成形中回弹较大。而BH钢板是既有增加抗凹能力又有成形性好，可保证成形质量的理想材料。

BH钢板的硬化是由于钢中残留的碳氮元素引起的高温应变时效，固溶的碳、氮越多，BH性也越大。

各种生产BH钢板方法的主要区别是退火设备不同。连续退火、分批松卷和分批紧卷退火都可以生产BH钢板，但控制参数各有不同，BH的大小也不相同。最容易控制的是连续退火的生产方法，产品的BH性也较高，可达60MPa。罩式炉退火生产BH钢板要求成分的控制要严格一些，BH性最高可达40MPa左右。

用连续退火方法生产BH钢板是十分有利的，需要控制的是均热温度、冷却速度、碳的质量分数、磷的质量分数等。其中，碳的质量分数可以在较大的范围内调整，上限值有的可达到0.05%；冷却速度要与碳的质量分数达到最优化的配合，目的是达到一个固溶碳量的临界值，即常温不产生时效硬化而产生高温时效，进而达到硬化的目的；均热温度要求较高，在$\alpha+\gamma$区，使碳化物充分固溶；磷的质量分数可比一般含磷钢的低，达到同样的强度值仅为一般含磷钢的40%左右。不同方法生产的BH钢板的化学成分和性能见表13-2和表13-3。

表13-2 典型的BH深冲钢板的化学成分(质量分数) (%)

方 式	C	Si	Mn	P	S	Al_s	N
连续退火	0.015	0.02	0.10	0.060	0.014	0.031	0.0030
分批松卷	0.010	0.09	0.16	0.060	0.006	0.060	0.0026
紧 卷	0.009	0.06	0.14	0.046	0.008	0.051	0.0055
松 卷	0.070	0.04	0.22	0.081	0.007	0.065	0.0050

表 13 – 3　BH 钢板的性能

退火条件	屈服强度 σ_s/MPa	抗拉强度 σ_b/MPa	伸长率 /δ	轧制方向塑性应变比 r_0	塑性应变比 r	BH 值 /MPa
850℃、1min 400℃、3min	208	357	40.0	1.86	1.72	55
730℃	231	366	39.1	1.56		47
670℃	204	351	39.9	1.67		41
730℃	257	396	39.4	1.87		45

虽然连续退火有许多优点，是发展方向，但它也存在如下一些问题：

(1)技术复杂，难度大，要求生产人员素质高，在冷轧生产技术力量薄弱的厂家建设连续退火线，相对达产时间一定要长。

(2)生产厚规格产品有困难。尽管连续退火工艺在世界范围内发展十分迅速，但还不能完全取代罩式炉。在连续退火线上生产厚度大于 2mm 的带钢较困难，厚度大于 2.5mm 的带钢尚不能生产。

(3)生产规格范围不宜太宽。连续退火机组可根据品种规格严格控制许多参数，如果一条线上生产规格太多，将增加控制难度，而罩式炉不受规格限制。

(4)产量变化灵活性较差，现在连续退火机组最小能力为 300kt/a，最大已超过 1000kt/a，而一个炉台罩式炉年产 10kt 左右。随着车间产量的变化，罩式炉可随时增减，十分灵活，这是连续炉无法办到的。

复习思考题

13 – 1　碳素带钢有几种热处理方法？

13 – 2　冷轧带钢热处理设备有几种？

13 – 3　全氢罩式退火的特点是什么？

13 – 4　冷轧带钢热处理的方法有哪些？

13 – 5　BH 钢板的热处理特点是什么？

参 考 文 献

[1] 姚忠卯，张学成. 冷轧带钢退火技术的发展和应用[J]. 河南冶金，2006，14(5)：3 ~ 5.
[2] 德国钢铁工程师协会. 冷轧带钢生产[M]. 北京：机械工业出版社，1983.
[3] 傅作宝. 冷轧薄钢板生产[M]. 北京：冶金工业出版社，2005.

14 硅钢的热处理

在纯铁中加入3%左右的硅(一般在4.5%以下)形成的铁硅系合金称为硅钢。它是电力、电子和军事工业上不可缺少的重要软磁合金材料,也是产量最大的金属功能材料之一,主要用于各种电动机、发电机和变压器的铁芯。由于它们具有较好的磁电性能,又易于大批量的生产,价格便宜,机械应力影响小等优点,在电力电子行业中获得极为广泛的应用,如电力变压器、配电变压器、电流互感器等铁芯。从应用角度看,选择硅钢时主要考虑两方面因素:磁性和成本。对小型电动机、电抗器和继电器,可选纯铁或低硅钢片;对于大型电动机,可选高硅热轧硅钢片、单取向或无取向冷轧硅钢片;对变压器,常选用单取向冷轧硅钢片。在工频条件下使用时,常用带材的厚度约为0.2~0.35mm;在400Hz条件下使用时,常选0.1mm厚度为宜。厚度越薄,价格越高,它的生产工艺也就越复杂,生产制造技术越严格。

硅钢板的制造技术和产品质量是衡量一个国家特殊钢生产和科技发展水平的重要标志之一。目前,我国冷轧电工钢数量、质量、规格牌号还不能满足工业发展的需求,在生产技术、设备、管理及科研等方面与日本相比存在较大差距,需要不断的完善。

14.1 硅钢的牌号

(1)冷轧无取向硅钢。冷轧无取向硅钢用DW+铁损值(在频率为50Hz,波形为正弦的磁感峰值为1.5T的单位质量铁损值)的100倍+厚度值的100倍表示。如DW470-50表示铁损值为4.7W/kg、厚度为0.5mm的冷轧无取向硅钢,现在新型号表示为50W470。

(2)冷轧取向硅钢。冷轧取向硅钢用DQ+铁损值(在频率为50Hz,波形为正弦的磁感峰值为1.7T的单位质量铁损值)的100倍+厚度值的100倍表示。有时铁损值后加G表示高磁感。如DQ133-30表示铁损值为1.33W/kg、厚度为0.3mm的冷轧取向硅钢带(片),现在新型号表示为30Q133。

(3)热轧硅钢板。热轧硅钢板用DR表示,按硅的质量分数的多少分为低硅钢($w(Si) \leq 2.8\%$)和高硅钢($w(Si) > 2.8\%$)。用DR+铁损值(用50Hz反复磁化和按正弦形变化的磁感应强度最大值为1.5T时的单位质量铁损值)的100倍+厚度值的100倍表示。如DR510-50表示铁损值为5.1W/kg、厚度为0.5mm的热轧硅钢板。家用电器用热轧硅钢薄板的牌号用JDR+铁损值的100倍+厚度值的100倍来表示,如JDR540-50。

14.2 硅钢的分类

14.2.1 按其成分中硅的质量分数不同分类

按其成分中硅的质量分数不同,硅钢可分为低硅钢和高硅钢两种。

低硅钢$w(Si)$为2.8%以下,它具有一定机械强度,主要用于制造电动机,俗称电动机硅钢片;高硅钢$w(Si)$为2.8%~4.8%,它磁性好,但脆性较大,主要用于制造变压器铁芯,俗称变压器硅钢片。常用高硅片制造大型电机。

14.2.2 按其生产加工工艺不同分类

按其生产加工工艺不同,硅钢可分为热轧硅钢和冷轧硅钢两种。

冷轧硅钢又可分冷轧无取向硅钢和冷轧取向硅钢两种。冷轧无取向硅钢是将钢坯或连铸坯热轧成厚度约 2. 3mm 的带卷,经冷轧至成品厚度,供应态多为 0. 35mm 和 0. 5mm 厚的钢带。冷轧无取向硅钢的 B_s 高于冷轧取向硅钢。

冷轧取向硅钢片要求钢中氧化物夹杂含量低,并必须含有 0. 03% ~0. 05% 的碳和抑制剂(第二相弥散质点或晶界偏析元素)。抑制剂的作用是阻止初次再结晶晶粒长大和促进二次再结晶的发展,从而获得高的(110)[001]取向。冷轧成品厚度为 0. 28mm、0. 30mm 或 0. 35mm。冷轧取向薄硅钢带是将厚度 0. 30mm 或 0. 35mm 的取向硅钢带再经酸洗、冷轧和退火制成。与冷轧无取向硅钢相比,取向硅钢要比无取向硅钢铁损低了很多,磁性具有强烈的方向性;在易磁化的轧制方向上具有更高的磁导率与低损耗特性。取向钢带在轧制方向的铁损仅为横向的 1/3,磁导率之比为 6:1,其铁损大约为热轧带的 1/2,磁导率为热轧带的 2. 5 倍。

冷轧硅钢片厚度均匀、表面质量好、磁性较高,因此,随着工业发展,热轧硅钢片有被冷轧硅钢片取代的趋势。

14. 3 硅钢的热处理

硅钢热处理的目的是使生产的硅钢制品具有高而且均匀的和稳定的磁性能和力学性能、高的占空系数以及表面具有高电绝缘性和耐蚀性。

根据不同的目的可将硅钢的热处理分为退火、氧化和发蓝处理。

14. 3. 1 硅钢的退火

根据硅钢的种类、要求的最终性能、原始状态、半制品和制品外形和质量的不同,硅钢可以在不同成分的中性介质和还原性介质中进行退火,退火的温度范围很宽,大约为 750 ~1350℃,退火保温时间不同,冷却速度也不同。

退火温度、介质、保温时间、加热和冷却的速度应该能保证最大限度地脱碳和清除有害杂质,为了有一定结晶取向的晶粒发生再结晶和晶粒长大,以及使原有的氧化物层还原,或者使之形成新的薄层。

根据温度条件的不同,硅钢的退火可分为两种:不用保护介质的低温退火(750 ~950℃);在特种保护介质(真空、电解氢、离解氨、不同成分的中性气体混合物)中进行的高温退火(1050 ~1350℃)。

根据用途和生产方式的不同,电工钢的退火又分为下列几种:热轧硅钢的脱碳退火和再结晶退火,冷轧硅钢和硅钢卷在直通炉或室式炉内进行的中间光亮退火;硅钢板、硅钢带或成品硅钢铁芯的最终低温或高温退火。

为了小批生产特殊磁性的电工钢,在某些场合下,退火后将电工钢在磁场内冷却,目的是使硅钢形成磁织构;在退火时还采用化学活性的脱碳涂层和脱气涂层。

14. 3. 1. 1 热轧硅钢片的退火

热轧无取向硅钢片是含硅的低碳镇静钢板坯经过多次加热连续热轧或叠片热轧而成。

热轧无取向硅钢片退火的主要目的是去除应力、通过脱碳、再结晶和晶粒长大来提高磁性,同时要保证硅钢片平直度和防止表面过量氧化。

热轧硅钢成品在连续式隧道炉、箱式炉或带钢连续炉中退火。热轧硅钢片退火时,以 15 ~30℃/h 升温速度加热到 690 ~750℃,保温 8 ~11h,以 10 ~15℃/h 的速度冷却。退火方式为堆垛退火。退火温度小于 780℃时其组织基体为铁素体,温度过高,表面氧化层增厚,并出现部分氧化层疏松和剥落,同时退火后硅钢板平直度变坏。保温时间与装炉量大小有关。一般 1m×2m 至约 20t 的料垛,合适的保温时间大约为 10h。退火温度固定不变时,平均晶粒直径随保温时间的平方根而增大,保温时间长又可以使硅钢充分脱碳,这对改善硅钢磁性有利,加热和冷却速度与退火后磁性和平直度有关,由于硅钢的导热性比普通碳素钢更低,硅钢片在罩式炉内堆垛退火时由侧边进行加热,不仅板垛上下有温差,侧边与中部也有温差。温差的存在使硅钢片各处热膨胀量不同,产生了热应力。加热时硅钢片边部温度高,热膨胀量大,受压应力;冷却时硅钢片边部温度低,收缩量大,受拉应力。因此,要控制好加热和冷却速度。上海硅钢片厂近十多年来在罩式炉内的罩与料垛之间又加一个简易罩,这样可使温差减小。这对改善退火后硅钢片平直度有明显的效果。

14.3.1.2 硅钢板的高温退火

硅钢在 1000℃以上的温度下进行的扩散退火称为高温退火。高温退火时,必须采用保护介质气氛,以防止氧化,并且必须在钢板上涂以特殊的涂层,以防止钢板黏结。退火温度、退火介质和冷却速度对电工钢的磁性影响特别大。

退火介质是指电工钢退火时,除了采用真空以外,还采用还原气体和中性气体作为保护气氛。

保护气氛的作用是防止氧化,保证脱碳,从而使成品钢板和带钢表面具有高的纯度和电绝缘性能。

14.3.1.3 冷轧无取向硅钢的退火

冷轧无取向实际是低取向。冷轧硅钢片的磁性较高,冷轧后厚度均匀,表面质量较好。许多情况下(如电机用硅钢片)要求硅钢片磁各向异性。所以 20 世纪 50 年代以后出现了冷轧无取向硅钢片,并且发展迅速。这种硅钢片目前一般采用一次冷轧或临界变形法的生产工艺。其工艺流程为:冶炼→铸锭→初轧开坯→热轧→酸洗→冷轧(→中间退火→临界变形)→成品热处理。生产工艺的基本思路是:通过冷轧制度和最终热处理制度的适当配合,破坏晶粒的择优取向,获得各向同性。一次冷轧法生产效率高,但因无中间退火的脱碳过程,难以保证硅钢的高磁性。临界变形法是在冷轧中间退火后进行变形,会破坏已产生的各向异性,同时获得大晶粒。压下率一般为 8%~10%,但此方法常保留一定的各向异性。

冷轧无取向硅钢片的中间退火,是将冷轧后的硅钢加热到 800~900℃温度,在氢气或其他保护气氛中进行退火。

最终成品热处理有低温退火和高温退火两种。低温退火是加热到 900℃以下进行退火,由于退火温度低,二次再结晶不能显著进行,磁各向异性不大,磁感应强度较高。高温退火是加热到高于 1100℃退火,由于退火时发生 $\alpha \to \gamma$ 转变,破坏了晶粒的择优取向,磁各向异性降低。最终退火均在氢气或保护气氛中进行,采用罩式炉或连续炉处理。

在冲剪和弯曲等加工过程中,冷轧硅钢片产生机械应力和应变,导致磁性恶化,铁损可增大,因此冷轧硅钢片在经加工后,进行消除应力退火,可以消除机械应力和应变,恢复材料原有的磁性。

退火温度不宜选得过高,以能够恢复到原磁性水平为限。退火温度偏高,固然可以进一步改善磁性,但相应会影响绝缘涂层或使叠片黏结。冷轧取向电工钢带(取向硅钢片)退火加热温度一般选用(800±10)℃。冷轧无取向电工钢片(无取向硅钢片)退火加热温度一般选用 700~750℃,退火温度高于 750℃,应严格控制炉内保护气氛为无氧化气氛。

退火时间指炉内温度达到设定退火温度后的保温时间。实际退火时间根据退火方式、退火炉型、装炉量、装炉方式以及铁芯尺寸等因素而定。在加热和冷却过程中，为了防止由于热应力导致铁芯冲片变形，必须适当控制加热速度和冷却速度。加热方式最好选用从铁芯冲片侧面加热，以实现均匀快速加热。冷却速度视装炉量而定，应低于30℃/h，装炉量更大时，还应该更低些。

退火气氛选用以铁芯冲片不氧化、不渗碳和电工钢带片（硅钢片）表面绝缘涂层无明显恶化为原则。最好选用含氢2%～10%的氢氮混合气体。加入少量的氢可确保铁芯冲片不氧化。保护气体中的露点一般应在0℃以下。

14.3.1.4　冷轧取向硅钢片的热处理[1]

为了获得高磁性的单取向硅钢片，钢中必须含有一定的有利杂质。它们在850℃以下呈细小颗粒弥散分布在钢内，能稳定地抑制晶粒长大；但当加热到850℃以上时，能溶解于基体中，便于二次再结晶的进行，并可促进(110)[001]取向的优先长大，并且在高温下易分解而去除。常用的杂质为硫化物、氮化物和碳化物，如MnS、AlN和VC等。

具有高斯结构的冷轧取向硅钢片的典型生产工艺流程为：冶炼→铸锭→开坯→热轧（至厚度约2.2mm）→退火→酸洗→冷轧（至厚度约0.7mm）→中间退火→冷轧（至最终厚度约0.35mm）→脱碳退火→成品退火→涂层→拉伸回火→成品。在这个生产过程中，热处理工艺对产品的最终性能都有极重要的影响，各道次热处理的目的和工艺可以说明如下。

(1)热轧后的退火，是在冷轧之前将杂质（有利杂质除外）含量较少的热轧钢带在760～780℃保温8～15h，然后炉冷退火。目的是脱碳，将钢中碳的质量分数降至0.02%以下，以有利于以后促进获得高斯织构的杂质均匀析出，并可获得细小的晶粒，为冷轧和后续工序做组织准备。

(2)中间退火，两次冷轧之间的退火。经第一次冷轧后，钢带即成为最后的冷轧坯带，同时获得冷轧（变形）织构，为再结晶织构的形成创造条件。中间退火一般加热到800～900℃进行退火，退火时炉中通湿氢或分解氨，保温几分钟。中间退火的目的是软化组织；为高斯织构的形成提供一定量的(110)[001]，取向晶粒可转变为此种取向的(111)[112]取向晶粒；同时进一步脱碳，使碳的质量分数降低到约0.01%。第二次冷轧后钢带达到最终成品尺寸，并获得更多更强的(111)[112]织构。

(3)脱碳退火。退火加热温度为780～830℃，一般采用连续炉中通湿氢气氛，使钢中碳的质量分数降低到达0.008%以下；利用有利杂质对晶粒长大的阻碍作用，获得细小的再结晶晶粒；并使(110)[001]取向的晶粒增多，为二次在结晶生成高斯织构提供更多的晶核。

(4)成品退火。通常在电热罩式炉中通入氢气，或保护气氛，或在真空下进行，加热温度在1150～1200℃或更高。在加热到950～1100℃范围内时控制加热速度，使杂质的溶解速度与(110)[001]取向晶粒的长大速度相匹配，发生(110)[001]的择优长大。通过这样的二次结晶，获得完善的、高取向度的高斯织构，并在更高的温度下去除杂质，得到粗大晶粒。

(5)拉伸回火，硅钢片涂绝缘层后要进行拉伸回火。回火的加热温度为700～750℃，在氢气保护气氛下，拉伸应力不大于10MPa，变形量不超过0.2%。回火的目的是矫正钢卷在高温退火中产生的板面弯曲和轧制时的翘变，并可使铁损降低，使磁感应改善。

14.3.2　硅钢的氧化和发蓝处理

为降低电机铁耗，目前电工行业对于电动机的硅钢片表面绝缘处理主要有涂漆和氧化两种方法。电动机硅钢片的氧化是一种技术难度较大的硅钢片绝缘方式，硅钢片氧化处理是使冲片表面生成一层薄而均匀的由 Fe_3O_4 和 Fe_2O_3 组成的氧化膜。氧化的目的是为了提高叠片的层间电阻，提高电工钢的抗蚀性、绝缘性、磁性和力学性能。其具有成本低，绝缘效果好，耐热性和导热性良好，可改善硅钢片的电磁性，氧化膜薄铁芯叠压系数高，长期处于高温下无变化，不污染环境等优点[2]。

硅钢的氧化是在空气中、水蒸气中或还原气氛中将它加热到 600～1300℃，在此温度下进行氧化处理。

高绝缘性是由于电工钢表面上形成了厚度不大于 1～2μm 的、薄而致密的氧化硅和氧化铁薄膜。如果在水蒸气气氛中退火，形成这样的薄膜需加热到 650℃。若是缺乏水蒸气，形成氧化膜时需要较高的温度（700～725℃），此时，氧化膜呈黑色或深蓝色。

在退火温度高而且长时间保温的情况下，如果钢板表面上以及炉内气氛中的氧气过多，会使钢板形成不结实的易于剥离的厚膜。如果氧气不足，氧化铁和氧化硅会还原成纯金属，从而使薄膜的电阻显著下降。

复习思考题

14－1 什么是硅钢？

14－2 硅钢如何分类？

14－3 硅钢的热处理主要有哪几种？

14－4 冷轧取向硅钢各阶段热处理的目的是什么？

14－5 什么是硅钢的氧化处理？

参 考 文 献

[1] 马永杰. 热处理工艺方法 600 种[M]. 北京：化学工业出版社，2008.

[2] 张成涛，马鹏飞. 电机硅钢片的氧化绝缘工艺改进[J]. 防爆电机，2009(5)：49，50.